石油工人技术问答系列丛书

井下作业设备问答

杜春文　张发展　编

石油工业出版社

内 容 提 要

本书采用灵活的问答形式,结合企业现场培训实践,介绍了井下作业设备与工具的基本结构、原理、维护保养及使用方法等,内容丰富,实用性较强。

本书适用于油田钻井作业员工的培训,也可以作为相关员工的自学用书。

图书在版编目（CIP）数据

井下作业设备问答/杜春文,张发展编.
北京：石油工业出版社,2013.1
石油工人技术问答系列丛书
ISBN 978-7-5021-9375-1

Ⅰ.井…
Ⅱ.①杜…②张…
Ⅲ.油气开采设备－井下设备－问题解答
Ⅳ.TE931-44

中国版本图书馆 CIP 数据核字（2012）第 280302 号

出版发行：石油工业出版社
　　　　　（北京安定门外安华里2区1号　100011）
　　网　址：http://pip.cnpc.com.cn
　　编辑部：(010) 64523582　发行部：(010) 64523620
经　　销：全国新华书店
印　　刷：北京中石油彩色印刷有限责任公司

2013年1月第1版　2013年1月第1次印刷
787×1092毫米　开本：1/32　印张：10.875
字数：276千字

定价：25.00元
（如出现印装质量问题,我社发行部负责调换）
版权所有,翻印必究

出版者的话

技术问答是石油石化企业常用的培训方式——在油田，由于石油天然气作业场所分散，人员难以集中考核培训，技术问答可以克服时间和空间的限制，随时考核员工知识掌握程度；在石化企业，每个装置的操作间都设置了技术问答卡片，这已成为企业日常管理、日常培训的一部分；此外，技术问答也是基层企业岗位练兵的主要训练方式。

技术问答之所以成为企业常用的培训方式，它的优点是显而易见的。第一，技术问答把员工应知应会知识提纲挈领地提炼出来，可以有助于员工尽快掌握岗位知识；第二，技术问答形式简明扼要，便于员工自学；第三，技术问答便于管理者对基层员工进行培训和考核。但我们也注意到，目前，基层企业自己编写的技术问答还有很多的局限性，主要表现在工种覆盖不全面、内容的准确性权威性不够等方面。针对这一情况，我们经过广泛调研，精心策划，组织了一批技术水平高超、实践经验丰富的作者队伍，编写了这套《石油工人技术问答系列丛书》，目的就在于为基层企业提供一些好用、实用、管用的培训教材，为企业基层培训工作提供优质的出版服务，继而为集团公司三支人才队伍建设贡献绵薄之力。

衷心希望广大员工能够从本书中受益，并对我们提出宝贵意见和建议。

石油工业出版社

前 言

20世纪60年代以来，我国各大油田普遍采用技术问答的形式来提高石油工人的职业技术水平。在一问一答中，工人可以迅速掌握岗位基本理论技能，再及时回到实践中检验总结。通过这种短小精悍、立竿见影的形式，既培养了工人的学习兴趣，又提高了他们的工作热情。

然而随着经济的发展，科学技术不断进步，石油技术也发生了日新月异的变化。为了顺应技术发展的大方向，帮助油田工人尽早熟悉最新钻井相关技术，传承并发扬石油工人勤奋好学、与时俱进的光荣传统，石油工业出版社组织编写了《井下作业设备问答》一书，列举了五百多道习题，以期与石油同仁共同学习、共同进步。

本书共分为12部分，第一部分修井机；第二部分起升设备；第三部分循环设备；第四部分旋转设备；第五部分井口设备；第六部分修井辅助设备；第七部分落物打捞类工具；第八部分管柱解卡类工具；第九部分钻套磨铣类工具；第十部分套管修理类工具；第十一部分油气田通用封隔器；第十二部分井下管柱配套工具。

本书在编写过程中，查阅了大量原始技术资料，由杜春文，张发展编写，各级领导也对本书的编写给予了大力的支持和协助。

由于编者水平有限，本书在编写过程中难免会有不足之处，敬请有关专家、学者以及油田同事批评指正，以便今后不断修改完善。

2012 年 7 月

目 录

第一部分 修井机 ··· 1
1. 什么是修井机? ··· 1
2. 井下作业要求修井机应具备的基本功能有哪些? ··············· 1
3. 修井机的技术参数有哪些? ··· 1
4. 什么是修井机的修井深度? ··· 1
5. 什么是修井机的井架高度和最大载荷? ··························· 2
6. 修井机的技术参数主要由哪两个因素决定? ····················· 2
7. 修井机的特点有哪些? ··· 2
8. 简述修井机的发展趋势。 ·· 3
9. 修井机由哪几部分组成? ·· 3
10. 修井机有哪些常用类型? ··· 3
11. 修井机按移运方式分哪几类? 各有什么特点? ··············· 3
12. 修井机按适用地域分哪几类? 各适用什么范围? ············ 4
13. 修井机按结构形式分哪几类? 各适用什么范围? ············ 5
14. XT–12 型通井机的特点有哪些? ································ 5
15. XT–12 型通井机的主要技术性能参数有哪些? ·············· 5
16. 修井机的驾驶安全规程内容有哪些? ··························· 6
17. 修井机起下作业操作要求有哪些? ······························ 7
18. XJ350 型修井机的特点有哪些? ································· 8
19. XJ350 型修井机由哪几部分组成? ······························· 8
20. XJ350 型修井机的主要技术参数是什么? ····················· 8
21. XJ650 型修井机的主要技术参数是什么? ····················· 8
22. XJ650 型修井机的主要技术特点有哪些? ····················· 8
23. XJ650 型修井机主要由哪几部分组成? ························ 9
24. XJ650 型修井机的井架总成有什么特点? ····················· 9
25. XJ650 型修井机的动力系统有什么特点? ···················· 10

26. 解释 XJ350，XJ450，XJ550，XJ650 型修井机的型号意义。	10
27. 现场修井机安装步骤有哪些?	12
28. 现场修井机起井架的步骤有哪些?	13
29. 现场修井机放井架的步骤有哪些?	14
30. 修井机发动机操作规程内容是什么?	15
31. 修井机主滚筒操作规程内容是什么?	16
32. 修井机装载车的操作规程内容是什么?	16
33. 修井机保养是如何规定的?	17
34. 修井机日常例保内容有哪些?	17
35. 修井机一保作业(在例保作业的基础上)内容有哪些?	18
36. 修井机二保作业(在一保作业的基础上)内容有哪些?	20
37. 修井机润滑点有哪些? 各用什么润滑剂?	20
第二部分 起升设备	23
38. 井下作业起升设备的作用是什么? 主要包括哪些设备?	23
39. 井下作业对绞车的要求有哪些?	23
40. 绞车的用途有哪些?	24
41. 绞车由哪几部分组成? 各部分的作用是什么?	24
42. XT–12 型通井机绞车由哪几部分组成? 结构如何?	25
43. XT–12 型通井机绞车的刹车机构由哪几部分组成? 结构如何?	25
44. XT–12 型通井机绞车的传动机构组成如何?	26
45. XT–12 型通井机绞车使用前检查内容有哪些?	29
46. XT–12 型通井机绞车使用有哪些注意事项?	29
47. XT–12 型通井机绞车合理使用应遵循什么原则?	30
48. XT–12 型通井机绞车合理使用注意事项有哪些?	30
49. XJ350 型修井机绞车由哪几部分组成? 有什么特点?	31
50. XJ350 型修井机绞车的传动系统由哪几部分组成?	31
51. XJ350 型修井机绞车的结构如何?	32
52. XJ350 型修井机绞车合理使用要求有哪些?	32
53. XJ350 型修井机绞车水刹车合理使用要求有哪些?	33
54. XJ650 型修井机绞车的结构如何? 有哪些特点?	34

55. XJ650 型修井机绞车的操作使用规范是什么? ………… 35
56. 修井绞车刹把常见故障有哪些? 如何排除? ………… 36
57. 修井绞车滚筒离合器常见故障有哪些? 如何排除? … 36
58. 修井绞车滚筒刹车常见故障有哪些? 如何排除? …… 37
59. 修井绞车链条传动箱常见故障有哪些? 如何排除? … 38
60. 修井绞车角传动箱常见故障有哪些? 如何排除? …… 38
61. 井下作业对井架的要求有哪些? ………………………… 39
62. 井下作业井架按结构分哪几类? ………………………… 39
63. 井下作业井架按可移性分哪几类? ……………………… 40
64. 井下作业井架按支腿受力分哪几类? …………………… 40
65. 修井井架由哪几部分组成? ……………………………… 40
66. 修井轻便井架有哪几种类型? 各由哪些部件组成? …… 40
67. 现场使用的固定式轻便井架有哪几种? 固定式轻便井架的主要技术规范有哪些? …………………………………… 42
68. 伸缩式轻便井架有什么特点? …………………………… 43
69. XJ350 型修井机井架的主要结构性能有哪些? ………… 44
70. XJ650 型修井机井架有哪些性能特点? ………………… 44
71. 修井井架使用前的检查内容及要求有哪些? …………… 45
72. 修井井架操作规范是什么? ……………………………… 46
73. 修井井架都承受哪些载荷? ……………………………… 46
74. 什么是游动系统? 由哪几部分组成? …………………… 47
75. 游动系统的功用是什么? ………………………………… 47
76. 什么是活绳? 什么是死绳? 什么是有效绳? …………… 47
77. 什么是天车? 由哪几部分组成? 分哪几类? …………… 47
78. 天车的常见故障有哪些? 如何排除? …………………… 47
79. YG30 游车大钩的结构与组成是什么? ………………… 48
80. XJ650 型修井机游车大钩有哪些性能特点? …………… 49
81. XJ650 型修井机游车大钩使用前的检查内容有哪些? … 51
82. XJ650 型修井机游车大钩使用注意事项有哪些? ……… 51
83. XJ650 型修井机游车大钩的技术参数有哪些? ………… 52
84. XJ650 型修井机游车大钩常见故障有哪些? 如何排除? ……… 52
85. 修井用钢丝绳的结构有哪些? …………………………… 53

86. 修井用钢丝绳的作用是什么? 目前我国石油矿场广泛采用
    什么型号的钢丝绳? ······ 54
87. 修井用钢丝绳是如何分类的? 常见的类型有哪些? ······ 55
88. 修井用钢丝绳的结构特点有哪些? ······ 55
89. 修井用钢丝绳是如何进行分类标记的? ······ 56
90. 如何合理使用修井用钢丝绳? ······ 56
91. 修井用钢丝绳如何卡绳卡? ······ 57
92. 修井用钢丝绳换新标准是什么? ······ 57
93. 什么是修井穿大绳? ······ 58
94. 修井穿大绳的方法有哪些? 各有什么优缺点? ······ 59
95. 简述顺穿绳方法的原理。 ······ 59
96. 简述花穿绳方法的原理。 ······ 60

第三部分 循环设备 ······ 61

97. 井下作业中循环设备的主要作用是什么?
    主要包括哪些设备? ······ 61
98. 往复泵按驱动方式分为哪几类? ······ 61
99. 往复泵按活塞构造形式分为哪几类? ······ 61
100. 往复泵按作用方式分为哪几类? ······ 61
101. 往复泵的基本结构是什么? ······ 62
102. 往复泵的工作原理是什么? ······ 63
103. 什么是往复泵的流量? ······ 64
104. 往复泵流量不均匀的危害有哪些? ······ 65
105. 解决往复泵的流量不均匀性的措施有哪些? ······ 65
106. 什么是往复泵的有效扬程? ······ 65
107. 什么是往复泵的功率? ······ 65
108. 什么是往复泵的总效率? ······ 66
109. 往复泵有哪些特点? ······ 67
110. 往复泵的流量如何调节? ······ 67
111. 往复泵并联运行有哪些特征? ······ 68
112. 简述 3PC-250B 型三缸单作用柱塞泵的结构组成。 ······ 69
113. 简述活塞剪销式安全阀的结构。 ······ 69
114. 空气包分哪几类? 简述空气包的结构。 ······ 70

115. 简述空气包的工作原理。	70
116. 空气包使用时应注意哪些问题?	73
117. 往复泵日维护保养的内容有哪些?	73
118. 往复泵周维护保养的内容有哪些?	74
119. 往复泵月维护保养的内容有哪些?	74
120. 水泥车的用途有哪些?	74
121. SNC-H300 型水泥车由哪几部分组成? 特性如何?	74
122. SNC-400 Ⅱ型水泥车由哪几部分组成? 特性如何?	75
123. 水龙带的作用是什么?	76
124. 水龙带的结构如何?	76
125. 水龙带使用时应注意哪些问题?	77

第四部分　旋转设备　　78

126. 什么是旋转设备? 主要包括哪些部件?	78
127. 转盘的用途有哪些?	78
128. 井下作业对转盘的要求有哪些?	78
129. PZ135 转盘的结构由哪几部分组成?	79
130. ZP175 转盘的结构由哪几部分组成? 有什么特点?	80
131. 转盘的操作使用规范是什么?	81
132. 转盘的常见故障有哪些? 如何排除?	81
133. 常见转盘的技术规范有哪些?	82
134. 转盘的合理使用和保养应注意哪些问题?	82
135. 什么是水龙头? 作用是什么?	83
136. 井下作业对水龙头的要求有哪些?	84
137. SL-70 型水龙头由哪几部分组成?	84
138. SLT-30-2 型轻便水龙头有什么结构特点? 工作原理是什么?	84
139. SL160 型水龙头由哪几部分组成? 结构上有什么特点?	86
140. 水龙头在使用中常见的故障有哪些? 如何排除?	88
141. 常用水龙头的技术规范有哪些?	89
142. 水龙头的合理使用方法与保养方法是什么?	90

第五部分　井口设备　　91

143. 什么是卡瓦? 分哪几类? 作用是什么?	91

144. 手动卡瓦分哪几类？各类组成如何？ … 91
145. 卡盘式卡瓦的工作原理是什么？有什么特点？ … 92
146. 什么是动力卡瓦？井下作业对它有什么要求？ … 94
147. 安装在井口法兰盘上的动力卡瓦由哪几部分组成？结构如何？ … 94
148. 动力卡瓦的工作原理是什么？ … 94
149. 安全卡瓦的组成和原理各是什么？ … 95
150. 安全卡瓦使用节数是如何规定的？ … 95
151. 负荷 100t 气动卡盘的结构如何？ … 96
152. 负荷 100t 气动卡盘的主要技术参数有哪些？ … 97
153. 卡瓦由哪些材料组成？有什么要求？ … 97
154. 卡瓦使用时要注意哪些问题？ … 98
155. 什么是吊卡？分哪几类？ … 98
156. 管类吊卡分哪几类？各类结构如何？ … 98
157. 杆类吊卡分哪几类？各有什么特点？ … 100
158. 什么是吊环？分哪几类？ … 102
159. 什么是抽油杆吊钩？结构上有什么特点？ … 103
160. 什么是管钳？分哪几类？ … 103
161. 什么是油管钳？由哪些部件组成？ … 105
162. 什么是链钳？由哪几部分组成？ … 106
163. 液压油管钳结构如何？使用安装方法是什么？ … 106
164. 液压油管钳正确操作方法是什么？ … 108
165. 液压油管钳使用注意事项是什么？如何进行维修保养？ … 108
166. 什么是吊钳？结构如何？ … 109
167. 什么是活接头？结构如何？ … 109
168. 活接头的正确操作方法是什么？注意事项有哪些？ … 110
169. 什么是活动弯头？如何使用？应注意哪些问题？ … 110
170. 什么是三通？如何使用？应注意哪些问题？ … 111
171. 什么是丝堵？正确的操作方法及注意事项有哪些？ … 112
172. 什么是井口球形阀门？正确的操作方法是什么？ … 112
173. 什么是轻便水龙头？结构如何？性能参数有哪些？ … 112
174. 轻便水龙头的正确操作方法和注意事项是什么？ … 113

175. 什么是内径规？正确的操作方法是什么？ …………… 113
176. 什么是紧绳器？结构如何？ …………………………… 114
177. 紧绳器的正确操作方法和注意事项是什么？ ………… 114
178. 什么是绳卡子？正确的操作方法和注意事项有哪些？ … 115
179. 什么是拉力表？结构如何？有哪些用途？ …………… 116
180. 拉力表的工作原理是什么？各类型的测量范围是什么？ … 116
181. 使用拉力表时的注意事项有哪些？ …………………… 117
182. 逃生器的结构及原理如何？ …………………………… 117
183. 如何正确使用逃生器？ ………………………………… 117
184. 逃生器使用前的检查内容有哪些？ …………………… 117
185. 使用逃生器的注意事项有哪些？ ……………………… 118
186. 什么是滚子方补心？由哪些部件组成？ ……………… 118
187. 滚子方补心安装时应注意哪些问题？ ………………… 119

第六部分　修井辅助设备 ……………………………… 121

188. 什么是锅炉车？锅炉车的用途及特点各是什么？ …… 121
189. 锅炉车由哪些部件组成？ ……………………………… 121
190. 锅炉车的工作原理是什么？ …………………………… 124
191. 压裂设备包括哪些设备？井下作业对压裂设备
　　有哪些要求？ …………………………………………… 126
192. 根据压裂设备的作用，压裂设备应满足哪些要求？ … 126
193. 压裂车由哪些设备组成？ ……………………………… 127
194. YLC-1000 型压裂车的传动系统有哪些特点？ ……… 127
195. YLC-1000 型压裂车的压裂泵有什么特点？ ………… 128
196. HQ2000 型压裂车的技术规格有哪些？ ……………… 129
197. HQ2000 型压裂车的工况参数有哪些？ ……………… 130
198. HQ2000 型压裂车的结构特点有哪些？ ……………… 130
199. BL1600 型压裂车的技术规范有哪些？ ……………… 131
200. BL1600 型压裂车的结构特点有哪些？ ……………… 132
201. BL1600 型压裂车的作业参数有哪些？ ……………… 133
202. 混砂车的作用是什么？结构如何？ …………………… 133
203. 混砂车有哪些结构特点？ ……………………………… 133
204. FBRC100ARC 型混砂车的技术规格有哪些？ ……… 135

205. FBRC100ARC 型混砂车的结构特点有哪些? …… 138
206. FBRC100ARC 型混砂车的操作注意事项有哪些? …… 139
207. CHBFT100ARC 型混砂车的技术规范有哪些? …… 139
208. CHBFT100ARC 型混砂车的结构特点有哪些? …… 142
209. CHBFT100ARC 型混砂车操作注意事项有哪些? …… 143
210. FARCVAN-Ⅱ型仪表车的技术规范有哪些?
 结构上有什么特点? …… 143

第七部分 落物打捞类工具 …… 146
211. 修井打捞工具有哪些类型? …… 146
212. 公锥由几部分组成? 解释其代号。 …… 146
213. 公锥的用途有哪些? 简述其原理。 …… 146
214. 公锥的使用方法是什么? …… 147
215. 母锥由哪几部分组成? 解释其代号。 …… 148
216. 母锥的用途有哪些? 简述其原理。 …… 148
217. 母锥的使用方法是什么? …… 149
218. 矛类打捞工具有哪些类型? 解释其代号。 …… 150
219. 滑块捞矛的结构如何? 有哪些用途? …… 151
220. 滑块捞矛的工作原理是什么? …… 152
221. 滑块捞矛的使用方法是什么? …… 152
222. 可退式打捞矛的结构如何? 有哪些用途? …… 153
223. 可退式打捞矛的工作原理是什么? …… 154
224. 可退式打捞矛的操作步骤是什么? …… 154
225. TFLM-T 型提放式可退捞矛的结构如何? 有哪些用途? …… 155
226. 抽油杆接箍捞矛的结构如何? 有哪些用途? …… 156
227. 分瓣捞矛的结构如何? 有哪些用途? …… 156
228. 提放式分瓣捞矛的结构如何? …… 157
229. 提放式分瓣捞矛有哪些用途? …… 157
230. 提放式分瓣捞矛有哪些特点? …… 158
231. 提放式倒扣捞矛的结构如何? …… 158
232. 提放式倒扣捞矛有哪些用途? …… 158
233. 筒类打捞工具有哪些类型? 如何编号? …… 160
234. 卡瓦打捞筒的结构如何? 有什么用途? …… 161

235. 卡瓦打捞筒的工作原理是什么? ………………………… 161
236. 卡瓦打捞筒的操作方法是什么? ………………………… 161
237. 可退式打捞筒的结构如何? ……………………………… 162
238. 可退式打捞筒的用途及特点各是什么? ………………… 163
239. 可退式打捞筒的工作原理是什么? ……………………… 163
240. 可退式打捞筒的操作方法是什么? 应注意哪些问题? …… 164
241. 提放式可退捞筒结构如何? 有什么用途? ……………… 164
242. 提放式可退捞筒的工作原理是什么? …………………… 165
243. 开窗捞筒的结构如何? 有什么用途? …………………… 165
244. 开窗捞筒的工作原理及操作步骤各是什么? …………… 166
245. 开窗捞筒的技术要求有哪些? …………………………… 167
246. 弯鱼头打捞筒的结构如何? 有什么用途? ……………… 167
247. 三球打捞筒的结构如何? 有什么用途? ………………… 168
248. 电泵打捞筒的结构如何? 有什么用途? ………………… 169
249. 短鱼头打捞筒的结构如何? 有什么用途? ……………… 169
250. 活页打捞筒的结构如何? 有什么用途? ………………… 170
251. 组合式抽油杆打捞筒的结构如何? 有什么用途? ……… 171
252. 多用打捞筒的结构如何? 有什么用途? ………………… 171
253. 抽油杆打捞筒的作用是什么? 分哪几类? ……………… 173
254. 篮式可退式抽油杆打捞筒的结构如何? 有什么用途? … 173
255. 篮式可退式抽油杆打捞筒的操作要点是什么?
    应注意哪些问题? ………………………………………… 173
256. 螺旋不可退式抽油杆打捞筒的结构如何? 有什么用途? …… 174
257. 螺旋不可退式抽油杆打捞筒的工作原理是什么? ……… 174
258. 螺旋不可退式抽油杆打捞筒的操作方法是什么? ……… 175
259. 偏心式抽油杆接箍打捞筒的结构如何? 有什么用途? … 175
260. 弯抽油杆打捞筒的结构如何? 有什么用途? …………… 176
261. 提放可退式抽油杆捞筒的结构如何? …………………… 177
262. 提放可退式抽油杆捞筒的用途有哪些? ………………… 178
263. 提放式倒扣捞筒的结构如何? …………………………… 178
264. 提放式倒扣捞筒有哪些用途? …………………………… 180
265. 螺旋式外钩的结构如何? 有哪些用途? ………………… 180

266. 螺旋式外钩的工作原理是什么？如何操作？ …………… 181
267. 内钩的结构如何？如何操作？ ……………………………… 181
268. 外钩及组合钩的结构如何？如何操作？ ………………… 182
269. 一把抓的结构如何？有哪些用途？ ……………………… 183
270. 一把抓的工作原理是什么？ ………………………………… 183
271. 一把抓的操作方法是什么？ ………………………………… 183
272. 篮类打捞工具包括哪些类型？主要用途是什么？ ……… 184
273. 反循环打捞篮的结构如何？如何命名？有哪些用途？ … 184
274. 反循环打捞篮的技术参数有哪些？ ……………………… 184
275. 局部反循环打捞篮的结构如何？ ………………………… 185
276. 局部反循环打捞篮有哪些用途？工作原理是什么？ …… 186
277. 局部反循环打捞篮的操作方法是什么？
     有哪些注意事项？ …………………………………………… 187
278. 复合式鱼顶修整打捞器结构如何？有什么特点？
     有哪些主要用途？ …………………………………………… 187
279. 磁力打捞器分哪几类？结构如何？有哪些主要用途？ … 188
280. 测井仪器打捞器分哪几类？结构如何？
     有哪些主要用途？ …………………………………………… 189

第八部分　管柱解卡类工具 …………………………………… 191
281. 切割类工具有哪些类型？各有什么特点？ ……………… 191
282. 机械式内割刀的结构如何？有哪些用途？ ……………… 191
283. 机械式内割刀的工作原理是什么？ ……………………… 192
284. 机械式内割刀的操作步骤是什么？ ……………………… 192
285. 机械式外割刀的结构如何？有哪些用途？ ……………… 193
286. 机械式外割刀的技术要求有哪些？ ……………………… 193
287. 水力式外割刀的结构如何？有哪些用途？ ……………… 195
288. 水力式外割刀的技术要求有哪些？ ……………………… 196
289. 聚能（爆炸）切割工具的结构如何？有什么用途？ …… 197
290. 聚能（爆炸）切割工具的工作原理是什么？ …………… 197
291. 聚能（爆炸）切割工具的操作方法及要求有哪些？ …… 198
292. 倒扣器由哪几部分组成？各部分有什么特点？ ………… 198
293. 倒扣器的用途及特点有哪些？ …………………………… 202

294. 倒扣器的操作步骤是什么? …………………………… 202
295. 倒扣器的技术要求是什么? …………………………… 203
296. 倒扣捞筒的结构如何? 有哪些用途和特点? ………… 204
297. 倒扣捞筒的工作原理是什么? ………………………… 204
298. 倒扣捞筒的操作方法及注意事项有哪些? …………… 205
299. 倒扣捞矛的结构如何? 有哪些用途? ………………… 205
300. 倒扣捞矛的工作原理是什么? ………………………… 206
301. 倒扣捞矛的操作方法及注意事项有哪些? …………… 206
302. 倒扣安全接头的结构如何? 有哪些用途? …………… 207
303. 倒扣下击器的结构如何? 有哪些用途? ……………… 207
304. 爆炸松扣工具结构如何? 有哪些用途? ……………… 208
305. 爆炸松扣工具的工作原理是什么? …………………… 208
306. 爆炸松扣工具的操作方法及注意事项有哪些? ……… 209
307. 震击类工具的作用是什么? 分哪几种类型? ………… 209
308. 润滑式下击器的结构如何? 有哪些用途? …………… 210
309. 开式下击器由哪几部分组成? ………………………… 211
310. 开式下击器的用途有哪些? …………………………… 211
311. 开式下击器的工作原理是什么? ……………………… 212
312. 开式下击器的操作方法及技术要求有哪些? ………… 212
313. 地面下击器的结构如何? 有哪些用途? ……………… 212
314. 液压式上击器的结构如何? 有哪些用途? …………… 213
315. 液压式上击器的工作原理是什么? …………………… 213
316. 液压式上击器的操作方法及技术要求有哪些? ……… 214
317. 液压加速器的结构如何? 有哪些用途? ……………… 215
318. 液压加速器的工作原理是什么? ……………………… 216
319. 液压加速器的操作方法及注意事项有哪些? ………… 216
320. 礅击器的结构如何? …………………………………… 217
321. 礅击器的工作原理是什么? …………………………… 217
322. 礅击器的使用要求有哪些? …………………………… 217
323. 礅击器的工艺操作方法是什么? ……………………… 218
324. 礅击器的维护保养方法是什么? ……………………… 218

第九部分　钻套磨铣类工具 ······ 219

325. 尖钻头的结构如何？有哪些用途？ ······ 219
326. 尖钻头分哪几种类型？各有什么特点？ ······ 219
327. 刮刀钻头的结构如何？有哪些用途？ ······ 220
328. 三牙轮钻头的结构如何？有哪些用途？工作原理是什么？ ··· 221
329. 三牙轮钻头的操作方法及技术要求有哪些？ ······ 222
330. 侧钻类工具的作用是什么？分哪几种类型？ ······ 222
331. 双卡瓦锚定封隔器型造斜器的结构如何？有哪些用途？有什么特点？ ······ 222
332. YCDX 型液压式侧钻工具的结构如何？有哪些用途？ ······ 224
333. 截断磨鞋的结构如何？有哪些用途？ ······ 225
334. 斜向器由哪几部分组成？各部分有什么特点？ ······ 227
335. 送斜器的结构如何？ ······ 228
336. 铣锥结构如何？分哪几种类型？ ······ 228
337. 固井工具有哪些？各有什么作用？ ······ 230
338. 平底磨鞋的结构、用途和工作原理分别是什么？ ······ 231
339. 柱形磨鞋的结构和用途分别是什么？ ······ 231
340. 活动磨鞋的结构和用途分别是什么？ ······ 232
341. 活动磨鞋的工作原理是什么？ ······ 232
342. 活动磨鞋的使用要求有哪些？ ······ 233
343. 活动磨鞋的工艺操作方法是什么？ ······ 233
344. 活动磨鞋的维护保养方法是什么？ ······ 233
345. 铣鞋分哪几类？用途是什么？ ······ 234
346. 内齿铣鞋的结构如何？有什么特点？ ······ 234
347. 外齿铣鞋的结构如何？有什么特点？ ······ 235
348. 裙边铣鞋的结构如何？有什么特点？ ······ 236
349. 套铣鞋的结构如何？分哪几类？有什么特点？ ······ 236
350. 套铣筒的结构如何？有哪些用途？ ······ 237
351. 套铣筒的操作方法是什么？ ······ 237
352. 套铣或磨铣的操作步骤是什么？ ······ 239
353. 套铣或磨铣操作的技术要求有哪些？ ······ 240
354. 复式套铣筒的结构和用途分别是什么？ ······ 240

355. 复式套铣筒的工作原理是什么？使用时有什么要求？ ……… 241
356. 复式套铣筒的操作步骤是什么？ ……………………………… 241
357. 复式套铣筒如何进行维护保养？ ……………………………… 241
358. 探针铣锥的结构如何？有哪些用途？ ………………………… 242
359. 探针铣锥的工作原理是什么？ ………………………………… 242
360. 探针铣锥的使用规程与操作步骤是什么？ …………………… 243
361. 探针铣锥的维护保养方法是什么？ …………………………… 243

第十部分 套管修理类工具 ……………………………………… 244

362. 梨形胀管器的结构是什么？有什么用途？ …………………… 244
363. 梨形胀管器的工作原理是什么？ ……………………………… 245
364. 试说明梨形胀管器的操作方法及注意事项。 ………………… 245
365. 偏心辊子整形器的结构是什么？有什么用途？ ……………… 246
366. 偏心辊子整形器的工作原理是什么？ ………………………… 246
367. 试说明偏心辊子整形器的操作方法及注意事项。 …………… 246
368. 长锥面胀管器的结构是什么？有什么用途？ ………………… 247
369. 三锥辊整形器的结构是什么？有什么用途？ ………………… 247
370. 旋转震击式套管整形器的结构是什么？有什么用途？ ……… 248
371. 鱼顶修整器的结构是什么？有什么用途？ …………………… 249
372. 滚动扶正器的结构是什么？有什么用途？ …………………… 249
373. 滚动扶正器的工作原理是什么？ ……………………………… 250
374. 试说明滚动扶正器的使用规程。 ……………………………… 250
375. 滚动扶正器的操作方法是什么？如何进行维护保养？ ……… 250
376. 偏心胀管器的结构是什么？有什么用途？ …………………… 251
377. 偏心胀管器的工作原理是什么？ ……………………………… 251
378. 偏心胀管器的使用规程有哪些？ ……………………………… 252
379. 偏心胀管器的操作方法是什么？ ……………………………… 252
380. 偏心胀管器的维护保养方法是什么？ ………………………… 253
381. 锥形珠式胀管器的结构是什么？有什么用途？ ……………… 253
382. 锥形珠式胀管器的工作原理是什么？ ………………………… 253
383. 锥形珠式胀管器的维护保养方法是什么？ …………………… 254
384. 套管刮削器分哪几类？各类的结构是什么？
 有什么用途？ …………………………………………………… 254

385. 套管刮削器有什么用途? ……………………………………… 255
386. 防脱式套管刮削器的结构和用途分别是什么? ……………… 255
387. 套管补接工具分哪几类? 有什么用途? ……………………… 256
388. 铅封注水泥套管补接器的结构和用途分别是什么? ………… 256
389. 铅封注水泥套管补接器的技术要求有哪些? ………………… 257
390. 封隔器型套管补接器的结构是什么? 有什么用途? ………… 257
391. 波纹管水力机械式套管补贴器的结构是什么? 有什么用途? … 257
392. 波纹管水力机械式套管补贴器的工作原理是什么? ………… 258
393. 波纹管水力机械式套管补贴器的施工步骤及
技术要求有哪些? …………………………………………… 259

第十一部分 油气田通用封隔器 …………………………… 261

394. 什么是封隔器? 它由几部分组成? …………………………… 261
395. 封隔器按用途分为哪些类型? ………………………………… 261
396. 封隔器按固定方式分为哪些类型? …………………………… 261
397. 封隔器按尺寸规格分为哪些类型? …………………………… 261
398. 封隔器按工作温度分为哪些类型? …………………………… 262
399. 封隔器按密封件工作原理分为哪些类型? …………………… 262
400. 封隔器编制方法是什么? ……………………………………… 262
401. 选择封隔器的基本原则有哪些? ……………………………… 264
402. 油井封隔器的选择方法是什么? ……………………………… 264
403. 稠油井封隔器的选择方法是什么? …………………………… 265
404. 注水井用封隔器的选择方法是什么? ………………………… 265
405. Y111 型普通封隔器的结构特点和工作原理分别是什么? …… 265
406. Y111 型普通封隔器的技术要求有哪些? 有什么用途? ……… 266
407. 支撑式封隔器坐封高度如何计算? …………………………… 266
408. 管柱中性点位置如何计算? …………………………………… 267
409. 油管自重伸长或自重压缩如何计算? ………………………… 268
410. 什么是封隔器密封件的压缩距离? …………………………… 268
411. Y111BD 型低坐封力可重复封隔器的结构特点有哪些?
工作原理是什么? 适用范围是什么? ………………………… 268
412. Y211 型封隔器有什么结构特点? ……………………………… 269
413. Y211 型封隔器的工作原理是什么? …………………………… 270

414. Y211 型封隔器有哪些技术要求? ……………………………… 270
415. Y221 型普通封隔器的结构特点有哪些?有什么用途? ……… 270
416. Y221 型普通封隔器的工作原理是什么? …………………… 271
417. Y221 型普通封隔器的技术要求有哪些? …………………… 271
418. Y221B 型旋转全包卡瓦支撑封隔器的结构特点有哪些?
 有什么技术要求? …………………………………………… 272
419. Y221BD 型低坐封卡瓦支撑封隔器有什么结构特点? ……… 272
420. Y341-115 型油井封隔器的结构特点有哪些?
 适用范围是什么? …………………………………………… 272
421. Y341-115 型油井封隔器的工作原理是什么? ……………… 273
422. Y341-115 型油井封隔器的技术要求有哪些? ……………… 273
423. Y422-115 型封隔器有什么结构特点? ……………………… 273
424. Y422-115 型封隔器的工作原理是什么? …………………… 274
425. Y422-115 型封隔器的技术要求有哪些? …………………… 274
426. Y441 型封隔器有哪些结构特点? …………………………… 276
427. Y441 型封隔器的工作原理是什么? ………………………… 276
428. Y441 型封隔器有哪些技术要求? …………………………… 276
429. FXY445-112 型自验封封隔器有哪些结构特点? …………… 277
430. FXY445-112 型自验封封隔器的工作原理是什么? ………… 277
431. FXY445-112 型自验封封隔器的技术要求有哪些? ………… 278
432. Y445-115 型封隔器有哪些结构特点?有什么用途? ……… 278
433. Y445-115 型封隔器的工作原理是什么? …………………… 279
434. Y445-115 型封隔器的技术要求有哪些? …………………… 279
435. 皮碗封隔器有哪些结构特点?工作原理是什么?
 有哪些用途? ………………………………………………… 280
436. Y341 型水井封隔器有哪些结构特点?有哪些用途? ……… 280
437. Y341 型水井封隔器的工作原理是什么? …………………… 281
438. Y341 型水井封隔器的使用方法是什么? …………………… 282
439. Y341 型水井封隔器使用注意事项有哪些? ………………… 282
440. Y342 型水井封隔器有哪些结构特点?工作原理是什么? …… 282
441. K344-114 型封隔器的用途、工作原理和结构如何? ……… 283
442. 玉门 YK344-114 型封隔器的用途、结构和技术

要求是什么？ ……………………………………………………… 283
　443. 裸眼井封隔器的结构如何？有什么用途？ …………………… 284
　444. 套管外封用器的结构如何？有什么用途？ …………………… 285

第十二部分　井下管柱配套工具 …………………………………… 286

　445. KPX–114 偏心配水器有哪些用途？结构是什么？ ………… 286
　446. KPX–114 偏心配水器的工作原理是什么？ ………………… 286
　447. KPX–114 偏心配水器的技术要求有哪些？ ………………… 288
　448. KKX–106 配水器有哪些用途？结构是什么？ ……………… 288
　449. KKX–106 配水器的工作原理是什么？ ……………………… 288
　450. KKX–106 配水器有哪些特点？ ……………………………… 289
　451. KZT- 双层自调配水器有哪些用途？结构是什么？ ………… 289
　452. KZT- 双层自调配水器的工作原理是什么？ ………………… 289
　453. 固定式气举阀有哪些用途？结构是什么？ …………………… 290
　454. 固定式气举阀的工作原理是什么？ …………………………… 291
　455. KTL 活动气举装置有哪些用途？结构是什么？ ……………… 292
　456. KTL 活动气举装置的工作原理是什么？ ……………………… 292
　457. FD235–114 防顶卡瓦有哪些用途？结构是什么？ …………… 292
　458. FD235–114 防顶卡瓦的工作原理是什么？
　　有哪些使用要求？ ………………………………………………… 292
　459. DQQ553 型防顶卡瓦有哪些用途？结构是什么？ …………… 294
　460. DQQ553 型防顶卡瓦的工作原理是什么？
　　有什么使用要求？ ………………………………………………… 294
　461. KGA–114 支撑卡瓦有哪些用途？结构如何？ ……………… 296
　462. KGA–114 支撑卡瓦的工作原理是什么？ …………………… 296
　463. KSL–114 水力防掉卡瓦有哪些用途？结构如何？ ………… 296
　464. KSL–114 水力防掉卡瓦的工作原理是什么？ ……………… 298
　465. KSL–114 防顶卡瓦有哪些用途？结构如何？ ……………… 298
　466. KSL–114 防顶卡瓦的工作原理是什么？ …………………… 298
　467. KZL–114 油管锚有哪些用途？结构如何？ ………………… 299
　468. KZL–114 油管锚的工作原理是什么？ ……………………… 299
　469. KMZ–115 水力锚有哪些用途？结构如何？ ………………… 300
　470. KMZ–115 水力锚的工作原理是什么？ ……………………… 301

471. KMZ-115 水力锚使用技术要求有哪些? ………… 301
472. KZJ-90 泄油器有哪些用途? 结构如何? ………… 301
473. KZJ-90 泄油器的工作原理是什么? ………… 301
474. KTG-90 泄油器有哪些用途? 结构如何? ………… 302
475. KTG-90 泄油器的工作原理是什么? ………… 302
476. KTG-90 泄油器使用时有哪些技术要求? ………… 302
477. KSQ 锁球脱接器有哪些用途? 结构如何? ………… 303
478. KSQ 锁球脱接器的工作原理是什么? ………… 304
479. KFQ-110 井下开关有哪些用途? 结构如何? ………… 304
480. KFQ-110 井下开关的工作原理是什么? ………… 304
481. KFQ-110 井下开关捅杆有哪些用途? 结构如何? ………… 305
482. KFQ-110 井下开关捅杆的工作原理是什么? ………… 305
483. KDH-110 活门有哪些用途? 结构如何? ………… 305
484. KDH-110 活门的工作原理是什么? ………… 307
485. HBC1351 安全接头有哪些用途? 结构如何? ………… 307
486. HBC1351 安全接头的工作原理是什么? ………… 307
487. YMO351 丢手接头有哪些用途? 结构如何? ………… 308
488. YMO351 丢手接头的工作原理是什么? ………… 309
489. KHC-114 管柱缓冲器有哪些用途? 结构如何? ………… 309
490. KHC-114 管柱缓冲器的工作原理是什么? ………… 309
491. KHC-114 管柱缓冲器的使用要求有哪些? ………… 310
492. KHT-90 滑套有哪些用途? 结构如何? ………… 310
493. KHT-90 滑套的工作原理是什么? ………… 310
494. KGA-90 型泵下开关有哪些用途? 结构如何? ………… 311
495. KGA-90 型泵下开关的工作原理是什么? ………… 311
496. KGA-90 型泵下开关有哪些特点? ………… 312
497. KTH-59 自动清蜡器的用途有哪些? 结构如何? ………… 312
498. KTH-59 自动清蜡器的工作原理是什么? ………… 312
499. KTH-59 自动清蜡器有什么特点? ………… 314
500. KTH-59 自动清蜡器使用注意事项有哪些? ………… 314
501. KZH-90 气锚有什么用途? 结构如何? ………… 314
502. KZH-90 气锚的工作原理是什么? ………… 315

503. S31-3 气锚有什么用途? 结构如何? …………………………… 315
504. S31-3 气锚的工作原理是什么? …………………………………… 316
505. 深抽助力器有哪些用途? 结构如何? ………………………… 316
506. 深抽助力器的工作原理是什么? ………………………………… 316
507. KZX-90 洗井阀有哪些用途? 结构上有什么特点? ………… 317
508. KZX-90 洗井阀的工作原理是什么? …………………………… 319

参考文献 ……………………………………………………………………… 321

第一部分 修 井 机

1. 什么是修井机？

答：修井机是一套综合机组，是用来完成油田开发各项修井作业的专用机械，是完成起下管柱、抽汲提捞等施工的主要设备。随着油田井下作业技术的不断发展，相应地出现了各种类型的修井机，如拖拉式修井机、自行式修井机、电动修井机、液压和机械传动的修井机、全液压修井机等。

2. 井下作业要求修井机应具备的基本功能有哪些？

答：井下作业要求修井机应具备5个方面的基本功能：(1) 起下钻具；(2) 循环冲洗；(3) 旋转钻进；(4) 行走；(5) 操作维修简便。

3. 修井机的技术参数有哪些？

答：修井机的技术参数是修井机工作能力的具体表现，包括以下6项内容：修井深度；动力机转速和功率；游车大钩起重量与起升速度；井架高度和最大载荷；转盘转矩和转速以及修井机行驶速度和牵引力。

4. 什么是修井机的修井深度？

答：修井深度是指修井机所适应的井下深度，一般分为工作井深和大修深度。工作井深是采用直径为 $2\frac{1}{2}$in 油管进行各种施工的深度；大修深度是指用钻杆进行侧钻井的深度。修井深度是油田选择修井机的主要参数。

5. 什么是修井机的井架高度和最大载荷？

答：井架高度是指从地面到天车的距离，由此可确定起下管柱的长度和根数。最大载荷分最大工作载荷和最大静载。最大工作载荷为起下钻时井架所承受的最大载荷；最大静载是指游车大钩静止时井架所承受的最大载荷。最大工作载荷小于最大静载。

6. 修井机的技术参数主要由哪两个因素决定？

答：修井机的技术参数主要由两个因素决定：一是柴油机的功率和转速，它可决定游车大钩的起重量和起升速度，关系到转盘的转矩和转速，决定修井机的行驶速度和牵引力；二是修井机零部件材料的性能与加工因素。柴油机的功率和转速是决定修井机工作能力的重要参数。

7. 修井机的特点有哪些？

答：由于井下作业施工和场地的特殊性，修井机表现出与一般普通机械不同的特点，概括起来有以下4个方面：

（1）为了完成井下作业各种工艺施工，修井机必须配装多种工作机，如绞车、井架、转盘、水龙头、动力钳等。因此，修井机的结构较为复杂和庞大，与一般机器比较，它是一部大功率的重型机械设备。

（2）修井机采用了多种传动方法组合的混合传动，它除了有普通的机械传动外，还有液压传动、气压传动等，采用了电、液、气、机械联合控制。从动力机到转盘，要经过变速箱、角传动箱、链条箱、传动轴，传动路线较长。

（3）履带式修井机野外工作适应性强，但不能在正规的路面上行驶；车装式修井机虽能在正规的路面上行驶，但需要采用其他措施才能使其具备一定的越野性能。如小型车装修井机采用前后桥三驱动，大型车装修井机采用了前后桥

四驱动，用来提高修井机的越野性能，以适应各种场地的运移。另外，还有沙漠修井机、沼泽地和海滩修井机等，以适应油田的特殊环境。

(4) 由于修井机工作项目多，施工程序复杂，作业不规律，难以实现高度机械化和自动化，目前我国现场使用的修井机自动化程度还不高。

8．简述修井机的发展趋势。

答：修井机发展趋势表现为以下 8 个方面：

(1) 钩载和功率储备系数显著提高。
(2) 修井机移运性不断提高。
(3) 盘式刹车得到广泛应用。
(4) 采用顶部驱动系统。
(5) 完善侧钻用修井机。
(6) 完善特种修井机制造技术。
(7) 大力发展 AC-SCR-DC 和 YFD 驱动方式。
(8) 不断提高修井机的自动化水平。

9．修井机由哪几部分组成？

答：一部完整的修井机主要由动力驱动设备、传动系统设备、行走系统设备、起升系统设备、循环系统设备、地面旋转设备与控制系统设备等组成，如图 1-1 所示。

10．修井机有哪些常用类型？

答：修井机的类型较多，有电动修井机、履带式修井机、车装式修井机、拖挂式修井机、橇装式修井机、沙漠修井机和海洋修井机等。

11．修井机按移运方式分哪几类？各有什么特点？

答：修井机按移运方式分为自走式、车装式、拖挂式和

橇装式四种类型。

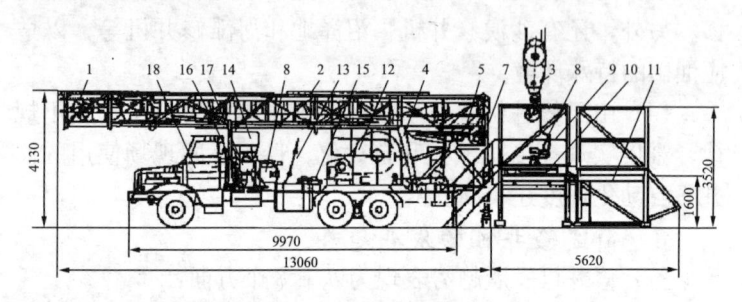

图 1-1 修井机的组成

1—天车；2—井架；3—游车大钩；4—起升油缸；5—猫头滚筒箱；6—液压油管钳；7—井架底座；8—液压操纵系统；9—卡瓦；10—转盘；11—钻台；12—绞车总成；13—传压器总成；14—泵组总成；15—电磁阀；16—带泵箱；17—分动箱；18—长轴距加固载重卡车

自走式：自走式修井机的底盘行走和车上作业机构的动力都来自车台发动机；自走式专用底盘具有载荷分布合理、越野行驶能力强的特点。

车装式：车装式修井机具有结构先进、装机功率较大、运移方便、自带井架等优点，但价格一般较高，在泥泞的井场不适用。

拖挂式：包括半挂式和全挂式两种。

橇装式：采用橇装模块结构，安装移运快捷，可满足钻机主机整拖和丛式井钻井的要求。

12. 修井机按适用地域分哪几类？各适用什么范围？

答：修井机按适用地域分为 5 类，分别为：

常规型——适用于普通环境条件下的修井作业。

沙漠型——适用于沙漠多沙尘干燥的作业环境。

滩涂型——适用于运移困难、低洼泥泞的环境。

海洋型——具有适用于海上平台操作的特点。

极地型——适用于极其寒冷的极地环境。

13．修井机按结构形式分哪几类？各适用什么范围？

答：修井机按结构形式分为4类，分别为：

常规式——适用于普通油气井的作业施工。

斜井式——适用于倾斜角度大的斜井的修井作业。

连续油管式——油管柱为一整根，可连续起下，适用于一些特殊井的作业施工。

不压井式——适用于一些带压井装置的修井作业施工。

14．XT-12型通井机的特点有哪些？

答：XT-12型通井机的特点是：动力机功率大，转速高，行驶速度快，越野性好，重心偏后；绞车采用气动隔膜推盘式离合器，操作轻便，传动可靠；绞车刹车采用机械手刹加脚踏气助力装置，操纵省力，作用可靠；绞车变速箱采用斜齿轮传动和啮合套变速，提高了使用寿命，减轻了工作噪声；整机装有液压油泵，可为其他液压机械提供能量。

15．XT-12型通井机的主要技术性能参数有哪些？

答：(1) 动力机：选用上海柴油机厂生产的6135AK-6型柴油机。

(2) 绞车部分：适应井深为4000m；滚筒直径为360mm；滚筒有效长度为910mm；滚筒容绳量为ϕ15.5mm×3000m；钢丝绳最大拉力为116.9kN；刹车轮数目为2个；刹车轮直径为1070mm；刹车带宽为180mm；离合器直径为610mm；猫头数为1个。

(3) 通井机的行驶速度。通井机的行驶速度见表1-1。

表1-1 通井机的行驶速度

挡次	行驶速度, km/h	
	前进	后退
I	4.035	4.770
II	6.450	7.620
III	7.710	9.110
IV	11.020	13.040

16. 修井机的驾驶安全规程内容有哪些？

答：(1) 修井机必须由经过训练合格的专职驾驶员驾驶。

(2) 不得使用有故障且未经排除的修井机进行作业。

(3) 修井机工作时，操作人员应密切关注机械的技术状态，发现故障，应及时采取措施予以排除。

(4) 修井机用来牵引重物时，应用进退 I 挡。

(5) 修井机在行驶中，随车人员不得侧倚在门上或站在翼板上，更不准在未停稳时上、下修井机。

(6) 夜间作业应有完备良好的照明设备。

(7) 修井机在运移时，不得加油、加水及进行调整工作。

(8) 柴油机未熄火时，严禁在车下进行维修。

(9) 检查燃油面和加注燃油时，严禁烟火。

(10) 通过桥梁、涵洞时，应低挡行驶，禁止通过承载能力小于 15t 的桥梁。

(11) 若因缺水造成柴油机过热时，必须低速运转，待

柴油机稍冷却后,再补充冷却水。

17. 修井机起下作业操作要求有哪些?

答:(1) 修井机要摆正停放,正常工作时距井架 2～4m,加压起下时距井架 5～7m。

(2) 操作前行驶排挡和换向杆放在空挡位置,将手刹车与脚刹车刹好。

(3) 机油压力为 0.098～0.26MPa、水温达到 50℃后才能带负荷工作。

(4) 滚筒传动及链条连接部分完整牢固,绳头卡好,操作时先挂滚筒变速箱正倒挡,后挂排挡。

(5) 滚筒刹车与离合器均应可靠。

(6) 起钻时先挂排挡,后合总离合器,再合滚筒离合器,同时松开刹车,不准先挂离合器后松刹车。

(7) 下钻时用刹车控制速度,严禁猛刹猛放,不准用滚筒离合器当刹车。

(8) 操作时耳听引擎声,眼看井口,手握刹把和离合器,平稳操作,要预防顿、刮、碰现象。

(9) 不准用总离合器代替滚筒离合器,离合器不准在半离合状态下使用。

(10) 按负荷选用合适的排挡和油门,使发动机留有余力。

(11) 滚筒停止操作时,各排挡应放在空挡位置。人离开刹把时,打好死刹车,滚筒运转时,禁止用死刹车代替手刹车。

(12) 卡钻活动管柱时,井口和井架附近不准站人操作,观察拉力表不能超过规定极限。

18. XJ350型修井机的特点有哪些？

答：XJ350型修井机的特点是：功率大，起下速度快，工作效率高；传动平稳柔和，且能无级调速；底盘采用全驱动，越野性能好，对各种路面的适应性强；主滚筒焊有缠绳槽，排绳整齐，可延长钢丝绳的使用寿命；井架的立放采用液缸举升，起落平稳，安全可靠；各操纵手柄灵活方便，减轻了工人的劳动强度；外观整齐，布局合理，辅助设备配套齐全，能满足井下作业的各种需要。

19. XJ350型修井机由哪几部分组成？

答：XJ350型修井机主要由柴油机、运载车、传动箱、捞砂滚筒、主滚筒、滚筒刹车、水刹车、井架、游车大钩、转盘、液压绞车、水龙头、钻台及其他辅助设备等组成。

20. XJ350型修井机的主要技术参数是什么？

答：XJ350型修井机的主要技术参数有：适应修井深度为3600m；大修井深度为3000m；钻井深度为1800m。

21. XJ650型修井机的主要技术参数是什么？

答：XJ650型修井机是车载式修井设备，常简称为XJ650型修井机，最大钩载为1470kN，井架高度为35m，大修深度为5500m（针对直径为$2\frac{7}{8}$in钻杆）。

22. XJ650型修井机的主要技术特点有哪些？

答：XJ650型修井机配置高速柴油发动机，动力强劲，节能，低污染排放；装备闭锁型液力传动变速箱，启动力矩大，传动效率高；机械液力传动，传动平稳柔和，超载保护；底盘驱动形式为12×8，四道车桥驱动，装配重载越野轮胎，越野能力强，能适应戈壁、泥泞、滩涂等复杂公路行驶。本机车适用于中、深油气井的大修及钻井作业。

23. XJ650型修井机主要由哪几部分组成？

答：XJ650型修井机主机由专用底盘、动力系统、绞车总成、井架总成、游动系统、液气电控制系统及附件等组成。图1-2为XJ650型修井机的工作状态图。

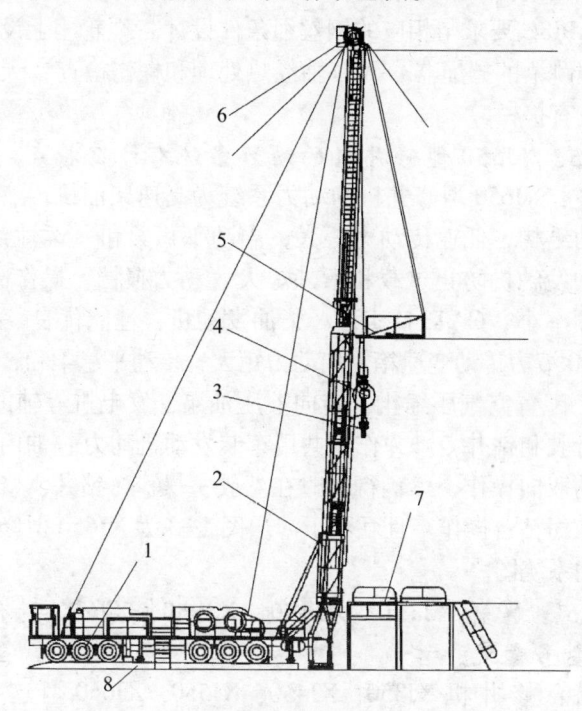

图1-2 XJ650型修井机的工作状态图
1—运载车自走部分；2—井架部分；3—水龙头部分；4—游车大钩部分；
5—二层平台部分；6—天车部分；7—伸缩钻台部分；8—船形底座

24. XJ650型修井机的井架总成有什么特点？

答：XJ650型修井机的井架总成为双节伸缩式井架，液压起升、伸缩，工作平稳、安全可靠。经计算机有限元分

析计算，井架的强度、刚度和稳定性均能满足钻井工作条件；井架经特殊工艺处理，表面硬度、防腐性能良好；倾角为3°，通过调节丝杆调节，配有井架倾斜指示仪；天车为整体盒式结构，滑轮采用铸钢件，并经动平衡测试；绳槽圆弧按API8C要求与相应的钢丝绳条件设计；绳轮座上设有防止大绳跳槽的挡绳器；天车轴经热处理和探伤检查；天车平台上设有护栏。

25. XJ650型修井机的动力系统有什么特点？

答：XJ650型修井机的动力系统为高速柴油机、液力机械传动结构，低速传动力矩大，启动平稳柔和；柔性连接，可保护发动机防止过载和意外熄火；动力换挡，操作简便，换挡频率小；CAT3412DITA柴油发动机，性能优良，阿里逊6610液力传动变速箱，启动力矩大，传动平稳柔和，操作简便；配置空气压缩机、转向液压油泵、发电机等辅助件；车辆行驶和钻井、修井作业共用车装发动机动力；油门、换挡气动双向操作，车辆行驶时在驾驶室操作，钻井、修井作业时在司钻台操作，且互不干涉。图1-3为XJ650型修井机的传动系统图。

26. 解释XJ350，XJ450，XJ550，XJ650型修井机的型号意义。

答：修井机XJ350、XJ450、XJ550、XJ650型这种叫法是按照修井机发动机的马力来命名的，对应的发动机功率分别为261kW或269kW、354kW、392kW或396kW以及485kW或492kW，其对应的最新型号为XJ90、XJ110、XJ135和XJ160型。这种最新型号的命名方法是根据修井机井架的最大钩载除以10来命名的，对应的井架最大钩载分别为900kN、1125kN、1350kN和1580kN。

第一部分 修井机

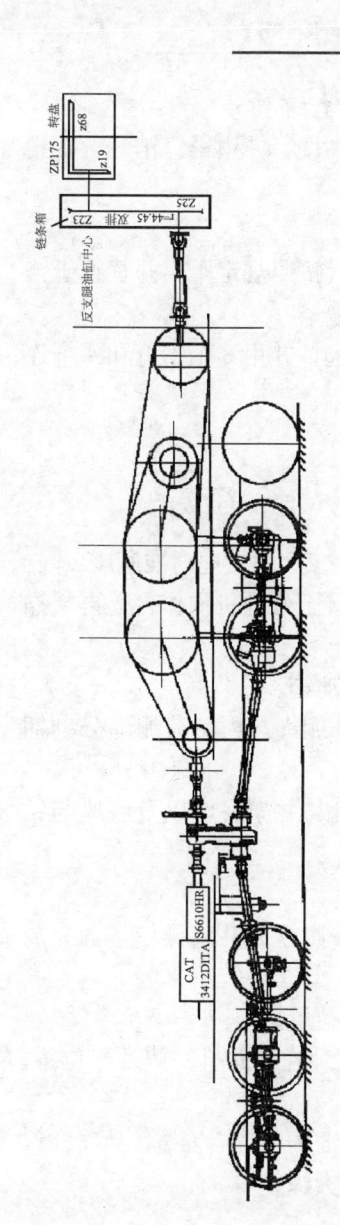

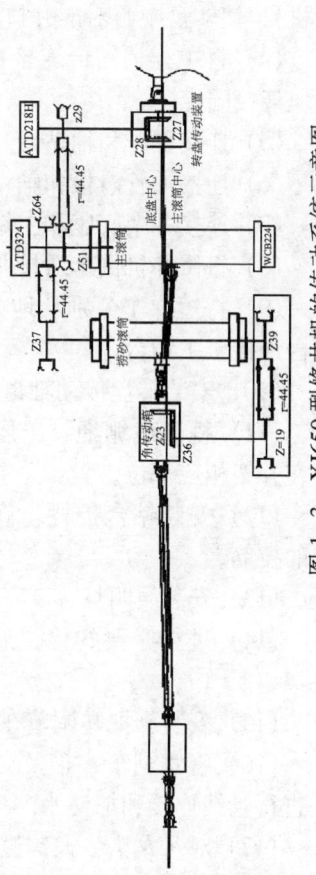

图 1-3 XJ650 型修井机的传动系统示意图

27. 现场修井机安装步骤有哪些？

答：(1) 将钻台提升至所需高度，并用销钉销好，在销钉上锁以保险销。

(2) 将转盘安装在主钻台上。

(3) 将主钻台安装在井口上（按照规定距离并垂直于修井机），使转盘中心对准井口中心。

(4) 将主、辅钻台连接在一起，并用8个销钉和4个连接块连接固定。

(5) 连接梯子和辅钻台。

(6) 连接油管滑板和辅钻台。

(7) 连接井架底座和主钻台。

(8) 将修井机倒车对接井架底座，后支腿对准底座。

(9) 将短梯子分别从地上连接至修井机操作台，再从操纵台连接至主钻台。

(10) 安装转盘传动轴链条传动箱。

(11) 将风载绷绳、二层平台绷绳、内负荷绷绳分别捆绑在井架相应部位。

(12) 安装钻台护栏、修井机与井架底座以及底座与钻台的拉筋。

(13) 安装照明灯。

(14) 进行必要的检查后，按照立放井架操作规程立放井架。

(15) 安装刹把并调节在合适位置。

(16) 将水刹车水箱及支架安装在修井机左侧适当位置，并进行管线连接和加注水。

(17) 对水龙头、大钩进行必要的检查后安装。

(18) 穿液压绞轮绳索和天车大绳。

(19) 连接水龙头管线。

(20) 调校井架角度。

(21) 捆绑紧各绷绳，紧固各拉筋。

(22) 用隔离带隔离工作区域。

(23) 扳动分动箱操作手柄置作业位置，使其底盘驱动脱离，动力与车上作业部分接通，操作液压工况选择手柄置调整位置。

(24) 发动机怠速运转（阿里森传动箱处于空挡位置）挂合主油泵（若发动机未发动，则先按发动程序发动，启动后挂合主油泵）。

(25) 分别操纵液压千斤控制手柄，使各千斤顶伸出并支撑在各自的位置上，观察水平仪，调整各液压千斤顶使其底盘大梁前后左右都处于水平位置（此时各轮胎均应不承受负荷），最后锁紧液压千斤顶螺母，并泄去液压支腿油缸压力。

(26) 拆迁时按照逆安装程序进行。

28. 现场修井机起井架的步骤有哪些？

答：(1) 检查绷绳和猫柱。

(2) 发动机转速控制为 1200～1500r/min。

(3) 调整平台，检查（操作）三连阀"工况选择"手柄，使其处在"调整工况"，打开六连阀控制箱针形阀"C"，检查挂合主油泵空运转 5～10min。关闭针形阀"C"、"E"，松开支腿锁紧螺母，支好垫块，控制支腿阀手柄，升高车台并调平，锁紧支腿螺母，车台调整完毕。

(4) 调整井架底座与大梁之间的拉杆，旋紧井架底座与大梁底座以及井架基础上的各个拉杆。

(5) 检查"A"、"B"阀上的压力表及压力。

(6) 竖起井架前应排出起升油缸中的空气，打开起升油缸顶部放气阀使液压系统运转 2～3min 后关闭放气阀。

(7) 提起手柄"B"竖起井架，注意表"B"压力不得超过 9.5MPa。井架接近垂直位置时，少许降低手柄"B"，以便缓慢地把井架安放在工作角度（起升油缸伸出的动作顺序应该是下部一级柱塞、二级柱塞，最后是三级柱塞，动作有误将会造成事故，应立即停止起升并收回井架，经检查确认无误后再重新按正确的顺序进行）。

(8) 井架平缓坐在井架底座上之后，应插入井架下体与井架底座之间的两个锁紧螺杆。

(9) 检查液路有无漏失，再升起井架上体。

(10) 提起伸缩油缸操纵手柄"A"，使井架上体从井架下体中伸出，在井架上体伸出过程中应注意伸缩油缸压力读数不能大于 12MPa，在井架上升的过程中应特别注意扶正器是否到位及有无损坏。

(11) 井架上体伸出后，爬上井架，目检碰锁装置是否完全伸出并正确就位，插上保险销及上体电源插头。

(12) 井架就位后，将三连阀"工况选择"手柄回到中位"作业工况"，并打开六连阀控制台上两针形阀"C"、"E"，使起升油缸、伸缩油缸卸载。

(13) 用调节丝杆调节井架的倾斜度为 3°32′。

(14) 挂好风载绷绳、二层平台到地面绷绳及内负荷绷绳等，调整张力。

(15) 将起升油缸伸出的三级柱塞和活塞杆上涂以防锈脂等。

29．现场修井机放井架的步骤有哪些？

答：(1) 摘开井架部分的电路，放松内负荷绷绳，并解

开二层平台绷绳和风载绷绳。

（2）发动机转速控制为 1200～1500r/min，操作三连阀"工况选择"手柄处于"调整工况"，挂合主油泵，使主油泵空转 5～10min。

（3）对伸缩油缸进行排空。

（4）摘掉井架上、下体锁紧装置锁块保险销子及上体电源插头。

（5）先提起操纵手柄"A"，使上体上升收回碰锁装置，然后下压操纵手柄"A"降落井架上体。

（6）将操纵手柄"A"置于中位，松开井架下体与井架底座间的两个锁紧螺杆。

（7）打开起升油缸针形阀"E"，提起操纵手柄"B"，让液压泵运转油路循环 3min 左右，关闭针形阀"E"，按操纵手柄"B"缓慢放到井架。

（8）上好前支架 J 型螺栓和上体挡块、大钩挂绳。

（9）松开支腿锁紧螺母，操纵支腿控制阀手柄，回收支腿并锁紧螺母，打开针形阀"C"、"E"。

（10）收回全部钢丝绳，拆除底盘与井架基础的安全拉杆和转盘传动轴。

（11）拆除钻台，清理场地及其他辅件。

30．修井机发动机操作规程内容是什么？

答：（1）做好启动前的巡回检查工作，油、水、电保持良好，打开油门。

（2）将传动箱挂挡操作杆放在空挡位置。

（3）打开电器开关，并检查各仪表及指示灯是否处于工作状态。

（4）启动发动机按下按钮（冬季可采用一些辅助装备

15

启动)。

(5) 停止发动机之前应将发动机卸载,转速降低一半,运转 5min 左右以冷却发动机,然后降至低速空转一段时间后停止发动机。

31. 修井机主滚筒操作规程内容是什么?

答:(1) 做好操作前的必要检查;操作操纵箱上的组合调压阀,将推杆向上推 15°,主滚筒即挂合(将推杆再向上推,则可控制发动机转速的高低)。

(2) 停止绞车工作时,松开离合器,手柄回到中位[其过程是:先降低油门,然后脱开离合器停止工作。若手柄继续向下拉动,则只能控制油门而不能挂合离合器。这种操作只在进行上、卸油(钻)杆或其他作业时控制发动机油门才使用]。

(3) 捞砂滚筒操作(仅限于带捞砂滚筒的修井机)。捞砂滚筒离合器是由捞砂滚筒旁侧的操作控制台上气控阀来控制的,气控阀的操作方法与主滚筒控制阀相同。

(4) 操纵刹把控制刹车的转速,采用刹车冷却系统可降低刹车毂的温度。正确使用工作制动、紧急制动、辅助制动和防碰刹车等。

32. 修井机装载车的操作规程内容是什么?

答:修井机为液力传动、多桥驱动,其驾驶操作与普通载重汽车驾驶基本一样。但仍有许多区别,因此在行使之前要进行以下操作:

(1) 车上、车下挂挡手柄处于"行车"位置。

(2) 前桥挂合手柄处于"脱开"位置。

(3) 变矩器闭锁开关处于"行车"位置。

(4) 换挡手柄处于"空挡"位置。

(5) 桥间、轮间、差速箱差速锁开关均处于"脱开"位置。

(6) 主油泵处于"脱开"位置。

(7) 检查井架锁紧。

(8) 修井机承重桥比较多，车较长、较宽且较高，应时刻观察周围环境。

在做好必要的巡回检查工作后启动电动机、发动机，待怠速运转后，平缓加油门低挡起步。

停车时换挡手柄置于空挡，车辆停止行驶，用掩木将车辆掩死。

33. 修井机保养是如何规定的？

答：修井机保养规定见表1-2。

表1-2 修井机保养规定

保养级别	一保	二保
间隔时间，h	100～250	450～650

34. 修井机日常例保内容有哪些？

答：(1) 清洁全机卫生，保持整洁。

(2) 检查燃油、润滑油、液压油数量及品质。

(3) 检查冷却液、风扇皮带、水泵等是否正常。

(4) 检查气动元件是否良好。

(5) 检查油、水、气、电路管线及接头、阀件有无渗漏现象。

(6) 检查底盘和台上刹车是否可靠，刹车蹄、刹带间隙、刹把位置、刹带活端和死端是否需要调整。

(7) 检查防碰天车是否良好。

(8) 检查各仪表是否良好。
(9) 检查轮胎气压，检查轮胎螺栓等紧固件是否牢固。
(10) 检查钢丝绳有无损伤。
(11) 检查全车灯光是否齐全良好。
(12) 检查空气滤清器是否良好。
(13) 润滑部位加注润滑油、润滑脂。

35．修井机一保作业（在例保作业的基础上）内容有哪些？

答：(1) 清洗、更换空气、燃油、润滑油以及液压油过滤器的滤芯。
(2) 加注补充、更换润滑油、液压油和冷却液。
(3) 清洗、保养节温器和后冷器。
(4) 清洗燃油、润滑油和液压油油箱。
(5) 清洗、保养电瓶，保持电量充足。
(6) 及时排放储气瓶内残杂液。
(7) 加注、更换传动链箱的润滑油。
(8) 传动轴联轴器加注润滑脂。
(9) 绞车机架两侧润滑点、导龙头、辅助刹车、刹车操纵系统、滚筒刹车支架座等加注润滑脂。
(10) 检查、调整底盘、台上刹车，必要时更换刹车蹄片。
(11) 调整离合器间隙。
(12) 检查、调整各仪表。
(13) 检修、调整灯光，保持完好。
(14) 检查转向系统。
(15) 检查井架固定件是否牢固，保持井架整洁卫生。
(16) 游车大钩滑轮轴承、大钩主轴承、钩筒侧面制动

器、钩筒内轴承与弹簧、钩体支撑销端部、钩体与吊环或水龙头提环接触表面以及各滑轮绳槽表面等加注、刷涂润滑脂。检查滑轮绳槽、钩体、钩杆、钩筒有无损伤。检查侧钩口锁紧臂紧固件的紧固情况以及主钩口安全锁紧臂的锁紧情况。

（17）检查水龙头密封是否良好。

（18）检查水龙头润滑油并进行补充或更换。

（19）检查水龙头密封填料上下压帽松紧是否符合标准。

（20）检查水龙头鹅颈管及螺纹是否良好。

（21）检查转盘润滑油数量及品质，锁紧装置销轴注入润滑脂。

（22）检查液压系统有无渗漏，液压控制元件是否良好。

（23）清洗打气泵进气滤网。

（24）检查指重表有无损伤，数值是否准确。

（25）对全车紧固件进行检查、紧固。

（26）动力钳的维护保养：

①检查各紧固螺栓是否松动，如有松动，则必须紧固。

②必须将各部件清洗干净（不得用蒸气清洗动力钳，以防各轴承失油、进水而损坏）并向各转动部位注足润滑脂。

③如因制动力不足，颚板不伸出，需调紧制动力，稍拧紧各带孔螺栓，且注意不能拧得过紧而使摩擦片过热。每次使用后，检查钳体，如有积水或油泥等脏物，必须及时清除。

④液压油温度不得超过 65℃，过热会使液压系统密封失效。

⑤液压油必须保持清洁，保持滤油器正常滤油。

⑥液压油选用正确：

YC-N46 低凝液压油，适用于环境温度为 -20 ~ 40℃。
YB-N46 抗磨液压油，适用于环境温度为 -10 ~ 40℃。
YA-N46 普通液压油，适用于环境温度为 0 ~ 40℃。

36．修井机二保作业（在一保作业的基础上）内容有哪些？

答：(1) 清洁曲轴呼吸器。

(2) 清洁散热器内、外部。

(3) 检查、调整气门间隙。

(4) 检校高压油泵、喷油器。

(5) 检修发电机、电动机及电器系统。

(6) 检查角传动箱并加注润滑油。

(7) 检查分动箱并加注润滑油。

(8) 检查装载车刹车系统、刹车毂及蹄片磨损情况，悬浮桥气囊有无破损（仅限于 XJ550 型修井机和江汉总机厂的 XJ450 型修井机）。

(9) 检查链条磨损情况，必要时可更换。

(10) 检查所有操作手柄是否灵活可靠，必要时可检修或更换。

(11) 对全车进行防腐处理。

(12) 检查扶正器弹簧，必要时可更换。

37．修井机润滑点有哪些？各用什么润滑剂？

答：修井机润滑点和使用的润滑油见表 1-3。

表 1-3 修井机润滑点和使用的润滑油

序号	润滑部位	润滑点	润滑方式	润滑剂	检查周期	换加油周期
1	车上动力传动轴	3	强迫	1号锂基润滑脂	每周	每周

续表

序号	润滑部位		润滑点	润滑方式	润滑剂	检查周期	换加油周期
2	角传动箱		1	飞溅	80w/90	每周	六个月
3	主滚筒	输入、输出链条	1	飞溅	SFCS5W30		
		轴承	1×2	强迫	1号锂基润滑脂	每班	每天
		离合器导气龙头	1	强迫	1号锂基润滑脂	每班	每天
		刹车轴轴承	1×2	强迫	1号锂基润滑脂	每班	每天
		刹车平衡块	1×2	强迫	1号锂基润滑脂	每班	每天
		刹车轴中间支座	1	强迫	1号锂基润滑脂	每班	每周
		刹车轴轴承	2×3	强迫	1号锂基润滑脂	每班	每周
4	水刹车	链条	1	飞溅	SFCD5W30	每周	六个月
		轴承	2×2	强迫	1号锂基润滑脂	每天	每月
5	液压绞车		1	飞溅	80W/90	每周	六个月
6	转盘传动装置系统	齿轮箱	1	飞溅	80W/90	每周	六个月
		离合器导气龙头	1	强迫	1号锂基润滑脂	每天	每周
		万向传动轴	3	强迫	1号锂基润滑脂	每周	每月
		链条箱轴承	2	强迫	1号锂基润滑脂	每周	每月
		链条箱链条	1	飞溅	SFCD5W30	每天	每月
		转盘齿轮箱	1	飞溅	80W/90	每天	每月
		转盘轴铜套	1	强迫	1号锂基润滑脂	每班	每天
		防跳轴承	1	强迫	1号锂基润滑脂	每班	每天
7	起升油缸		2×2	强迫	1号锂基润滑脂	每月	每月

续表

序号	润滑部位		润滑点	润滑方式	润滑剂	检查周期	换加油周期
8	井架	下体与底座连接销	2×2	强迫	1号锂基润滑脂	每月	每月
		吊钳油缸滚轴	1	强迫	1号锂基润滑脂	每班	每天
		伸缩油缸扶正器	2×4	强迫	1号锂基润滑脂	每月	每月
		上下体锁止块销轴	1×2	强迫	1号锂基润滑脂	每月	每月
		吊钳滑轮轴	1×2	强迫	1号锂基润滑脂	每周	每月
		液压小绞车滑轮轴	1	强迫	1号锂基润滑脂	每周	每周
		吊钳油缸导轮轴	1	强迫	1号锂基润滑脂	每班	每天
		天车滑轮轴	4	强迫	1号锂基润滑脂	每周	每周
9	游车大钩	游车轮轴	2×2	强迫	1号锂基润滑脂	每班	每天
		中间体	1	强迫	1号锂基润滑脂	每班	每天
		钩体	2	强迫	1号锂基润滑脂	每班	每天
10	水龙头	提环	2	强迫	1号锂基润滑脂	每班	每天
		密封环座	1	强迫	1环锂基润滑脂	每班	每天
		上部轴承座	1	强迫	1环锂基润滑脂	每班	每天
		油池	1	飞溅	SFCD5W30	每月	六个月

第二部分 起升设备

38. 井下作业起升设备的作用是什么？主要包括哪些设备？

答：井下作业起升设备是在井下作业中用于起下钻具、起吊重物和完成其他辅助工作的设备。起升设备主要包括绞车、天车、井架、游车大钩和钢丝绳等。

39. 井下作业对绞车的要求有哪些？

答：(1) 足够的功率。

绞车要有足够的功率，在最低转速下钢丝绳能承受最大的拉力，以保证游动系统能承受最大钻具负荷。

(2) 滚筒有足够的尺寸和容绳量。

绞车滚筒要有足够的尺寸和容绳量，保证能缠绕一定直径与长度的钢丝绳，以适应正常起下和提捞作业的需要。

(3) 足够的起升排挡。

绞车变速机构要有一定的起升挡数或能无级调速，以适应起重量的变化，节省工作时间，提高功率利用率。

(4) 灵敏可靠的刹车机构。

绞车要有灵敏可靠的刹车机构及辅助刹车，在下钻过程中能随意控制下钻速度并省力地将最重钻具刹住，以保证起下作业的安全可靠。

(5) 便于操作。

绞车的控制台、刹把、手柄等要相应集中，设置要简

单，易于记忆，方便操作。

40. 绞车的用途有哪些？

答：绞车是起升系统的主要设备，它的种类很多，但都具备以下用途：

(1) 起下钻具（钻杆、油管、套管、抽油杆等）。

(2) 进行抽汲、提捞等作业。

(3) 在钻进时控制钻压、送进钻具。

(4) 利用猫头进行上、卸管柱螺纹，立放井架，绷放管柱。

(5) 换装牙轮传动转盘。

(6) 吊升重物与进行其他辅助工作。

41. 绞车由哪几部分组成？各部分的作用是什么？

答：修井绞车实际上是一部重型起重机械，它由以下机构系统组成：

(1) 支撑系统。支撑系统是指焊接的框架式支架或密闭箱壳式座架，它是支撑滚筒、滚筒刹车机构等系统的骨架。

(2) 传动系统。传动系统主要由变速箱、传动轴、链条、牙轮等组成，它将动力传给滚筒并可调节滚筒的转速。

(3) 控制系统。控制系统主要包括离合器、控制阀件与操作控制台，它操纵和控制绞车各系统按照操作者的意向准确运转。

(4) 制动系统。制动系统即刹车系统，包括刹把、刹带及水刹车等，它在起下作业中起制动和控制下钻速度的作用。

(5) 卷扬系统。卷扬系统主要包括主滚筒、捞砂滚筒和猫头等各种卷扬装置，它是通过游动系统完成起下作业的主机。

(6) 润滑及冷却系统。润滑及冷却系统主要由油池、油封、黄油嘴和刹车冷却装置组成，其作用是润滑绞车的各运转零件并冷却主滚筒的刹车毂。

42．XT-12型通井机绞车由哪几部分组成？结构如何？

答：XT-12型通井机绞车主要由变速箱、滚筒体、操作手柄和大梁骨架等组成。

(1) 变速箱。变速箱的传动为斜齿常啮合式，有正、反各8种变速，并带有动力输出轴。

(2) 滚筒。滚筒由滚筒体、左轮辐、右轮辐焊接而成，它们均为铸钢件，强度高。

(3) 刹车机构。滚筒刹车为带式摩擦刹车，有左、右两个刹带。

(4) 滚筒离合器为CD_2610型气动隔膜推盘式离合器。

(5) 大梁骨架采用低合金高强度钢焊接组装而成，具有强度高、刚性好等特点。

另外，滚筒轴的另一端装有猫头，用来进行管柱上卸扣、提升上体井架和拉吊油管等辅助工作。

43．XT-12型通井机绞车的刹车机构由哪几部分组成？结构如何？

答：XT-12型通井机绞车滚筒刹车为带式摩擦刹车，有左、右两个刹带。刹带的内面铆有石棉刹车块；刹带外装有刹车护罩，护罩上装有顶丝和弹簧，用以调整刹带和刹车轮毂之间的间隙，使之均匀。XT-12型通井机绞车刹车原理示

意图如图 2-1 所示，刹车装置为气动助力机械混合式，操作省力、可靠。拉下刹把，则刹车曲轴旋转而拉紧刹带，然后踩下刹车踏板，通过调压阀作用使刹车汽缸充气，通过活塞推动刹车曲轴继续旋转，从而刹紧滚筒。

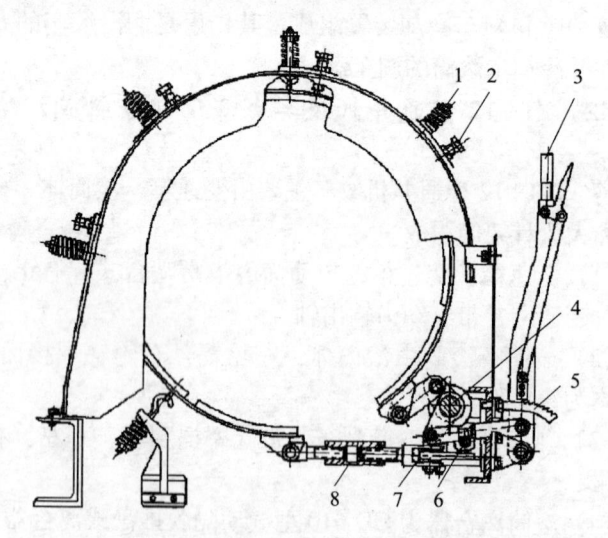

图 2-1 XT-12 型通井机绞车刹车原理示意图

1—刹车拉杆；2—定位螺钉；3—刹车总成；4—曲拐轴总成；5—撑条；
6—调节丝杆；7—平衡架；8—调节螺母

气动助力时，操纵力小于 50N；纯机械制动时，操纵力不大于 250N。此外，还备有死刹车装置，当游车大钩有负荷、操作人员离开驾驶室时，必须把死刹车锁住。

44．XT-12 型通井机绞车的传动机构组成如何？

答：XT-12 型通井机绞车的传动机构示意图如图 2-2 所示。变速箱共有 8 种变速，正转和反转挡速一致，其滚筒各挡转速及快绳拉力见表 2-1。

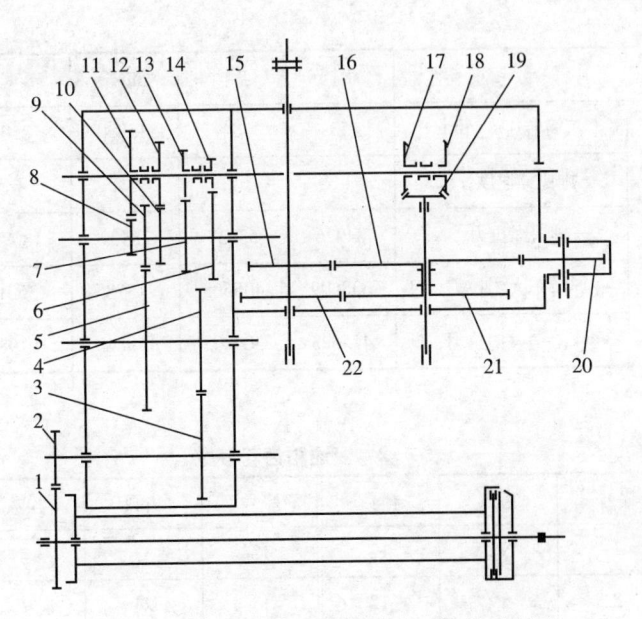

图 2-2 XT-12 型通井机绞车传动机构示意图
(图中数字 1～22 为齿轮序号，齿轮参数见表 2-2)

表 2-1 滚筒各挡转速及快绳拉力

参数		I 挡	II 挡	III 挡	IV 挡
低速挡	滚筒转速，r/min	39.4	62	117.4	185
	三排快绳速度，m/s	0.94	1.5	2.8	4.5
	一排快绳拉力，N	114640	72765	38442	24419
	4×5 游车大钩拉力，N	862005	547211	289100	183580
	3×4 游车大钩拉力，N	646552	410400	216727	137685

续表

	参数	I挡	II挡	III挡	IV挡
高速挡	滚筒转速，r/min	53	84	158.4	250
	三排快绳速度，m/s	1.3	2	3.8	6
	一排快绳拉力，N	84926	53937	28439	18093
	4×5游车大钩拉力，N	638609	405603	213785	136018
	3×4游车大钩拉力，N	475623	304202	159848	101989

表 2-2 变速箱齿轮参数

序号	齿数	模数	序号	齿数	模数
1	92	12	12	33	7
2	19	12	13	24	7
3	24	10	14	18	7
4	19	10	15	27	5
5	27	9	16	41	5
6	39	7	17	37	7
7	33	7	18	37	7
8	18	7	19	22	7
9	20	9	20	34	5
10	24	7	21	36	5
11	39	7	22	32	5

45. XT-12型通井机绞车使用前检查内容有哪些？

答：XT-12型通井机绞车使用前，应先检查并证实驾驶室中的行驶排挡和换向杆放在空挡位置，右脚死刹车必须锁住，避免操作绞车时将通井机开走或转向。然后检查机身温度和机油压力。机身温度达50℃时才能带负荷，正常工作时水温为65～85℃，机油压力要保持在150～300kPa的范围内，机油压力不正常不能工作；检查有无渗油、漏水现象；检查滚筒传动及连接部分是否完整和紧固，不得有松动现象；检查刹车是否灵活好用。冬季，要先挂上Ⅰ挡，空负荷运转滚筒5～10min后再带负荷。最后再检查滚筒、猫头处有无人或其他障碍物，天车、游动滑车钢丝绳有无跳槽现象，必须在井口有专人指挥下才能进行操作。

46. XT-12型通井机绞车使用有哪些注意事项？

答：XT-12型通井机绞车挂挡时，先刹住滚筒，再摘开滚筒离合器和总离合器，然后挂上合适的排挡。如挂不上，将总离合器轻轻活动一下再挂。挂挡时，牙轮不应发响。

起钻时必须注意，一定先挂上总离合器后再挂上滚筒离合器，同时松开滚筒刹车把，加大油门开始起钻。起钻时刹把必须松开，正常操作（运转）时，严禁猛刹车。

换挡时，摘开滚筒离合器，待滚筒停止转动，再摘开总离合器；挂上合适的排挡后，再挂上总离合器。

下钻时，用刹车控制速度；速度不应太快，避免发生顿钻等事故。当下放钻具负荷很大（如坐井口、封井器等特殊作业）时，可挂上滚筒离合器并挂上Ⅰ挡，摘开总离合器，由刹车控制进行下放。注意此时绝对不能挂总离合器。

正常操作或使用倒挡时，滚筒死刹车必须松开。如游车

大钩有负荷、操作人员需离开驾驶室时，必须先把滚筒死刹车锁住，避免发生溜钻事故，确保安全生产。

引擎无负荷时，油门应减小，引擎加负荷前应慢慢加大油门。在一般情况下起钻时，游动滑车和天车距离不得小于1m，防止游动滑车碰天车。起下钻时，井口一定要有专人指挥；非操作人员未经允许和培训合格不得任意上车操作；操作时要精力集中，车上车下协作配合，服从指挥。开始起升时，应缓慢、防挂；下钻时，控制适当速度并防顿；下钻提单根未提起至抽油机驴头以上时，禁止猛挂离合器及猛轰油门；井口操作扶好吊环。

47．XT-12型通井机绞车合理使用应遵循什么原则？

答：离合器的使用原则是"挂时要慢和稳，摘时要快而彻底"，一般不允许在半离半合的状态下进行工作。为了保护易磨损的总离合器，一定要"先挂后摘"，即起钻时要先挂总离合器后再挂滚筒离合器，换挡时要先摘滚筒离合器后摘总离合器，使其在没有负荷的情况下接合。挂离合器时要平稳操作，挂得太猛会使传动部分受损。如发现离合器打滑或因太紧摘不开时，要停止使用并进行检查调整。停止滚筒旋转时，应先摘滚筒离合器，然后再摘总离合器。

48．XT-12型通井机绞车合理使用注意事项有哪些？

答：XT-12型通井机绞车离合器为气动压紧、弹簧分离，不需任何调整。但使用中必须注意以下几点：

（1）经常观察气路系统是否有漏气的地方，一旦发现，必须及时排除故障，以保证离合器的正常工作。

（2）摩擦片绝不许沾染油污，以免打滑影响传递扭矩。

(3) 橡皮膜不得沾染油污，也不许碰伤，以保证其良好的气密性。

49．XJ350型修井机绞车由哪几部分组成？有什么特点？

答：XJ350型修井机绞车为双滚筒带水刹车及冷却装置的绞车，主要由主滚筒系统、捞砂滚筒系统、刹车冷却系统和水刹车等组成。该绞车具有结构合理、传动准确、操作方便、使用安全、起下速度快等特点。

50．XJ350型修井机绞车的传动系统由哪几部分组成？

答：XJ350型修井机绞车的传动是由柴油机将动力传递给阿里逊传动箱，再经角传动箱到链轮箱，最后传到滚筒上，其传动路线如图2-3所示。阿里逊传动箱由液力变矩器和五速行星齿轮箱组成，当涡轮转速为1600～1800r/min时，变矩器可自动闭锁，此时动力由机械变速部分输出，以达到滚筒的五正一倒转速。

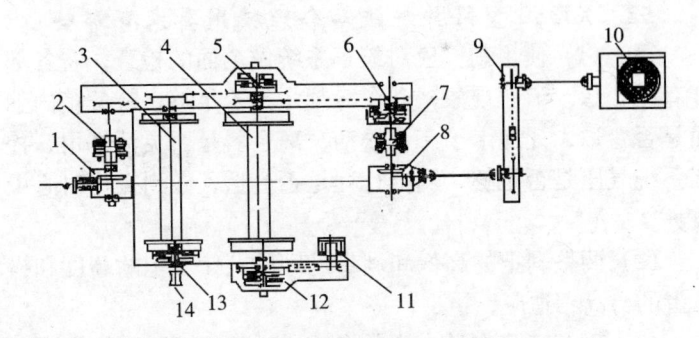

图2-3 XJ350型修井机绞车传动路线示意图

1，8—圆锥齿轮变速箱；2，7—联轴节；3—捞砂滚筒；4—主滚筒；
5，6，12，13—离合器；9—链轮箱；10—转盘；11—水刹车；14—猫头

51. XJ350型修井机绞车的结构如何？

答：XJ350型修井机绞车由四部分组成：

（1）主滚筒。主滚筒是用来缠绕游动系统钢丝绳的工作部分，由主滚筒轴、滚筒离合器、滚筒体、刹车毂和水刹车离合器组成。

（2）捞砂滚筒。捞砂滚筒是专供抽汲、提捞、捞砂等作业而设置的滚筒，其直径小于主滚筒，有效长度大于主滚筒，目的是增大容绳量，其他结构与主滚筒一样。为了满足井下作业的需要，在捞砂滚筒轴的一端装有猫头。

（3）刹车机构及刹车冷却装置。XJ350型修井机绞车的两个刹车均为机械制动式刹车，刹车机构主要由刹车块、刹带、限位圈、刹车轴、拐臂、连臂、刹把与弹簧等组成。

（4）水刹车。水刹车在下钻时起减速作用，使游车大钩载荷下放时保持匀速，不发生过大的冲击，从而保证作业安全，延长刹车的使用寿命。水刹车主要由壳体、定子、转子、轴以及底座等组成。

52. XJ350型修井机绞车合理使用要求有哪些？

答：（1）使用前，应对绞车系统做全面的检查，看各部件有无变形、卡阻现象，刹车冷却水是否足够，链条箱内油面是否合适，死绳卡子有无松动，离合器是否灵活好用，控制系统气压是否足够，刹把行程是否合适，做到操作时心中有数。

（2）调整刹把的高低和刹带的间隙，使刹把的高度和操作者的身高相适应。

（3）手刹车是在游车大钩负载15t以下轻负荷的情况下控制下钻速度和作停车制动使用的，在紧急情况下也作紧急制动使用。操作时应尽量减少紧急刹车，游车大钩负载超过

15t 时，一定要挂合水刹车来限制下钻速度。

（4）气控制系统的气压达到规定值后，绞车才能提升。冷却水罐内的气压应控制在规定值以下，不准超过规定值。

（5）当刹车毂发热以及有刹带摩擦散发出的气味时，应给刹车毂喷水散热。

（6）提升时，应根据游车大钩负载来合理选择变速挡位。

（7）刹车块磨损到铆钉露头时应更换；刹车毂到使用极限时，应拆下修复或更换。

（8）严禁主滚筒、捞砂滚筒和液压小绞车同时使用。停车时，一定要将滚筒刹死，并将刹把用链条拴上，变速手柄置于空挡位置。

53．XJ350型修井机绞车水刹车合理使用要求有哪些？

答：（1）水箱内所加的水必须是清洁冷水，不许加有腐蚀性的脏水。

（2）使用水刹车前，要将管路中所有的阀门打开，不应有漏水和堵塞现象。

（3）使用水刹车时，必须根据游车大钩的负载来合理选择水刹车进水口端蝶形阀的开度，以保证游车大钩负载下降的最大速度不超过 1.5m/s。

（4）使用水刹车时，必须先挂水刹车，后松刹把，绝对不允许在游车大钩负载下降中途挂合水刹车。提升时，必须先将水刹车脱开，不许挂水刹车上提游车大钩。

（5）水刹车的出口水温不得超过 82℃，如超过，则应立即停止使用水刹车，更换冷水或待水温下降后才能使用。

（6）冬季使用时，应在循环水中加入适当的抗锈防冻

液，或在使用后将水放掉，以防冻裂水刹车。

（7）禁止在水刹车无水的情况下边加水边使用水刹车；未经当班司机同意，任何人不得上操作台乱动手柄。

54．XJ650型修井机绞车的结构如何？有哪些特点？

答：绞车总成为双滚筒结构，主滚筒用于提升过程中的起下钻具和下套管，控制钻井过程中的钻压；捞砂滚筒用于提取岩心筒、试油等工作。

（1）主滚筒由滚筒轴、滚筒体、刹车毂、离合器、辅助刹车、链轮及刹车系统等组成。

（2）捞砂滚筒由滚筒轴、滚筒体、刹车毂、离合器及刹车系统等组成。

（3）绞车架及顶部护罩为绞车架钢板焊接结构，下部及两端焊接有矩形管加强骨架，强度高，重量轻，用于连接和支撑主滚筒、捞砂滚筒、刹车机构、链条护罩、捞砂滚筒控制箱等部件。

（4）主滚筒和捞砂滚筒刹车系统采用轮毂带式平衡刹车系统。它主要由钢带、刹带块、平衡梁、曲柄轴、限位圈、调节丝杆、拉杆和刹把等组成。

（5）链条及护罩。链条为两组高强度双排滚子链，将动力从角传动箱输出轴链轮传递到捞砂滚筒链轮，并经过渡再传递到主滚筒链轮；链条护罩为全封闭整体式护罩，安装有通气口、油位表等。

（6）角传动箱由输入轴、主动弧齿锥齿轮、输出轴和被动弧齿锥齿轮组成。

55. XJ650型修井机绞车的操作使用规范是什么？

答：绞车是钻机的主要设备之一，正确操作刹把、司钻控制箱各控制手柄以控制绞车进行各种钻修作业，是司钻的基本岗位技能要求。使用前要进行以下检查：

(1) 检查绞车润滑系统，润滑油应足够，油管无泄漏。

(2) 检查各固定螺栓有无松动，各支座有无裂纹，各护罩有无渗漏。

(3) 检查大绳，排绳应整齐，无断股、断丝等现象。大绳应定期润滑。

(4) 检查司钻控制台各气动控制阀、液压控制阀功能正确、操作灵活且无泄漏。

(5) 检查各气动、液压控制管路完好、无泄漏；主滚筒轴两端的气动旋转接头和双路水旋转接头转动灵活，管路畅通、无泄漏；捞砂滚筒气动旋转接头转动灵活，管路畅通、无泄漏。应定期润滑旋转接头。

(6) 各类压力表灵敏、指示准确；气压表压力为 $0.75 \sim 0.85$ MPa，液压表额定压力为 14MPa。

(7) 检查钻井参数仪表箱，各表准确、灵敏；当游车大钩无负荷悬停时，指重表指针应在 40kN 位置。

(8) 检查调整刹车带，刹车块磨损剩余厚度不得小于 15mm，刹车片与刹车毂周边间隙为 $4.5 \sim 5$mm。

(9) 检查刹车机构，应保证灵活可靠，调整刹把高度，在水平夹角 40°～50°之间压下刹把，应能可靠地刹住滚筒。

(10) 检查冷却水系统，主滚筒辅助刹车和刹车毂冷却水循环水管路连接正确，回路畅通；水泵及散热器工作正

常，循环水箱液面高度正确，水质清洁；捞砂滚筒喷水冷却水管路连接正确，回路畅通；压力水箱有足够的冷却水（冷却液），气压表压力为 0.2～0.3MPa。

56．修井绞车刹把常见故障有哪些？如何排除？

答：修井绞车刹把常见故障及排除方法见表 2-3。

表 2-3　修井绞车刹把常见故障及排除方法

故障现象	可能原因	排除方法
压到最低位置，刹不住车	刹车片严重磨损	换刹车片
	两端刹车带不平衡	调整平衡
	刹车毂被油污染	清除油污
	刹把调整过低	调整刹把高度
	刹带活端调整不当	调整刹带活端
抬起到最高时，大钩不下行，或下行很缓慢	刹车带与刹车毂间隙小	调整刹车带间隙
	刹车带与刹车毂有摩擦	检修刹车带和刹车毂
	刹把调整不当	调整刹把

57．修井绞车滚筒离合器常见故障有哪些？如何排除？

答：修井绞车滚筒离合器常见故障及排除方法见表 2-4。

表 2-4　修井绞车滚筒离合器常见故障及排除方法

故障现象	可能原因	排除方法
未挂合滚筒离合器，滚筒转动	离合器摩擦盘间隙过小	调整离合器摩擦盘间隙
	离合器摩擦盘烧结	更换离合器摩擦盘

续表

故障现象	可能原因	排除方法
摘开滚筒离合器后，滚筒仍转动	离合器摩擦盘间隙过小	调整离合器摩擦盘间隙
	离合器摩擦盘烧结	更换离合器摩擦盘
	气路未彻底断开	检修气路和有关阀件
游车大钩提升时有打滑现象	刹车带与刹车毂间隙小	调整刹车带间隙
	刹车带与刹车毂有摩擦	检修刹车带和刹车毂
	刹把调整不当	调整刹把

58. 修井绞车滚筒刹车常见故障有哪些？如何排除？

答：修井绞车滚筒刹车常见故障及排除方法见表2-5。

表2-5 修井绞车滚筒刹车常见故障及排除方法

故障现象	可能原因	排除方法
刹车力不足	气压过低	调高气动压力
	刹车带间隙过大	检修、调整
	刹车带磨损严重	检修、更换
	刹车毂被油污染	检查、清理
	左右刹车带不平衡	检修、调整
	主滚筒冷却水温度过高	调节冷却水温度
刹车带磨损过快	大钩下放速度过快	适当控制大钩速度
	主滚筒未挂合水刹车	按规定及时挂合水刹车

续表

故障现象	可能原因	排除方法
刹车带磨损过快	刹车毂冷却不足	调整冷却水流量、温度
	刹车带间隙过小	调整、检修

59．修井绞车链条传动箱常见故障有哪些？如何排除？

答：修井绞车链条传动箱常见故障及排除方法见表2-6。

表2-6　修井绞车链条传动箱常见故障及排除方法

故障现象	可能原因	排除方法
局部发热	缺少润滑油	添加润滑油
	润滑油污染	更换润滑油
	轴承磨损	检修、更换轴承
运转异响	轴承磨损	检修、更换轴承
	链条磨损	检修、更换链条
	链条拉长	检修、更换链条

60．修井绞车角传动箱常见故障有哪些？如何排除？

答：修井绞车角传动箱常见故障及排除方法见表2-7。

表2-7　修井绞车角传动箱常见故障及排除方法

故障现象	可能原因	排除方法
局部发热	缺少润滑油	添加润滑油
	润滑油污染	更换润滑油

续表

故障现象	可能原因	排除方法
局部发热	轴承磨损	检修、更换轴承
运转异响	轴承磨损	检修、更换轴承
	锥齿轮磨损	检修调整、更换锥齿轮
	大锥齿轮盘松动	检修、紧固

61. 井下作业对井架的要求有哪些?

答:(1)应有足够的承载能力。

对井架承载能力的要求是既能满足正常井下所需管柱的起下作业,还能经受短期内突然增加很大的特殊载荷,以满足井下作业各种工艺的要求。

(2)应有足够的工作高度和空间。

井架太低会增加起下操作的次数并限制起升速度,影响提升一定长度的钻具;空间太小会造成游车大钩上、下运行不便,影响有关设备、工具的安装及管柱的立排。因此,要求井架有一定的高度以提升最长的管柱,而且空间要适当,方便游车大钩的上、下运行,排放一定数量的管柱。

(3)便于立放、拆装、运移和维修

要求井架采用合理的结构,以便于安全、方便地立放或拆装,而且应维修方便,移运迅速。

62. 井下作业井架按结构分哪几类?

答:(1)整体式井架。在地面焊接成几段,然后用螺栓连接为整体,再用吊车吊起或绞盘吊拉起。

(2)伸缩式井架。整个井架分为上下两部分,上体井架可在下体井架内伸缩,上体井架依靠锁销或座窝固定在下体

井架上，整体井架支架在修井机上，由液缸或钢丝绳立放。

（3）折叠式井架。小架子和大架子平时折叠在一起，通过修井机机身两边的丝杠或液缸完成立放工作。但此类井架承受载荷较小，目前现场已不使用。

63. 井下作业井架按可移性分哪几类？

答：（1）固定式井架，就是长期固定在井口旁，井下作业后不随修井机搬迁。

（2）移动式井架，是将井架安装在修井机上，可随修井机迁移。

64. 井下作业井架按支腿受力分哪几类？

答：（1）单腿式井架，即桅杆式井架，整个井架由单腿独立，钻具负荷作用于一点，如图2-4所示。

（2）两腿式井架，即游动系统的重量由井架的两条腿承受，有的井架外形有四条腿，但只有两条腿承受主要载荷，因此也属两腿式井架，如修井固定式轻便井架（图2-5）等。

65. 修井井架由哪几部分组成？

答：修井井架主要由井架主体、天车台、二层平台与工作梯四大部分组成。

井架主体是由横杆、斜杆和弦杆所组成的折架结构，它们是井架的主要承载构件；天车台是用于安放天车，并对天车进行检查、维护、保养的场地；二层平台是立放管柱和井架工操作的工作台；工作梯供工作人员上、下井架。

66. 修井轻便井架有哪几种类型？各由哪些部件组成？

答：现场使用的轻便井架有固定式和伸缩式两种，这种井架主要由主体、天车台与工作梯组成。主体又分为立杆（也称井架大腿）、横杆和斜杆。立杆是承受井下负荷的主

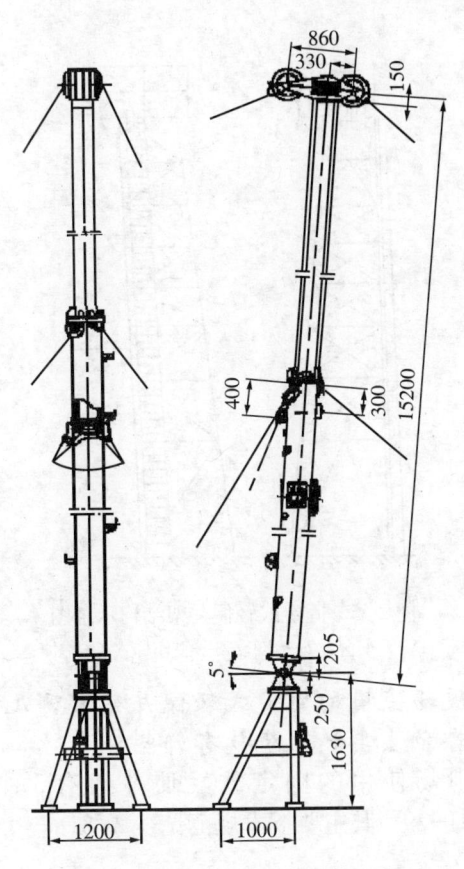

图 2-4　单腿式修井井架结构示意图

体，其一般尺寸比横杆和斜杆大，多采用圆管、矩形管或大角钢制作。因为修井轻便式井架的天车垂线与井架有一定的角度（俗称倾角），而且天车装在立杆之上，因此立杆承受的负荷最大，其余的由井架后绷绳所担负。横杆和斜杆起连接稳定井架桁架的作用。轻便井架的最大载荷为1200kN。

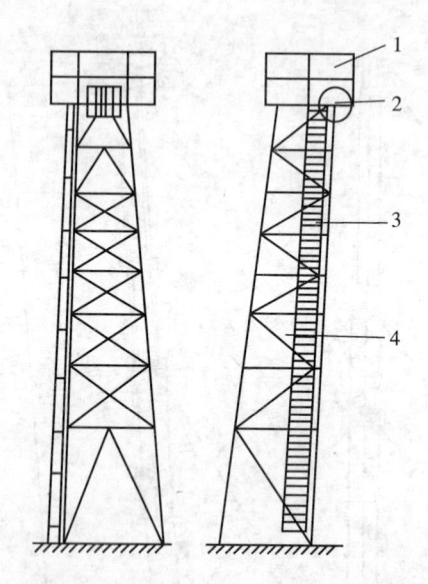

图 2-5 固定式轻便井架结构示意图
1—天车台；2—天车；3—工作梯；4—主体

67. 现场使用的固定式轻便井架有哪几种？固定式轻便井架的主要技术规范有哪些？

答：现场使用的固定式轻便井架有 3 种：BJ-18、BJ-24 和 BJ-29，其主要技术规范见表 2-8。

表 2-8 固定式轻便井架的主要技术规范

规范 \ 型号	BJ-18	BJ-24	BJ-29
井架高度，m	18.260	24.250	29.251
工作负荷，kN	400	300	500
天车型号	TC-20、TC-30、TC-50	—	BY-40

续表

型号 规范	BJ-18	BJ-24	BJ-29
天车中心到支脚座中心的水平距离，mm	1800	2400	2800
支脚座中心距 mm	1530	1530	2130
天车安装尺寸 mm×mm	770×335	648×335	
顶架高度，mm	1500	1500	1000
顶架负荷，kN	20	20	
绷绳	$3/4$ in-150号钢丝绳共8根绷于井架上段	$3/4$ in-150号钢丝绳共8根绷于井架上段	井架后绷绳 $1\frac{1}{8}$ in 长45m，2根；井架前绷绳 $3/4$ in 长40m，4根
井架自身质量 kg	2700	3530	7400

68．伸缩式轻便井架有什么特点？

答：伸缩式轻便井架是指专门用于通井机的一种便携式井架，它是由各油田自己制作背在通井机顶上的两节伸缩式井架，大多采用钢丝绳或液压油缸立放，有的也用井架车立放。

玉门油田用的XT-12型通井机普遍都自带伸缩式轻便井架。这种井架在结构上采用两节桁架形式，选用钻杆和油管焊接而成，承受载荷有200kN、300kN和400kN等几种。井架收缩后长10.5m，平放在通井机支架上，随通井机运移。工作时，先立大架子，待大架子立放牢靠后，再提升上

节小架子,两段井架通过座窝固定,整个井架立好后高度为17m,工作倾角为7°21″,8~10min便可立好井架。这种井架轻便,利用率高,适用于浅井的各种井下作业施工。

69. XJ350型修井机井架的主要结构性能有哪些?

答:XJ350型修井机井架属自带两节伸缩式井架,井架采用矩形16Mn钢管焊接,其结构如图2-6所示,主要由天车、井架上体、井架下体、底座腿、二层平台以及伸缩液缸等组成。该井架整体由2个三级液缸起升,上体井架由一个11m长的单级液压缸提供动力完成伸缩。井架高度为31.7m,最大静载荷为1200kN,二层平台可排放直径为$2\frac{1}{2}$in油管5486m,最大抗风力为140km/h。

70. XJ650型修井机井架有哪些性能特点?

答:井架为桅杆形式,单液缸起升,伸缩结构,井架截面为矩形、前开口。工作时井架向井口方向倾斜3.5°,由负荷、防风绷绳保持井架的稳定和承载能力。井架主体为两节伸缩结构。天车为整体盒式结构;绳轮座上设有防止大绳跳槽的挡绳器;天车轴经热处理和探伤检查;天车平台上设有护栏,安装4组滑轮座,即快绳滑轮、死绳滑轮、游车滑轮和液压小绞车滑轮,其中游车滑轮由3个滑轮组成,其余均为单滑轮布置结构;液压小绞车滑轮安装在天车台下部;二层台随井架上体的伸出自动安装,随井架上体的缩回自动放倒;立根指梁为纵向可调式结构,便于摆放立管;操作台为伸缩式;井架底座为倒三角结构,在与井架下体的结合面处设有定位销和紧固螺杆,以准确连接井架;在底座的下部设有2根梯形螺杆,井架竖起后,旋转伸出螺杆,坐落在井架基础的支座上,旋紧紧固,锁紧螺母、井架底座承载井架

重量和大钩负荷。

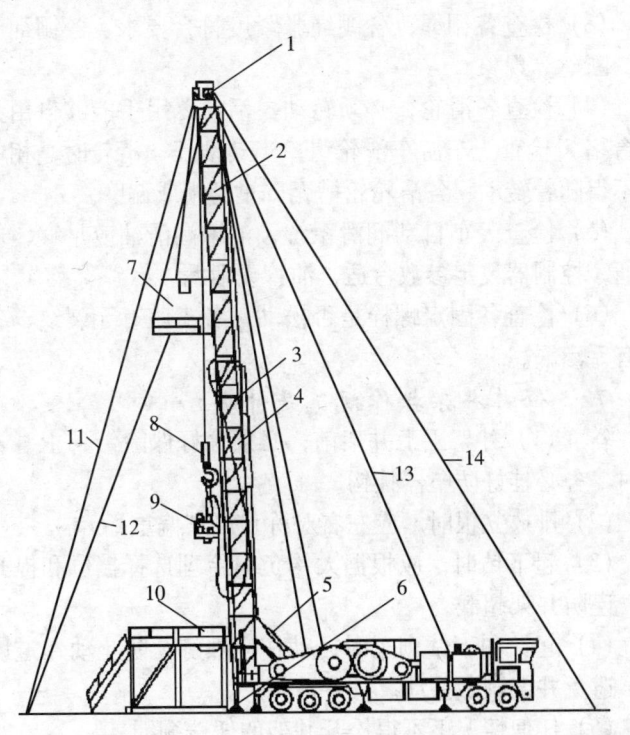

图 2-6 XJ350 型修井机井架结构示意图

1—天车；2—井架上体；3—伸缩液缸；4—井架下体；5—起升液缸；
6—底座腿；7—二层平台；8—游车大钩；9—水龙头；10—工作平台；
11—前绷绳（并排两道）；12—二层台绷绳（并排两道）；13—井架后第一道
绷绳（并排两道）；14—井架后第二道绷绳（并排两道）

71. 修井井架使用前的检查内容及要求有哪些？

答：(1) 检查井架底座两梯形螺纹螺杆是否紧固，大钩空载，二层平台无立根。

(2) 检查井架底座各调节拉杆无松动、损坏。

(3) 检查各绷绳，各绷绳张紧度符合要求，各绷绳无断股、断丝等现象。

(4) 检查各滑轮，必须转动灵活，以用手能够自由盘动为合格；检查天车游车滑轮组，当转动任一滑轮时，相邻滑轮不得随着转动；各滑轮轮槽无严重磨损或偏磨。

(5) 检查天车自动润滑系统，油罐润滑油应足够，电路畅通，控制器设定参数合适，油管无泄漏。

(6) 检查各固定螺栓是否松动，各支座有无裂纹，各部位有无渗漏。

72. 修井井架操作规范是什么？

答：(1) 井架工上井架前，必须穿好保险带；上、下井架时，务必挂好防坠器挂钩。

(2) 排放立根时，应左右对称，严禁偏重。

(3) 起下钻时，应根据大钩负荷合理选择挡位和提升速度，谨防井架超载。

(4) 起钻和下钻刹车时，动作应熟练，防止动作过度猛烈，避免井架剧烈振动。

(5) 任何情况下不得松开井架的任一绷绳。

73. 修井井架都承受哪些载荷？

答：在修井过程中，井架承担全部钻具（井下管柱）及一些主要设备、工具的重量。按井架所承受的负荷及其方向的不同，可将井架所承受的负荷分为垂直负荷和水平负荷。

(1) 垂直负荷：负荷力的作用方向平行于井架的垂直中心线，它是选择井架和核算井架承受载荷能力的基本依据，主要包括以下大钩负荷、游动系统的重量、井架的自身重量和钢丝绳活端拉力、死端拉力。

(2) 水平负荷：负荷力的方向垂直于井架中心线，它是确定和校对井架绷绳的基本依据，包括水平分力和风力负荷。

74. 什么是游动系统？由哪几部分组成？

答：将天车、游车大钩用钢丝绳串联起来，使其能在井架内上、下运动的设备称为游动系统。

天车是由若干个滑轮组成的定滑轮组；游车是由若干个滑轮组成的动滑轮组。将它们用钢丝绳串联起来，既能省力，又能改变力的方向。

75. 游动系统的功用是什么？

答：游动系统的功用是减轻井下作业中绞车的负荷，使只能负荷几吨到几十吨拉力的绞车通过游动系统的作用，能提升几十吨到上百吨的载荷，以便使发动机输出一定的功率而获得很大的效益，以满足井下作业的需要。

76. 什么是活绳？什么是死绳？什么是有效绳？

答：从绞车滚筒到天车的钢丝绳称为活绳；从天车到地面（定端）的钢丝绳称为死绳；其余穿过天车—游车的钢丝绳称为有效绳。钢丝绳穿满游车滑轮后，有效绳数等于2倍的游车滑轮数。如3×4的游动系统有效绳数为6，4×5的游动系统有效绳数为8。

77. 什么是天车？由哪几部分组成？分哪几类？

答：天车是固定在井架顶部的定滑轮组，它主要由天车轴、滑轮、底座和侧板等组成。现场使用的天车根据轴的个数，分为单轴天车（图2-7）和多轴天车（图2-8）。

78. 天车的常见故障有哪些？如何排除？

答：表2-9给出天车在使用中常见故障及其排除方法。

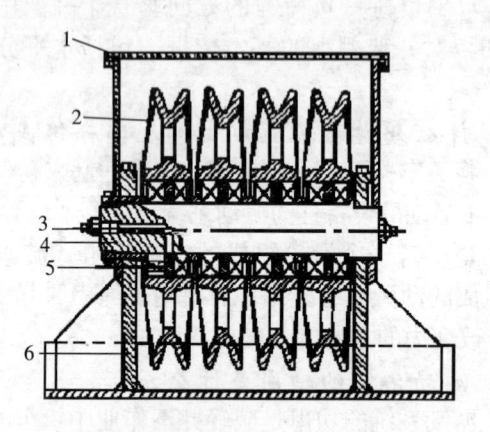

图 2-7 XJ-30G 型天车结构示意图

1—护罩；2—滑轮；3—黄油嘴；4—天车轴；5—轴承；6—底座

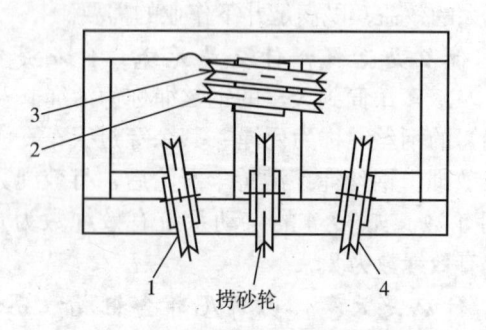

图 2-8 XJ350 型修井机天车示意图
（图中数字 1～4 为滑轮编号）

79．YG30 游车大钩的结构与组成是什么？

答：游车大钩将游动滑车和大钩连成一体，现场也称组合式游车大钩。

表2-9 天车在使用中常见故障及其排除方法

故障现象	可能原因	排除方法
天车滑轮轴发热	润滑不良	清洗、检修润滑系统
	轴承配合松动	调整或更换轴承
	密封圈损坏	更换密封圈
天车滑轮转动有噪声	轴承严重磨损	更换轴承
	滑轮轴磨损	检修或更换
	滑轮转动干涉	调整、检修
天车滑轮转动相互干涉	滑轮轴向间隙小	调整间隙
	两滑轮间有摩擦	检修
天车滑轮偏侧磨损	快绳轮长期使用产生偏磨	快绳轮定期倒向调整
	游车轮各转速不同	游车轮定期倒换位置
天车滑轮卡死	有异物	检修、清洗
	轴承烧死	更换轴承

YG30游车大钩是目前现场2000m以内油井维修使用较多的一种游车大钩，其结构如图2-9所示。

此游车大钩上部主要由钩杆、滑轮、轴承、游车轴、侧板、销轴、黄油嘴等组成。

80．XJ650型修井机游车大钩有哪些性能特点？

答：该有游车大钩将游车和大钩组成一体制造，空间尺寸较短，是钻机提升系统的游动部分，由顶盖、滑轮组、左右侧板、侧护罩、钩体、钩杆、负荷弹簧组、安全销体、旋转锁紧装置等组成。滑轮组为单轴结构，4个滑轮通过滚动

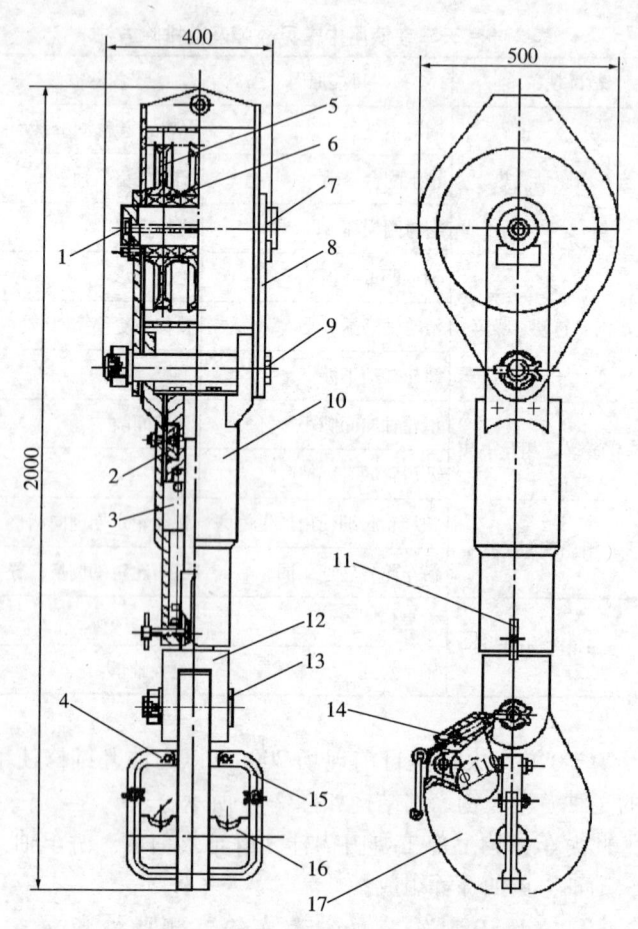

图 2-9 YG30 游车大钩结构示意图

1—黄油嘴；2，6—轴承；3—弹簧；4—销；5—滑轮；7—游车轴；8—侧板；9—销轴；10—钩筒；11—定位销；12—钩杆；13—螺栓；14—安全锁；15—锁臂；16—心轴；17—钩体

轴承安装在一根心轴上；各滑轮间有隔套相间，防止滑轮转

动相互干涉。轴的心部钻有长孔，相对每个滑轮轴承径向加工润滑油道，确保各轴承有良好的润滑条件。侧护罩安装在滑轮组处，护罩上开有绳槽，防止钢丝绳从滑轮槽内脱离。在大钩体上设置有1个主吊钩和2个辅助吊钩，主钩吊挂水龙头提环，2个辅助吊钩挂吊环。负荷弹簧组由3个弹簧组成，缓冲大钩动载。安全销体与水龙头提环配合，当上提水龙头时，安全销体自动闭锁，确保水龙头不会意外脱钩。大钩能够相对滑车任意转动，当要求大钩锁定时，可使用旋转锁紧装置，将大钩固定在圆周方向上8个均布的任一位置上。

81．XJ650型修井机游车大钩使用前的检查内容有哪些？

答：(1) 检查滑轮轴承、大钩止推轴承、钩杆销轴应润滑充分。

(2) 检查各滑轮转动是否灵活，钩身来回转动是否灵活。

(3) 检查钩身制动装置、钩口安全锁紧装置、侧钩闭锁装置是否灵活可靠。

(4) 检查大钩各部分是否密封，不得有渗漏。

82．XJ650型修井机游车大钩使用注意事项有哪些？

答：(1) 在钻进时，应锁定钩身，用操作杆将转动锁紧装置"止"端的手把向下拉，锁定。

(2) 起下钻及套管时，应解除钩身锁定，钩身能够转动。

(3) 挂水龙头时，用操作杆将安全锁体上的掣子向下拉，打开安全锁体。水龙头提环挂入安全锁体后，应检查掣子是否完全闭锁。

（4）工作中，钢丝绳不得与大钩护罩摩擦，各滑轮应转动灵活、无异响，各部分轴承处温度不应超过70℃。

（5）开始提升时，操作应平稳，避免大钩弹簧猛烈受载而断裂。若弹簧疲软工作行程不足，应及时更换。

（6）起下钻中，应注意检查侧钩耳环螺母是否紧固，防止耳环轴窜动，吊环脱出。

（7）钻进中，应经常检查钩口安全装置锁紧处各紧固件螺栓是否松动。

83. XJ650型修井机游车大钩的技术参数有哪些？

答：表2-10给出了XJ650型修井机游车大钩的主要技术参数。

表2-10　XJ650型修井机游车大钩的主要技术参数

型号		YG160
形式		游车与大钩组合结构
最大载荷，kN		1575
滑轮组	数量，个	4
	底径，mm	670
钢丝绳直径，mm		29
外形尺寸（长×宽×高），mm×mm×mm		2410×830×711
质量，kg		2800

84. XJ650型修井机游车大钩常见故障有哪些？如何排除？

答：表2-11给出了XJ650型修井机游车大钩常见故障

及排除方法。

表 2-11　XJ650 型修井机游车大钩常见故障及排除方法

故障现象	可能原因	排除方法
滑轮发热	缺润滑脂，油道堵塞	加注润滑脂
	润滑脂污染	清洗、更换润滑脂
	轴承磨损	检修、更换轴承
滑轮不转动	缺润滑脂，油道堵塞	加注润滑脂
	轴承磨损	检修、更换轴承
滑轮有异响	轴承磨损	检修、更换轴承
	滑轮组间摩擦	检修、调整
护罩抖动异响	滑轮护罩变形	检修、校正
	滑轮护罩松动	检修
大钩缩回行程减小	弹簧疲劳	更换弹簧
	弹簧断裂	更换弹簧
钩口安全装置失灵	滑块、拨块变形	检修、更换配件
	弹簧断裂	更换弹簧
钩身制动装置失灵	制动销弯曲变形	检修、更换配件
	弹簧断裂	更换弹簧
钩身转动不灵	缺润滑脂	加注润滑脂
	润滑脂污染	清洗、更换润滑脂

85．修井用钢丝绳的结构有哪些？

答：修井使用的钢丝绳与一般起重机械使用的钢丝绳结

构相同，它是由若干根相同丝径（有的丝径不同）的钢丝围绕一根中心钢丝先搓捻成绳股，再由若干股围绕一根浸有润滑油的绳芯搓捻成的钢丝绳，其结构如图2-10（a）所示。

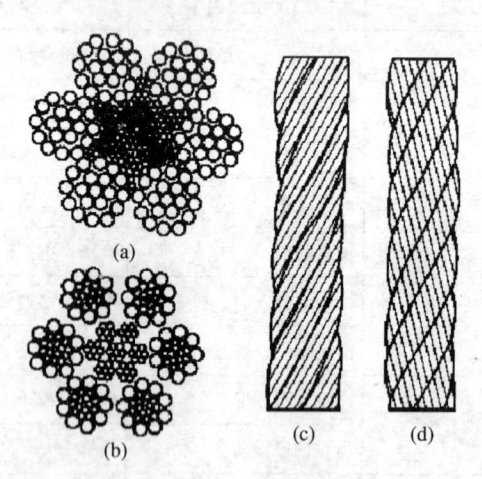

图2-10 钢丝绳结构

钢丝采用优质碳素钢制成，其丝径多为0.22～3.2mm，绳芯有油浸麻芯、油浸石棉芯、油浸棉纱芯和软金属芯等。

86．修井用钢丝绳的作用是什么？目前我国石油矿场广泛采用什么型号的钢丝绳？

答：钢丝的作用是承担载荷，绳芯的作用是润滑保护钢丝，增加柔性，减轻钢丝在工作时相互摩擦，减少冲击，延长钢丝绳的使用寿命。

目前，我国石油矿场广泛采用普通D型6股19丝不松散的左互交捻钢丝绳作为游动系统的大绳。另外，为了进一步提高钢丝绳的柔性和耐磨性，国外广泛使用不同丝径的钢丝绕制而成的复合结构钢丝绳作为起升机械使用，其结构如

图 2-10 (b) 所示。

87. 修井用钢丝绳是如何分类的？常见的类型有哪些？

答：钢丝绳的分类方法较多，下面介绍常用的两种分类方法。

(1) 按钢丝绳的捻制方向分类。

右捻：钢丝捻成股和股捻成绳时，由右向左捻制的钢丝绳，以代号 Z 表示，其结构如图 2-11 所示。

左捻：钢丝捻成股和股捻成绳时，由左向右捻制的钢丝绳，以代号 S 表示，其结构如图 2-11 所示。

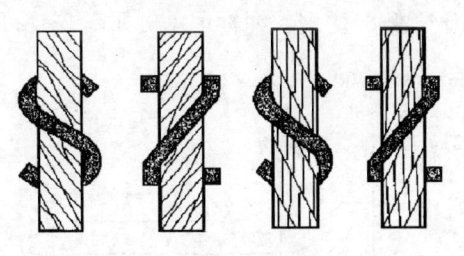

图 2-11 钢丝绳的捻制方向

(2) 按钢丝绳的捻制方法分类。

顺捻：也称同向捻，指钢丝捻成股与股捻成绳的捻制方向相同，如图 2-10 (c) 所示，用符号 ZZ 或 SS 表示。

逆捻：也称交互捻，指钢丝捻成股与股捻成绳的捻制方向相反，如图 2-10 (d) 所示，用符号 ZS 或 SZ 表示。

88. 修井用钢丝绳的结构特点有哪些？

答：(1) 顺捻钢丝绳的特点是柔软，容易曲折；与滑轮槽和滚筒的接触面积大，因此应力比较分散，磨损比较轻微；各钢丝之间接触面大；钢丝绳密度大；与相同直径的逆捻钢

丝绳相比，其抗拉强度大。但由于顺捻捻向相同，故而具有较大的反向力矩，吊升重物易打扭，给工作带来了困难。

（2）逆捻钢丝绳的特点是钢丝之间接触面小；负荷比较均匀，使用时不易打扭，各股不易松散；用于吊升机械比较安全。但逆捻钢丝绳柔性较差，与同直径的顺捻钢丝绳相比，其强度较小。

89. 修井用钢丝绳是如何进行分类标记的？

答：根据《钢丝绳 术语、标记和分类》（GB/T 8706—2006）规定，钢丝绳标记示例如图2-12所示。其他有关内容请参考石油天然气行业标准《石油天然气工业用钢丝绳》（SY/T 5170—2008）。钢丝绳标记示例如图2-12所示。

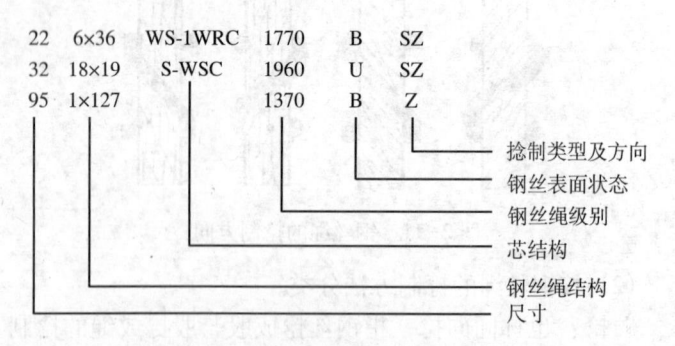

```
22   6×36     WS-1WRC   1770   B   SZ
32   18×19    S-WSC     1960   U   SZ
95   1×127              1370   B   Z
                                    │
                                    └─ 捻制类型及方向
                                └─ 钢丝表面状态
                         └─ 钢丝绳级别
                 └─ 芯结构
         └─ 钢丝绳结构
   └─ 尺寸
```

图2-12 钢丝绳标记示例

90. 如何合理使用修井用钢丝绳？

答：放置不用时，钢丝绳应缠绕在木制滚筒上，不要在地面放置，避免砂子等脏物沾在钢丝绳上。新钢丝绳不能在地面拖拉，以防磨掉润滑油及磨蚀钢丝绳。

往滚筒上缠绕钢丝绳时，一定要拉紧，以防扭曲打结，并尽可能地保持钢丝绳的张紧力，否则会损伤钢丝绳。钢丝

绳在滚筒上要排列整齐，不能相互挤压，第一层钢丝绳如果排列不紧不整齐，会使第二层的钢丝绳楔入第一层内，这样会挤扁并严重磨损钢丝绳。钢丝绳应保持清洁，经常上油润滑，至少半月一次。起下操作要平稳，不能猛提猛放，以防钢丝绳突然加载或卸载造成冲击，使钢丝绳产生疲劳损伤。严禁用锤子或其他铁制工具敲击钢丝绳，影响钢丝绳的使用寿命。要防止钢丝绳碰磨井架、天车及游车护罩，避免造成钢丝绳非正常磨损。

切割钢丝绳时，先用铁丝绑好切口两端各20mm处，绑绕长度为绳径的2～3倍，以防切口松散，再用扁铲剁断或用氧气割断。

91. 修井用钢丝绳如何卡绳卡？

答：使用钢丝绳卡方法要正确，因为正确使用绳卡所形成绳结的强度等于钢丝绳本身强度的80%。正确的卡绳方法是绳卡面对钢丝绳的活端，U形螺栓对钢丝绳的死端，拧紧程度为压扁钢丝绳绳径一些，两绳卡卡距不小于绳径的6倍，绳卡规格略小于钢丝绳直径，其配合规范见表2-12。

表2-12 钢丝绳与绳卡配合规范（GB 8918—2006）

绳卡规格 mm (in)	13 ($1/2$)	14 ($9/16$)	15 ($5/8$)	18 ($3/4$)	21 ($7/8$)	25 (1)	28 ($1^1/8$)
钢丝绳直径 mm	14	15	18	21	25	28	31
绳卡数，个	2～3	2～3	2～4	3～5	4～5	5	5
卡距，mm	77	88	95	110	130	150	175

92. 修井用钢丝绳换新标准是什么？

答：当钢丝绳在一个节距（节距是指钢丝绳中任意一股

顺捻制方向绕绳芯扭拧一圈后在同一平面两点之间的距离)内断丝达10%时,即认为不宜再作游动系统的钢丝绳使用;如果继续使用,断丝将迅速增多。

钢丝绳遇到下列情形之一,则需换新:

(1) 钢丝绳有一整股折断时应换新。

(2) 外层钢丝绳磨损或磨蚀程度超过原直径的40%时应换新。

(3) 钢丝绳有压扁或折痕严重的应换新。

(4) 钢丝绳在每一个节距内的断丝超过表2-13所列数量时应换新。

表2-13 钢丝绳的换新标准 (GB 8918—2006)

强度安全系数	钢丝绳规格			
	6×19	6×37	6×61	18×39
	在一个节距上断丝数量如下时则绳报废			
6以下	12	22	36	36
6～7	14	26	38	38
7以上	16	30	40	40

注:(1) 顺捻钢丝绳允许断丝数为表中数字的50%。

(2) 表中数字仅为参考。

(3) 滑轮直径不小于绳径的18倍。

93. 什么是修井穿大绳?

答:修井机游动系统所用的钢丝绳直径较大(3/4～1 1/4in),故又称大绳。所谓穿大绳,就是将钢丝绳交替穿过天车滑轮和游车滑轮,最后一端固定地面(地滑车、井架大腿或游车上),另一端缠绕在滚筒上,组成起升系统。

94. 修井穿大绳的方法有哪些？各有什么优缺点？

答：钢丝绳通过滑轮的顺序称为穿绳方法。穿大绳的方法有两种：顺穿（平行穿）和花穿（交叉垂直穿）。顺穿的优点是穿钢丝绳的方法简单，在井口和第二层平台扣吊卡比较方便，各滑轮的偏磨可能性小；其缺点是游动滑车易打扭（指井下钻具负荷很小在起下钻时）。

花穿的优点是起下游动滑车、大钩时比较平稳，滚筒上的钢丝绳不易缠乱，大绳不易打扭；其缺点是穿钢丝绳的方法比较复杂，若游动滑车起高了，钢丝绳可能互相碰磨，滑轮的偏磨较严重。目前现场上使用顺穿方法较为普遍，而花穿在井下作业（除了打捞修套、加深钻井）中一般很少使用。

95. 简述顺穿绳方法的原理。

答：顺穿钢丝绳时，天车和游动滑车的两轴为平行的，先从死绳轮端穿起，其步骤如下：

先取开天车和游车护罩，用麻绳（直径为 1/2～5/8in）将棕绳（直径为 3/4～1in）一端吊上天车台，使棕绳穿过天车第一个轮槽内，然后把棕绳的两端垂在地面（棕绳长度至少为井架高度的 2 倍），再把棕绳的一端与钢丝绳头一端系牢，而拉棕绳的另一端使钢丝绳通过天车的第一个滑轮槽。当棕绳拉钢丝绳头通过天车第一个滑轮槽以后，再把棕绳的另一端系在上升的钢丝绳上，地面上的人继续下拉棕绳，使其绕过天车第一个滑轮的钢丝绳垂到地面。与此同时，天车上的人将棕绳拉到天车第二个滑轮槽内，地面上的人解开棕绳头，使其穿过游车第一个滑轮，再将钢丝绳系在棕绳上。这样重复操作，直至穿好，最后把死绳头固定在地面，再装好天车和游车护罩，穿大绳工作即告结束。如果是车装式修

井机或自带井架的通井机，可将井架放在支架上，不用棕绳，直接穿钢丝绳。

图 2-13 (a) 为 5×6 顺穿法示意图。

96. 简述花穿绳方法的原理。

答：从上面介绍的顺穿绳方法看，顺穿时大绳是从天车的第六个轮子下来绕至滚筒的，而不是从天车的中间下来。这样，大绳的倾斜角较大，起升或下放钻具时大绳的横向分力较大，使得滚筒上的钢丝绳容易缠乱，启动滑车时不很平稳（井下钻具负荷很轻时更易显出）。为了克服这个缺点，就得设法使大绳从天车上靠中间部位的滑轮下来缠绕在滚筒上，于是便产生了花穿。进行花穿时，要把游动滑车的轴摆成与天车的轴相垂直。其穿绳的方法与顺穿大致相同，但穿绳的次序是不同的，需要特别注意，否则容易搞错。

花穿法在井下作业中应用较少，其穿法如图 2-13 (b) 所示。

(a) 钢丝绳顺穿法示意图　　(b) 钢丝绳花穿法示意图

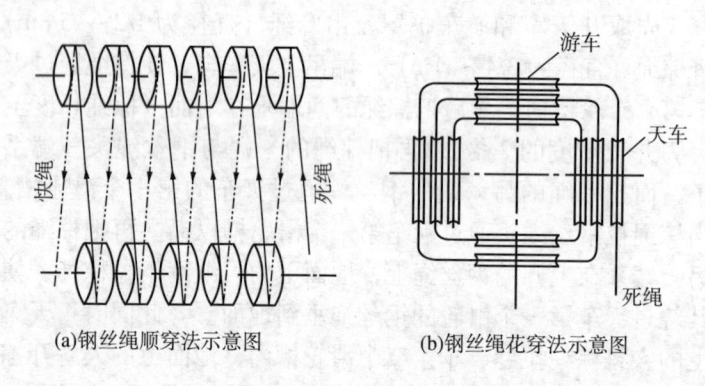

图 2-13　钢丝绳穿绳方法

第三部分 循环设备

97. 井下作业中循环设备的主要作用是什么？主要包括哪些设备？

答：在井下作业中，循环设备的主要作用是向井内泵入各种液、剂，实现循环和冲洗等工作，完成井下作业和修井施工中的压井、冲砂、替喷、洗井以及低压酸化等工作。

循环设备主要包括往复泵或水泥车、高压管线、水龙头、水龙带、活动弯头和管件等。

98. 往复泵按驱动方式分为哪几类？

答：(1) 电动往复泵：由电动机带动。

(2) 柴油机往复泵：由柴油机带动。

(3) 直接作用往复泵：以蒸汽、压缩空气或压力油为动力源。

(4) 手动往复泵：人力通过杠杆作用使活塞运动。

99. 往复泵按活塞构造形式分为哪几类？

答：(1) 活塞泵：泵缸内的工作部件是活塞，如图 3-1 (a)、(c) 所示。

(2) 柱塞泵：泵缸内的工作部件是柱塞，如图 3-1 (b) 所示。

100. 往复泵按作用方式分为哪几类？

答：(1) 单作用泵：每一个冲程只作吸入或排出一次，如图 3-1 (a)、(b) 所示。

（2）双作用泵：每一个冲程作吸入和排出各一次，如图 3-1（c）所示。

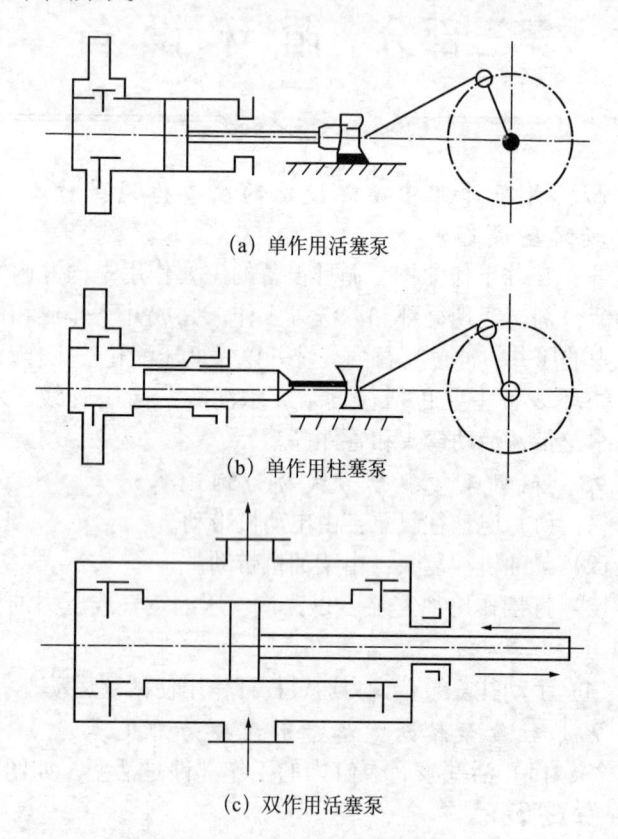

(a) 单作用活塞泵

(b) 单作用柱塞泵

(c) 双作用活塞泵

图 3-1 各种类型的往复泵

101. 往复泵的基本结构是什么？

答：往复泵的基本结构如图 3-2 所示，主要分为两大部分：动力端和液力端。动力端由曲柄、连杆、十字头、活

塞杆等组成，主要作用是进行运动形式的转换，即把动力机的旋转运动转换为活塞的往复直线运动；液力端由泵缸、活塞、吸入阀、排出阀、吸入管、排出管等组成，主要作用是进行能量形式的转换，即把机械能转化成液体能。

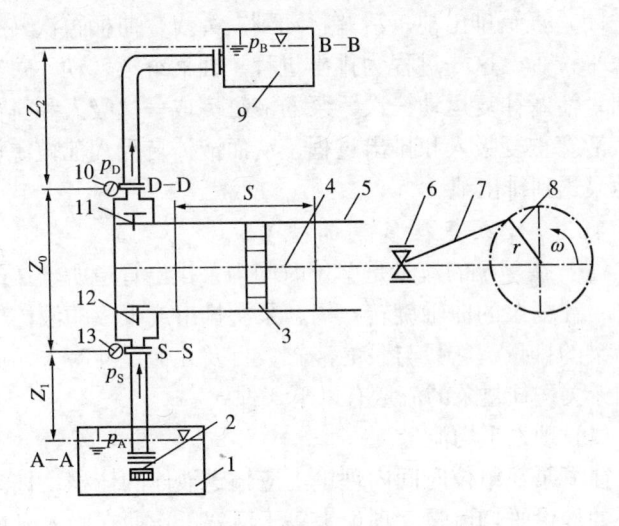

图 3-2 往复泵工作结构示意图

1—吸入罐；2—底阀；3—活塞；4—活塞杆；5—液缸；6—十字头；7—连杆；8—曲柄；9—排出罐；10—压力表；11—排出阀；12—吸入阀；13—真空表

102. 往复泵的工作原理是什么？

答：当动力机通过皮带、齿轮等传动件带动曲柄以 ω 角速度按图示方向从左边水平位置开始旋转时，活塞向泵的动力端移动，缸内容积逐渐增大，压力降低，形成真空。在大气压力与缸内压力的压差作用下，液体自吸入池经吸入管推开吸入阀（排出阀关闭）进入泵缸，直到曲柄转到右边水平位置，即活塞移动到右死点为止，这一过程为吸入过程，

移动的距离为一个冲程。曲柄继续转动，活塞从右死点向左移动，缸内容积逐渐减小，液体受到挤压，由于液体不可压缩，故压力升高，当缸内压力大于排出管压力时，液体克服排出阀的重力和弹簧的阻力等推开排出阀进入排出管（吸入阀关闭）直至排出池，活塞移动到左死点，曲柄再次转到左边水平位置，这一过程为排出过程。曲柄继续转动，每旋转一周，活塞往复运动一次，泵的液缸完成一次吸入和排出过程。活塞重复吸入和排出过程，从而液体自吸入池被源源不断地泵送到排出池。

103. 什么是往复泵的流量？

答：往复泵的流量是单位时间内泵排出管道所输送的液体量。往复泵的曲轴旋转一周，泵所排出或吸入的液体体积称为泵的排量，它只与泵的液缸数目及几何尺寸有关，而与时间无关。往复泵的流量有以下3种：

（1）理论平均流量。

往复泵在单位时间内理论上应输送液体的体积，称为往复泵的理论平均流量，理论上等于活塞工作面在吸入（或排出）行程中单位时间内在液缸中扫过的体积。

（2）实际平均流量。

在往复泵实际工作中，由于吸入阀和排出阀一般不能及时关闭；泵阀、活塞和其他密封处可能有高压液体漏失；泵缸中或液体内因含有气体而降低吸入充满度等原因，导致了往复泵的实际平均流量要低于理论平均流量。

（3）瞬时流量。

由活塞的运动规律可知，活塞的运动是非匀速的，故泵在每一时刻的流量也是变化的，为此引入了瞬时流量的概念。

104. 往复泵流量不均匀的危害有哪些？

答：由于瞬时流量的脉动，引起吸入和排出管路内液体的不均匀流动，从而产生了加速度和惯性力，增加了泵的吸入和排出阻力。吸入阻力的增加将降低泵的吸入性能，排出阻力的增加将使泵及管路承受额外负荷，还会引起管路压力脉动及管路振动，破坏泵的稳定运行。

105. 解决往复泵的流量不均匀性的措施有哪些？

答：(1) 合理布置曲柄的位置。缸数增多，则脉动减小，但比较而言，奇数缸比偶数缸效果好。

(2) 采用多缸泵或无脉动泵。多缸泵可以采用增加缸数的方法来减小流量的脉动，但缸数的增加会增加泵的复杂性，使制造和维修变得困难。

(3) 缩短管路长度、增大内径、减小往复次数（即降低曲柄角速度）均可减小惯性能。

(4) 设置空气包。

106. 什么是往复泵的有效扬程？

答：往复泵的扬程指的是单位质量的液体经过泵后增加的能量。泵的有效扬程等于排出罐液面与吸入罐液面液体的能量差加上吸入、排出管路中的水头损失，即泵供给单位质量液体的能量被用于提高液体的压能和位能，并克服全部管线中的流动阻力。因此，往复泵的有效扬程主要决定于泵的排出口处压力表与吸入口处真空表处的高度差、吸入口处真空表的读数以及泵排出口处压力表的读数。

107. 什么是往复泵的功率？

答：单位时间内液体由泵所获得的总能量即为往复泵的输出功率，泵的输出功率表明了泵的实际工作效果，因此也

称为泵的有效功率，又称为泵的水力功率或输出功率。泵将能量传递给液体，是外界机械能传输的结果。柴油机、电动机等动力机输送到泵主动轴上的功率为泵的输入功率或传动功率，由于泵内存在功率损失，所以泵的输入功率大于泵的有效功率。

将泵的有效功率与泵的输入功率的比值称为泵的总效率。往复泵一般都是经过离合器、变速箱或变矩器、链条或皮带等传动件与动力机相连的，计算整台泵所应配备的功率时，应考虑到传动装置的效率。因此，一台机泵组所需的动力机功率为泵的输入功率除以自动力机输出轴至泵输入轴全部传动装置的总效率。

对于非液力变矩器传动的机泵组，考虑到工作过程中可能超载，计算功率大10%左右。

108. 什么是往复泵的总效率？

答：往复泵在工作过程中会产生机械损失、容积损失和水力损失，这些损失的存在会使往复泵的效率降低。

（1）机械损失。它是指克服泵内齿轮、轴承、活塞、密封和十字头等机械摩擦所消耗的功率。机械损失功率的存在使往复泵的轴功率不能全部被液体所获得，往复泵机械损失功率的程度由机械效率来衡量。

（2）容积损失。往复泵工作时有一部分高压液体会从活塞与缸套的间隙、缸套密封、阀盖密封及拉杆密封等处漏失，造成一定的能量损失，使泵实际输送液体的体积总要比理论输出的体积小。用容积效率来衡量泵泄漏的程度。

（3）水力损失。流体在泵内流动时要克服沿程和局部阻力，消耗一定的能量，水力损失的程度由水力效率来衡量。

泵的总效率为机械效率、容积效率和水力效率三者

之积。

泵的总效率可由试验测定，一般情况下为 0.75～0.90。

109. 往复泵有哪些特点？

答：(1) 和其他形式的泵相比，往复泵的瞬时流量不均匀。

(2) 往复泵具有自吸能力。往复泵的自吸能力与转速有关，如果转速提高，不仅液体流动阻力会增加，而且液体流动中的惯性损失也会加大。当泵缸内压力低于液体汽化压力时，造成泵的抽空而失去吸入能力。因此，往复泵的转速不能太高，一般为 80～200r/min，吸入高度为 4～6m。

(3) 往复泵的排出压力与其结构尺寸和转速无关。往复泵的最大排出压力取决于泵本身的动力、强度和密封性能。往复泵的流量几乎与排出压力无关。因此，对往复泵不能用关闭出口阀调节流量，若关闭出口阀，会因排出压力激增而造成动力机过载或泵的损坏，所以往复泵一般都设有安全阀，当泵压超过一定限度时，安全阀会自动打开，往复泵泄压。

(4) 往复泵的泵阀运动滞后于活塞运动。往复泵大多是自动阀，靠阀上下的压差开启，靠自重和弹簧力关闭。泵阀运动落后于活塞运动的原因是阀盘升起后在阀盘下面充满液体，要使阀关闭，必须将阀盘下面的液体排出或倒回缸内，排出这部分液体需要一定的时间。因此，阀的关闭要落后于活塞到达死点的时间，活塞速度越快，滞后现象越严重，这是阻碍往复泵转速提高的原因之一。

(5) 往复泵适用于高压、小流量和高黏度的液体。

110. 往复泵的流量如何调节？

答：由于泵的流量与泵的缸数、活塞面积、冲次以及冲程成正比，改变其中任何一个参数都可以改变流量。常用的

调节流量的方法如下：

(1) 更换不同直径的缸套。设计往复泵时通常把缸套直径分成若干等级，各级缸套的流量大体上按等比级数分布，根据需要，选用不同直径的缸套，就可以得到不同的流量。

(2) 调节泵的冲次。机械传动的往复泵当其动力机的转速可变时，可以通过改变动力机的转速调节泵的冲次，以达到调节流量的目的。对于有变速机构的泵机组，可通过调节变速比改变泵的转速。应当注意，在调节转速的过程中，必须使泵压不超过该级缸套的极限压力。

(3) 减少泵的工作室。在其他调节方法不能满足要求时，现场有时用减少泵工作室的方法来调节往复泵的流量，其方法是：打开阀箱，取出几个排出阀或吸入阀，使有的工作室不参加工作，从而减小流量。该方法的缺点是加剧了流量和压力的波动。

(4) 旁路调节。在泵的排出管线上并联旁路管路，将多余的液体从泵出口经过旁路管返回吸入罐或吸入管路，改变旁路阀门的开度大小，即可调节往复泵的流量。

(5) 调节泵的冲程。调节泵的冲程就是在其他条件不变的情况下，改变往复泵活塞的移动距离，使活塞每一转的行程容积发生变化，从而达到流量调节的目的。

111. 往复泵并联运行有哪些特征？

答：为了满足达到一定流量的需要，石油矿场中常将往复泵并联工作。往复泵并联工作时，以统一的排出管向外输送液体。并联的往复泵有如下特征：

(1) 当各泵的吸入管大致相同、排出管路交汇点至泵的排出口距离很小时，对于高压力下的往复泵，可以近似地认为各泵都在相同的压力下工作。

(2) 排出管路中的总流量为同时工作的各泵的流量之和。

(3) 泵组输出的总水力功率为同时工作各泵输出的水力功率之和。

(4) 在管路特性一定的条件下，对于机械传动的往复泵，并联后的总流量仍然等于每台泵单独工作时的流量之和，而并联后的泵压大于每台泵在该管路上单独工作时的泵压。

泵并联工作是为了加大流量，但应注意的是，并联工作的总压力必须小于各泵在用缸套的极限压力，各泵冲次应不超过额定值。

112. 简述3PC-250B型三缸单作用柱塞泵的结构组成。

答：该泵是SNC-400型水泥车的主泵，主要由动力端、液力端、润滑系统、空气包、安全管系和壳体组成，结构如图3-3所示。

动力端：主要由传动轴、曲轴、连杆和十字头等组成。它是将传动轴的旋转运动转变为柱塞的往复运动的机构。

液力端：主要由泵头体、阀箱总成、阀座、柱塞、缸套、拉杆及密封组件等组成。

113. 简述活塞剪销式安全阀的结构。

答：剪销式安全阀结构如图3-4所示，当柱塞泵排出压力超过剪销额定压力值时，作用于安全阀活塞上的力大于销钉的许用载荷而剪断销钉，使液体排出，泵压下降，对设备起到过载保护作用。剪销有10MPa、15MPa、20MPa、25MPa、30MPa、35MPa和40MPa 7种承压规格，并在销端作有标记，可根据需要选用。

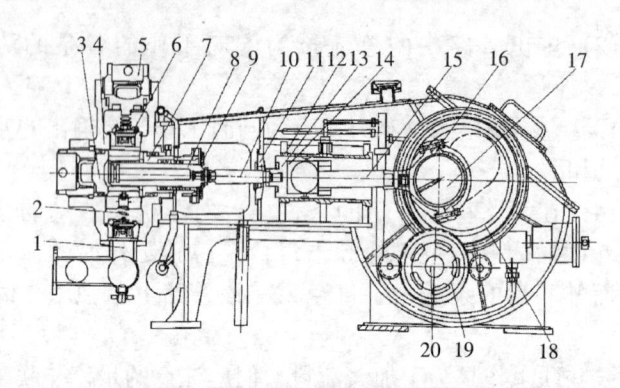

图 3-3 3PC-250B 型柱塞泵结构示意图

1—吸入管；2—吸入阀；3—压套；4—泵头体；5—排出管；6—排出阀；
7—缸套；8—柱塞；9—柱塞油封盒；10—拉杆；11—拉杆油封盒；12—滑套；
13—衬套；14—连杆球座；15—连杆；16—连杆大端；17—曲轴；
18—曲轴销；19—齿轮；20—传动轴

114. 空气包分哪几类？简述空气包的结构。

答：空气包根据结构分为预压球形空气包、预压双球形空气包及多筒式预压空气包等。往复泵上应用最广泛的一种为带稳定片球形隔膜预压式空气包，其结构如图 3-5 所示。这种空气包主要由外壳、压力表、橡胶囊、顶盖和充气阀等组成。橡胶囊上口被顶盖固定在壳体上，工作时随排出压力的变化，空气包的底部上下运动，以储存或压出液体。通过充气阀可向空气包内充入一定压力的空气或惰性气体，稳定片对橡胶隔膜起着轴向加固作用，防止橡胶囊上半部分脱离壳壁而失效。

115. 简述空气包的工作原理。

答：空气包的工作原理如图 3-6 所示。往复泵正常工作时，在排出过程的前半段，活塞处于加速过程，排出管内液体流速加快，压力也随之升高。当压力大于空气包橡胶囊内

的压力时，由于气体的可压缩性，一小部分液体压缩橡胶囊进入空气包，大部分液体由排出管排出。随着排出过程的不断进行，空气包储存的液体也越来越多。在排出过程的后半段，活塞处于减速运动，液体的流速和压力也随之降低，当泵缸压力低于橡胶囊压力时，空气包内气体膨胀，由橡胶囊排出储存的液体，补充液缸液体的不足，使排出管内液体仍以比较均匀的流速流动。

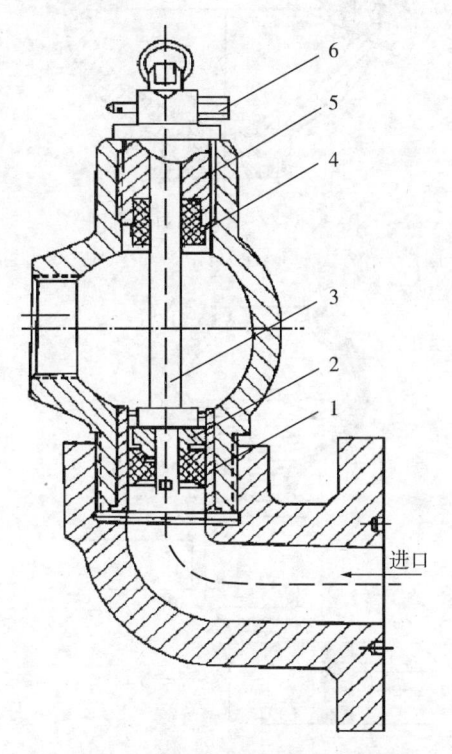

图 3-4 剪销式安全阀结构示意图

1—套筒；2—活塞；3—活塞杆；4—内衬套；5—阀盖；6—销钉

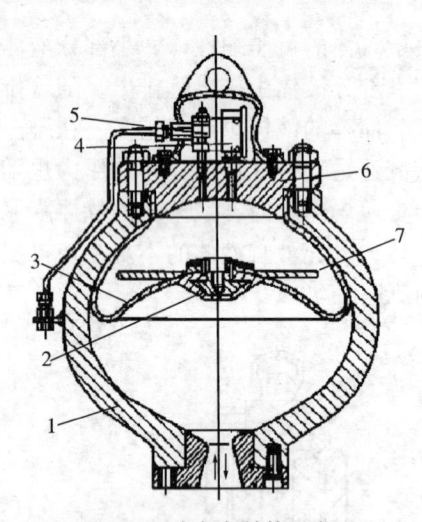

图 3-5 空气包结构示意图

1—外壳；2—阀；3—橡胶囊；4—压力表；5—充气阀；6—顶盖；7—稳定片

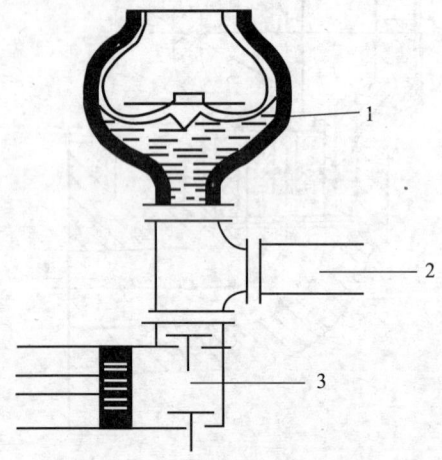

图 3-6 空气包工作原理示意图

1—橡胶囊；2—排出管；3—泵缸

随着排出过程的不断往复进行，空气包不断交替地储存和排出液体，自动调节排出管中的液流速度，从而达到稳定往复泵排量和压力波动的目的。

116. 空气包使用时应注意哪些问题？

答：(1) 安装橡胶囊前，应将壳体内表面清洗干净，以防损坏橡胶囊。

(2) 装顶盖时，注意保护橡胶囊唇部，顶盖固定螺栓要均匀上紧，防止漏气。

(3) 空气包内应充入空气或无毒、不易燃、不易爆的气体，严禁充入纯氧气。

(4) 充气压力一般以不小于最大泵压的 20% 且不大于最小泵压的 80% 为宜。

(5) 空气包内压力应经常检查，保持气包内压力不低于原充气压的 75% 以上，否则应及时充气。

(6) 严禁在空气包未充气的情况下开泵工作，以防损坏橡胶囊。

117. 往复泵日维护保养的内容有哪些？

答：停泵后应检查动力端的油位，还应检查喷淋润滑情况及油箱的油位，检查喷淋孔是否畅通；观察缸套与活塞的工作情况，有少量钻井液随活塞拖带出来是正常现象，继续运行直到缸套发生刺漏时，需及时更换活塞，并详细检查缸套磨损情况，必要时更换缸套；检查喷淋水箱的水量和污染情况，必要时予以补充和更换；检查喷淋盒嘴是否畅通；检查排出空气的充气压力是否符合操作条件要求；检查吸入缓冲器的充气情况；每天把活塞杆、介杆卡箍松开，把活塞转动 1/4 圈左右，然后再上紧卡箍，以利于活塞面均匀磨损，延长活塞和缸套的使用寿命；泵在运转时要经常检查泵压是

否正常，密封部位有无漏失现象，泵内有无异常响声，轴承温度是否正常。

118. 往复泵周维护保养的内容有哪些？

答：每周检查高压排出四通内的滤清器是否堵塞，并加以清洗；检查阀盖、缸盖密封圈的使用情况，清除污泥，清洗干净后涂钙基润滑脂；清洗阀盖、缸盖螺纹，涂上二硫化铝钙基润滑脂，检查阀杆导向套的内孔磨损情况，必要时予以更换；检查阀、阀压板、阀座的磨损情况，必要时予以更换；若主动轴传动装置是具有锥形轴套的大皮带轮时，则需检查拧紧螺钉。

119. 往复泵月维护保养的内容有哪些？

答：应检查液力端所有双头螺栓和螺帽并予以紧面；检查介杆密封盒内的油封，必要时予以更换；检查动力端润滑油的污染情况，每六个月换油一次，并彻底清理油槽；检查介杆和十字头螺栓是否松动，松动时予以紧固；检查人字齿轮的啮合和磨损情况；检查安全阀是否灵活可靠。

120. 水泥车的用途有哪些？

答：水泥车是专供油气井进行循环、冲洗的特种车辆，是重要的循环设备，它在油田开发中有较多的用途：压井、固井时，可以用来搅拌水泥浆，向井中注入水泥浆，以达到封固套管和井壁的目的；采油时，可用来向井内挤入清蜡剂、杀菌剂等，达到杀菌、清蜡的目的；在井下作业中，可用来洗井、冲砂、清蜡、套管试压、找窜、封窜、堵水、打水泥塞、替油、低压酸化压裂等。

121. SNC-H300型水泥车由哪几部分组成？特性如何？

答：SNC-H300型水泥车是兰州通用机械厂生产的产

品，运载车选用济南产 JN-150 黄河载重汽车底盘，上装水泵、汽油机、活塞等，其结构如图 3-7 所示。SNC-H300 型水泥车适用于 2000m 以内油水井的循环作业。车台汽油机带立式三缸柱塞泵，主要用于搅拌水泥浆固井，现场因有固定的固井水泥车，因此已将此装置卸掉；卧式双缸活塞泵由汽油发动机提供动力，其最大排量可为 $1.27m^3/min$，最高泵压为 30MPa，冲砂、洗井、循环等作业都是由此泵配合工作。

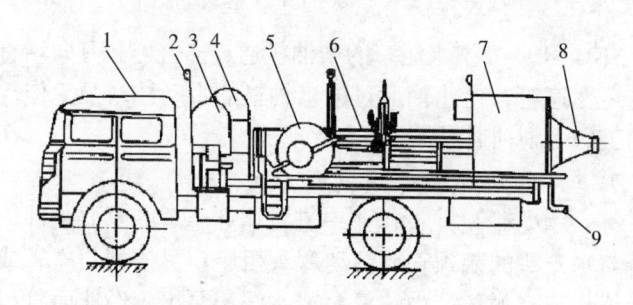

图 3-7　SNC-H300 型水泥车外形图

1—驾驶室；2—工作台照明灯；3—立式水泵；4—汽油机；5—卧式泵；
6—管汇架；7—水箱；8—漏斗；9—出口

122. SNC-400 Ⅱ型水泥车由哪几部分组成？特性如何？

答：SNC-400 Ⅱ型水泥车是中国石油天然气集团公司钻采设备研究所设计、航天部成都发动机公司制造的产品。它的外形如图 3-8 所示，主要由运载汽车、车台发动机、柱塞泵、水泵、操作台、计量罐、管汇等组成。

从图中可见，汽车驾驶室后依次安装柴油机、柱塞泵、水泵、操作台、变速箱和计量罐，车台两侧设置高压管、活动弯头和吸入软管等。

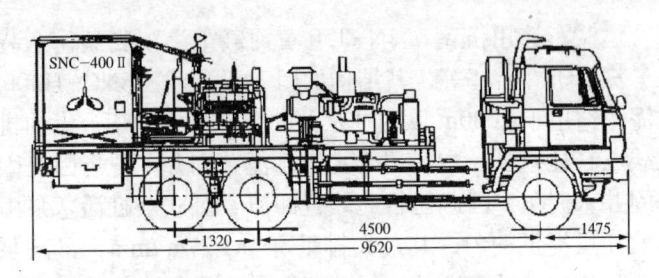

图 3-8 SNC-400Ⅱ型水泥车外形图

SNC-400Ⅱ型水泥车的柴油机通过离合器和万向轴将动力传至变速箱，变速箱通过输出轴最后带动柱塞泵工作，水泵的工作由副轴通过弹性联轴节传递。

123. 水龙带的作用是什么？

答：水龙带是井下作业中进行循环施工的重要配件，其一端与水龙头的鹅颈管或活动弯头相连；另一端与立管或地面管线相连。循环液由往复泵或水泥车泵出，经地面管线或立管、水龙带，到水龙头或活动弯头进井下管柱，最后由油套环形空间返回地面，实现循环钻进、冲砂和洗井等工作。水龙带既能承受一定的压力，又能弯曲和通过液体，因此在钻具上下活动的循环作业中使用较多。

124. 水龙带的结构如何？

答：水龙带是由一层内橡胶、多层帘线布、多层中间橡胶、两层钢丝网和一层外橡胶制成的中空软管。井下作业使用的水龙带外面包有一层细麻绳，目的是在使用时容易抱拿，不滑手。水龙带的两头装有短节，短节的一头带有倒齿，便于插入水龙带，并有两道铁卡箍通过螺栓上紧，以防脱出；另一头上有螺纹，可与活动接头相连。修井使用直径在76mm以下的水龙带，常用的是直径为51mm的水龙带，

长度为18m。

125．水龙带使用时应注意哪些问题？

答：(1) 新水龙带使用前要按照规定进行试压，工作时不得超过试泵压力。

(2) 运输和放置水龙带时，上面不得放置重物，以防挤压变形。

(3) 水龙带不能用于挤酸或代替硬管线便用。

(4) 水龙带用完后，要将管中的液体排尽，尤其是在冬天，以防冻裂。

(5) 水龙带使用时，要防止有急弯、缠绕阻碍物。

(6) 水龙带和活动弯头或水龙头连接时，两端要拴保险钢丝绳，以防将接头憋出掉下伤人。

(7) 水龙带外面要用细麻绳包缠。

第四部分 旋转设备

126. 什么是旋转设备？主要包括哪些部件？

答：旋转设备是指在井下作业中用于完成对钻杆及井下工具的旋转钻进而使用的专用设备，主要包括转盘、水龙头、螺杆钻具等。

127. 转盘的用途有哪些？

答：转盘是旋转钻进的主要设备，它安装在钻台的中间或井口的上面，将发动机提供的水平旋转运动变为转台的垂直旋转运动。转盘的用途有：

(1) 传递扭矩和转速，带动井下钻具完成旋转钻进工作。

(2) 在起下钻作业中，承载井中全部钻具的重量。

(3) 协助处理井下事故，如倒扣、造扣、套铣、磨铣等工作。

128. 井下作业对转盘的要求有哪些？

答：由于转盘在旋转、冲击和液体腐蚀等复杂条件下工作，因此要求转盘具备以下 6 项工作能力，以满足井下作业对转盘的要求：

(1) 转盘要有足够的抗震、抗冲击和耐腐蚀能力。

(2) 转盘的零部件要有足够的强度，以保证能够承受一定的载荷和扭矩。

(3) 转盘的开口直径应能保证通过所使用的最大尺寸的

工具。

（4）转盘的设计要满足操作方便的要求，应能适应相同类型修井机的装配互换。

（5）转盘应具有良好的润滑、密封及散热性能，转台要有灵敏可靠的锁紧装置。

（6）转盘的结构应紧凑，体积小，重量轻，易于拆装。

129．PZ135 转盘的结构由哪几部分组成？

答：PZ135 转盘主要由底座（箱体）、转台、传动轴等组成，结构如图 4-1 所示。

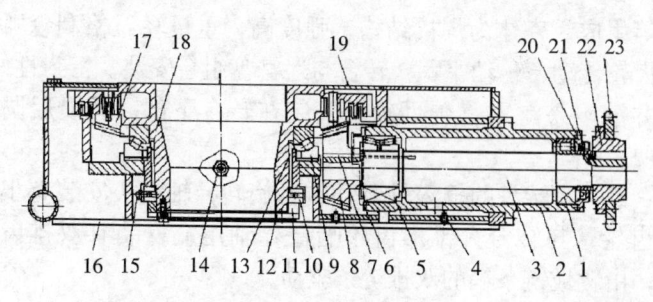

图 4-1 PZ135 转盘结构示意图

1，5，9，10—轴承；2—轴承套；3—传动轴；4—管塞；6—压盖；7—键；
8—小锥齿轮；11—螺母；12—压紧环；13—铜套；14，15—油杯；
16—底座；17—齿圈；18—转台；19—盖；20—端盖；21—油封；
22—链轮轮毂；23—链轮

（1）底座：底座为一箱体形状，有的是铸钢件，有的为焊接件，内腔为油池。底座上部有两个凸台和一个凹槽，底座与转台的凹凸部分相配合，构成了底座与转台之间的障碍密封，既可防止油池内的润滑油外流，又阻止了外部的其他脏物和液体进入油池。

（2）转台：转台为一中空铸铁钢件，中心孔可安放大方瓦、方补心、卡瓦等，其通孔直径为260mm，可通过任何下井工具。

（3）传动轴：传动轴又称转盘的快速轴或水平轴，用一个单列向心短圆柱滚子轴承和一副双列向心球面滚珠轴承支撑，通过轴承套由螺钉固定在底座上。轴承套可进行传动轴的整体式装配，维修检查方便，减少了拆装麻烦。

130．ZP175转盘的结构由哪几部分组成？有什么特点？

答：ZP175转盘由输入轴、转台、主辅轴承、锁块和壳体等组成。壳体为焊接结构，强度高，重量轻；格利森弧齿锥齿轮传动，传动平稳；转台与迷宫盘组合安装，密封性好，钻井液不易渗入；辅助轴承安装在转台下部，磨损后调整方便。

ZP175转盘的输入轴驱动转台旋转，轴端头安装有小锥形齿轮，与转台大锥形齿轮啮合；轴尾端安装有双排齿链轮，由爬坡链条箱的双排链条驱动。

转台为大型空心法兰盘，用主轴承支撑在转盘壳体上，中心孔用于安放方补心和小方瓦，小方瓦的内孔与方钻杆尺寸配合，驱动钻具旋转。

主轴承安装在转台大锥形齿轮的下方，在静止状态下承受钻机最大套管重量，在旋转状态时承受钻柱下滑的载荷；辅助轴承安装在转台下端，用于调节轴向间隙，确保锥齿轮正常啮合和主轴承不过度偏磨。

在转盘上平面顺着输入轴方向左右两侧安装有两个制动锁块机构，用于锁定转盘正反转两个方向。

壳体可承受很大的震动载荷，为铸钢焊接结构；底座四角设有孔洞，以备吊装；壳体内设有油池、飞溅润滑锥齿轮

和轴承，还设有加油油尺口、泄油螺塞。

131. 转盘的操作使用规范是什么？

答：(1) 检查转盘是否平、正、稳、紧。

(2) 检查油池液面高度。

(3) 启动转盘前，必须打开制动器。

(4) 转盘启动应平稳。

(5) 不得使用转盘崩扣、上扣。

(6) 钻进、起下钻过程中应避免猛顿、猛鳖。

132. 转盘的常见故障有哪些？如何排除？

答：表 4-1 给出了转盘的常见故障及排除方法。

表 4-1　转盘的常见故障及排除方法

故障现象	故障原因	排除方法
转盘壳体发热（温度超过 70℃）	油池缺油	及时加注润滑油
	油池润滑油污染	清洗更换润滑油
	转台迷宫圈磨损，漏钻井液	调整、检修
转盘局部壳体发热	转盘中心偏移井口	调整、校正
	转盘偏斜	调整、校正
	转台迷宫圈偏磨	调整、检修
转台轴向移动	主轴承、防跳轴承间隙大	调整间隙
	转台迷宫圈故障	检修、排除
	输入轴承损坏	检修、更换
圆锥齿轮巨响	圆锥齿轮磨损、断齿	检修、更换齿轮
	主轴承、防跳轴承间隙大	调整间隙
	转台迷宫圈故障	检修、排除

续表

故障现象	故障原因	排除方法
油池严重漏油	转台迷宫圈故障、损坏	检修、排除、更换配件
	输入轴密封圈损坏	检修、更换
	转盘倾斜，润滑油倾出	调整、校正
卡瓦粘方瓦	大方瓦变形	更换大方瓦
	卡瓦背磨损	更换卡瓦

133. 常见转盘的技术规范有哪些？

答：现场使用转盘的类型较多，其技术规范见表4-2。

表4-2 常见转盘的技术规范

型号	最大静载荷 kN	最高转速 r/min	最大工作扭矩 kN·m	通孔直径 mm	齿轮传动比	外形尺寸 mm×mm×mm	质量 kg
PZ135	1350	350	24	292	—	1700×890×382	1240
ZP175	1350	300	14	444.5	3.58	1935×1280×585	3888
ZP205	3150	300	23	520.7	3.22	2292×1475×668	5530
ZP275	4500	300	28	698.5	3.67	2392×1570×685	6163
ZP375	5850	300	33	952.5	3.58	2458×1810×718	7548
ZP495	7250	300	37	1257.3	3.93	2940×2184×813	11626

134. 转盘的合理使用和保养应注意哪些问题？

答：(1) 各种型号的转盘应与相同的修井钻台配套使用，除C-1500和红旗-100型外，不得单独连接于井口装

置上。

（2）转盘定位后，转盘中心应与井口中心重合，允许误差不得超过规定标准。

（3）转盘安装应采用水平尺找平，转盘底面与水平面的误差不得超过规定标准。

（4）各种型号转盘的润滑油、润滑脂应符合使用说明书中的要求，使用前要检查其润滑情况。

（5）使用转盘前，要检查各螺纹连接件并拧紧，调整链条的松紧及对中程度。

（6）旋转作业前，应打开锁紧装置，先低速运转5～10min，如正常，即可开始工作。

（7）旋转作业中，如发现有阻卡、不正常声响或箱体严重晃动等现象，应停车进行检查，排除故障后方可继续使用。

135. 什么是水龙头？作用是什么？

答：水龙头是井下作业旋转循环的主要设备，它既是提升系统和钻具之间的连接部分，又是循环系统与旋转系统的连接部分。水龙头上部通过提环挂在游车大钩上，旁边通过鹅颈管与水龙带相连，下部接方钻杆及井下钻具，整体可随游车上下运行。水龙头的作用是：

（1）悬挂钻具，承受井下钻具的全部重量。

（2）保证下部钻具的自由转动而方钻杆上部接头不倒扣。

（3）与水龙头相连，向转动着的钻杆内泵送高压液体，实现循环钻进。

由此可见，水龙头能实现提升、旋转、循环三大作用，是重要的旋转部件。

136. 井下作业对水龙头的要求有哪些？

答：(1) 水龙头的主要承载部件如提环、中心管、负荷轴承等要有足够的强度。

(2) 冲管总成密封系统要有抗高压、耐磨、耐腐蚀的性能，易损坏件更换要方便。

(3) 低压机油密封系统要密封良好、耐腐蚀且使用寿命长。

(4) 水龙头的外形结构应圆滑无棱角，提环的摆动角应能方便挂大钩。

137. SL-70型水龙头由哪几部分组成？

答：(1) 固定部分：SL-70型水龙头的结构如图4-2所示，固定部分主要由提环、壳体、上盖、鹅颈管等组成。

(2) 旋转部分：旋转部分的主要部件是中心管和轴承。

(3) 密封部分：包括三部分，一是冲管密封装置，是水龙头中最重要而又薄弱的环节，是旋转与固定部分的密封装置，承受高压。它采用Y形密封圈，装在密封盒内，然后由下压帽将其装在中心管上，通过压帽来调节它的密封程度，密封装置采用润滑脂润滑。二是上机油密封装置，作用是防止钻井液等脏物进入壳体内部，阻止油池内机油外溢，承受低压。三是下机油密封装置，主要作用是防止油池机油泄漏，承受低压。

另外，为了保护中心管下部螺纹，方便与方钻杆的连接，在中心管下部使用细反扣连接保护接头，保护接头的另一端为粗反扣。

138. SLT-30-2型轻便水龙头有什么结构特点？工作原理是什么？

答：SLT-30-2型轻便水龙头是一种现场使用比较方便

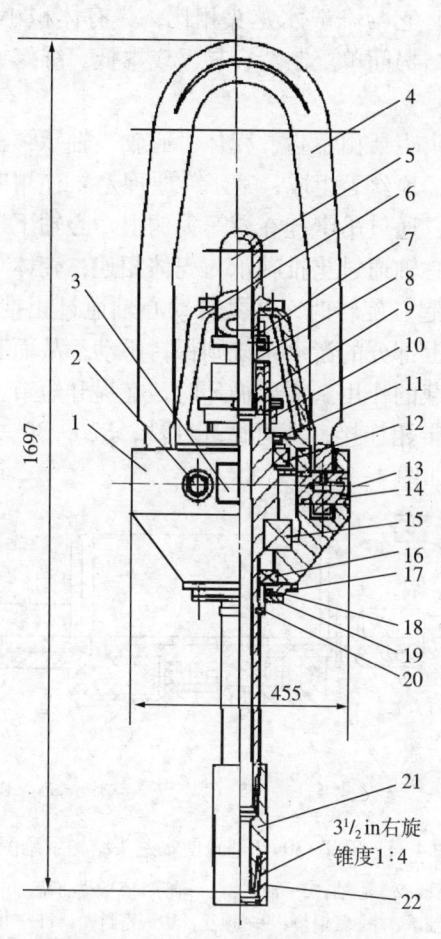

图 4-2 SL-70 型水龙头结构示意图

1—壳体；2—螺塞；3—铭牌；4—提环；5—鹅颈管；6—上盖；7—上压帽；
8—冲管；9—密封组件；10—下压帽；11—上机油密封装置；12—轴承；
13—黄油嘴；14—提环销；15—主轴承；16—轴承；17—下机油密封装置；
18—T形密封圈；19—压盖；20—弹性挡圈；21—接头；22—护丝套

的旋转设备，它与一般水龙头相比，具有体积小、重量轻、使用方便、结构简单、制造容易、成本低、维修方便、密封不漏等优点。

该水龙头主要由上盖、壳体、心轴、轴承、密封圈、油封、黄油嘴、顶丝等组成，其工作原理是：使用时上盖接一个提升短节，通过吊卡挂在游车大钩上，心轴下端螺纹与方钻杆连接，心轴通过止推轴承与壳体相连，壳体与上盖用螺纹连接在一起。旋转时，钻具带动心轴通过止推轴承自转，而壳体及以上部分的游动系统则保持不动，从而起到了既能旋转又能承载的作用。需要循环时，在提升短节上部用活动弯头与水龙带相连接，即可循环冲洗，SLT-30-2型轻便水龙头的结构如图4-3所示。

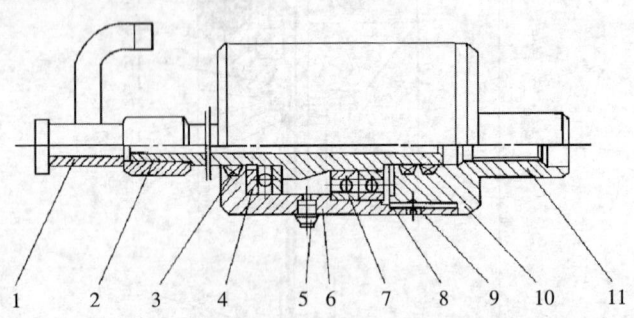

图4-3 SLT-30-2型轻便水龙头结构示意图

1—鹅颈管；2—心轴；3—油封；4—轴承；5—黄油嘴；6—壳体；
7—轴承；8—紫铜垫；9—顶丝；10—密封圈；11—上盖

139．SL160型水龙头由哪几部分组成？结构上有什么特点？

答：SL160型水龙头主要由提环、壳体、上盖、主轴承、辅助轴承、扶正轴承、鹅颈管、冲管、密封盒、中心管等组

成，如图 4-4 所示。

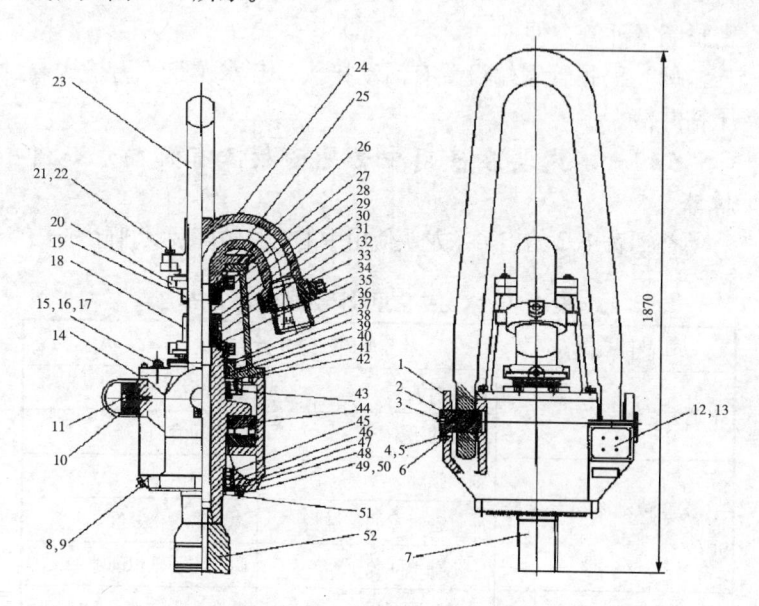

图 4-4 SL160 型水龙头结构示意图

1—壳体；2—提环销；3—油杯；4，8，21，49—螺栓；5，22，50—弹簧垫圈；6—压板；7—中心管；9—密封垫；10—减震块；11—螺钉；12—铆钉；13—API 标牌；14，17—密封垫；15—油尺；16—透气塞；18—下密封盒；19—上密封盒；20—压帽；23—提环；24—鹅颈管；25—卡簧；26，33—"O"形密封圈；27—上密封压套；28—密封装置；29—冲管；30—衬套；31，32—隔环；34—压帽；35—下密封压套；36—接头；37—橡皮伞；38，51—套；39—油封隔环；40—油封；41—轴承座圈；42—支架；43，44，45—轴承；46—油封；47—垫片；48—轴承盖；52—过渡接头

（1）浮动冲管结构，冲管与上盖、中心管浮动连接，防止产生偏磨，可快速装卸。

（2）密封盒采用 Y 形密封圈与隔圈交叠布置，受钻井液压力作用自行密封，设置有黄油嘴，注入润滑脂润滑 Y 形密

封圈，使用寿命较长；可与冲管整体快速装配、拆卸，更换密封圈及冲管方便。

(3) 鹅颈管管端设置有活动接头，与水龙带配合输送高压钻井液。

140．水龙头在使用中常见的故障有哪些？如何排除？

答：表4-3给出了水龙头使用中的常见故障及其排除方法。

表4-3 水龙头常见故障及其排除方法

故障现象	故障原因	排除方法
水龙头壳体发热	缺润滑油	添加润滑油
	润滑油污染	更换润滑油
中心管转动不灵活、转不动	轴承损坏	更换轴承
	冲管密封盒调整过紧	调整密封松紧度
	防跳轴承间隙小	调整防跳轴承间隙
中心管径向摆动大	扶正轴承磨损	更换扶正轴承
	方钻杆弯曲	更换方钻杆
中心管下部螺纹处漏钻井液	螺纹损坏	送修
	下部密封盒内密封圈损坏	更换下部密封盒内密封圈
	下部密封盒调整过松	调整下部密封盒
下部密封盒漏油	下部密封盒内密封圈损坏	更换下部密封盒内密封圈
	中心管偏磨	送修
鹅颈管法兰刺、漏钻井液	法兰密封圈损坏	更换法兰密封圈
	法兰盘未压紧	调整法兰盘
	法兰盘螺栓损坏	更换法兰盘螺栓

续表

故障现象	故障原因	排除方法
冲管密封盒刺、漏钻井液	密封装置压紧螺帽松动	紧固密封装置压紧螺帽
	密封装置磨损	更换密封装置
	冲管外缘磨损	更换冲管
	冲管破裂	更换冲管
壳体内有钻井液	上部密封盒内密封圈损坏	更换上部密封盒内密封圈
	下部密封盒内密封圈损坏	更换下部密封盒内密封圈

141. 常用水龙头的技术规范有哪些?

答:常用水龙头的技术规范见表4-4。

表4-4 常用水龙头的技术规范

规范\型号	最大载荷 kN	工作载荷 kN	工作压力 MPa	冲管直径 mm	外形尺寸(高) mm	质量 kg
C-100	300	—	—	50	—	180
红旗-100	400	—	—	70	1870	635
SL70	675	300	15	50	1695	275
SL110	1125	450	21	63.5	1632	336
SL135	1350	1100	21	76	2260	776
XJ-350	1100	441	21	63.5	—	—
SL225	2250	—	35	75	2880	2570
SL450	4500	—	35	75	3015	3060
SL585	5850	—	35	75	3115	4000

142. 水龙头的合理使用方法与保养方法是什么？

答：(1) 新水龙头在使用前必须测试压力。

(2) 水龙头的保护接头在搬放和运输时应带上护丝或用其他软物包缠，以防碰坏螺纹。

(3) 使用前检查润滑油液位高度是否满足要求，冲管密封盒、密封座、提环销、气动旋转头各油杯加注润滑脂。

(4) 使用前检查上、下密封盒压盖，冲管密封盒是否调整适当，一人能用规格为914mm链钳转动中心管自如即适当。

(5) 新水龙头、长时间停用的水龙头启动时，应先慢速运转，待转动灵活后再提供转速。

(6) 低速启动水龙头后，应注意钻井液通过水龙头水眼的情况，特别是在冬季启动时，应采取措施防止冻结，确保水眼畅通。

(7) 工作中应随时检查冲管上、下密封盒是否刺漏，上、下密封座是否渗漏润滑油。

(8) 检测水龙头壳体温度，正常工作温度不应超过75℃。

(9) 工作中应随时检查鹅颈管连接法兰是否牢固，鹅颈管与水龙带连接活接头是否刺漏。

(10) 工作中应随时检查水龙头的防扭保险绳、鹅颈管与水龙带之间的保险绳必须保持完好。

(11) 水龙头与方钻杆对接时，必须涂抹螺纹脂。

(12) 旋扣器主要用于钻井、修井过程中接单根上卸扣作业。

(13) 在紧急情况下，不允许转盘驱动钻柱时，可使用旋扣器短时间驱动钻柱旋转。

(14) 可使用旋扣器打鼠洞。

第五部分 井口设备

143. 什么是卡瓦？分哪几类？作用是什么？

答：卡瓦是在井下作业起下钻时将钻杆或油管等管柱卡紧在井口法兰盘上或转盘台上的专用工具，它能减轻工人的劳动强度，提高起下速度。根据动力来源不同，将卡瓦分为手动卡瓦和动力卡瓦两大类。手动卡瓦就是利用人力完成卡紧或松开管柱的工作；动力卡瓦则是利用气体或液体的压力推动卡瓦工作，完成规定的动作。

144. 手动卡瓦分哪几类？各类组成如何？

答：常用的手动卡瓦有三片式卡瓦、四片式卡瓦和卡盘式卡瓦三种。

(1) 三片式卡瓦：主要由卡瓦体、卡瓦把和卡瓦牙组成，其结构如图 5-1 所示。

在使用时，可根据不同规格的管柱更换不同尺寸的衬板和卡瓦牙，使之相互紧密配套。在下接时，要防止吊卡压在卡瓦上，以免压坏卡瓦牙，使其掉入井中造成卡钻事故。

(2) 四片式卡瓦：有两种，一种是在井口法兰盘上起下油管时使用；另一种是在转盘中使用，其原理与三片式卡瓦相同。

(3) 卡盘式卡瓦：是一种井口法兰盘上安装的卡瓦工具，适用于起下油管。它的结构如图 5-2 所示，主要由底板、曲柄机构、卡瓦牙、手把等组成。

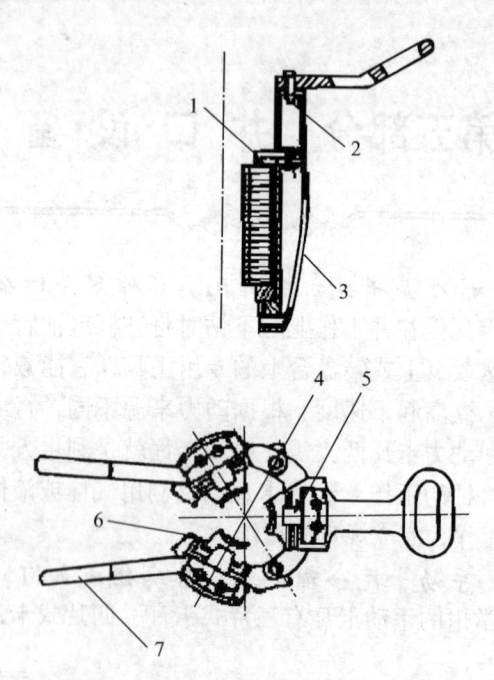

图 5-1 三片式卡瓦结构示意图

1—衬板；2—销钉；3—卡瓦体；4—铰链；5—压板；6—卡瓦牙；7—卡瓦把

145. 卡盘式卡瓦的工作原理是什么？有什么特点？

答：卡盘式卡瓦的工作原理是：将手把向上抬起，通过曲柄机构使拉杆向两边撑开，从而带动壳体张开，同时固定在壳体上的卡瓦牙也随壳体向外分开，此时允许管柱从中间自由通过；将手把向下压，通过曲柄机构带动拉杆和壳体向内收缩，同时卡瓦牙向中心靠拢卡紧管柱。

使用时，通过螺栓将底盘固定在井口法兰盘上，防止其径向移动。该卡瓦的卡瓦牙可以更换，适用于卡紧 ϕ2in 和

$\phi 2\frac{1}{2}$in 油管。

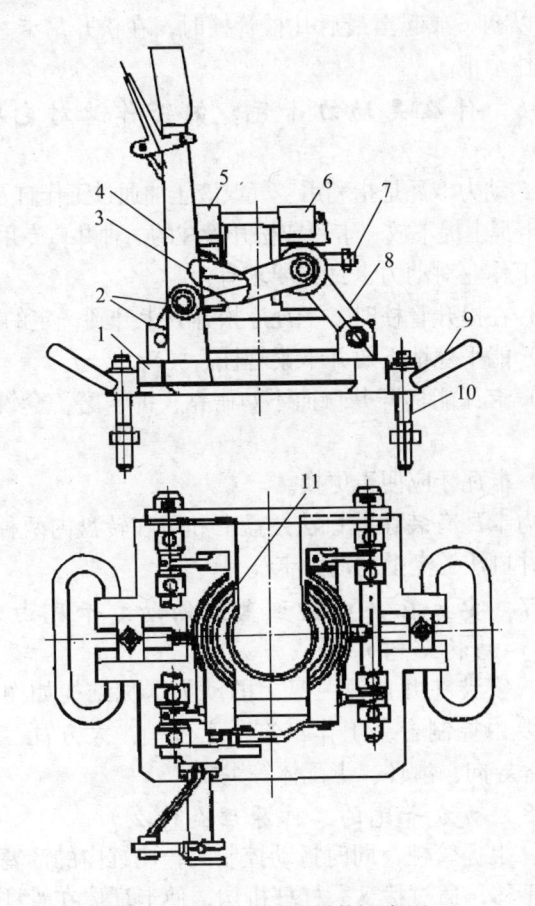

图 5-2 卡盘式卡瓦结构示意图

1—底板；2—耳环；3—曲柄机构；4—手把；5，6—壳体；7，10—螺栓；
8—拉杆；9—提环；11—卡瓦牙

这种卡瓦的优点是使用方便、重量轻；缺点是当管柱较

少或起下钻不平稳时，因管柱跳动卡瓦易松开而发生落井事故，所以初下或起至最后几根管柱时，在松开吊卡之前，应用脚踏住手把。

146．什么是动力卡瓦？井下作业对它有什么要求？

答：动力卡瓦是指利用空气或液压油通过工作缸及连杆机构推动卡瓦上提下放，卡紧或松开管柱的一种井口专用设备。

井下作业对动力卡瓦的要求有：

（1）在提升管柱时，卡瓦应松开并上升到一定的高度。

（2）能平稳地下放并卡紧管柱。

（3）卡瓦能移开井口而不妨碍钻、冲、磨、套铣等其他作业。

（4）卡瓦牙应便于更换。

动力卡瓦有装在井口法兰盘上和装在转盘内两种。修井用装在井口法兰盘上的动力卡瓦。

147．安装在井口法兰盘上的动力卡瓦由哪几部分组成？结构如何？

答：安装在井口法兰盘上的动力卡瓦结构如图5-3所示，主要由控制台、工作汽缸、定位销、大方瓦、阶梯补心、底部导向、滑环、卡瓦体等组成。

148．动力卡瓦的工作原理是什么？

答：上提管柱，同时扳动控制阀，使缸内的活塞下行带动滑环下移，通过拨叉、杠杆机构，使卡瓦体在管柱与卡瓦牙摩擦力的诱导下上行，让管柱从中间自由通过。当活塞上行时，通过拨叉带动滑环上移，经过杠杆机构和卡瓦体的自重使卡瓦体沿底部导向下行，在锥孔内收拢，卡紧管柱（图5-3）。

(a) 外形图

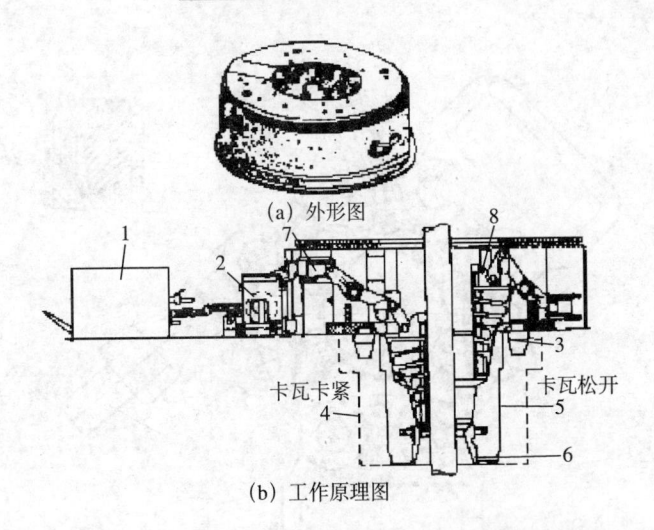

卡瓦卡紧 卡瓦松开

(b) 工作原理图

图 5-3 安装在井口法兰盘上的动力卡瓦结构原理图
1—控制台；2—工作汽缸；3—定位销；4—大方瓦；5—阶梯补心；
6—底部导向；7—滑环；8—卡瓦体

这种动力卡瓦的侧面有活门，可随时打开移离井口，便于其他作业。

149. 安全卡瓦的组成和原理各是什么？

答：安全卡瓦是用于卡紧并防止没有台肩的管柱从卡瓦中滑脱的工具，主要由牙板套、卡瓦牙、调节丝杆、螺母等组成，如图 5-4 所示。安全卡瓦靠拧紧调节丝杆的螺母初步卡紧管柱，卡紧在卡瓦之上一定距离。当管柱下滑时，卡瓦牙沿牙板套斜面滑动，从而将管柱卡得更紧，以防止管柱落井。

150. 安全卡瓦使用节数是如何规定的？

答：安全卡瓦使用节数见表 5-1。

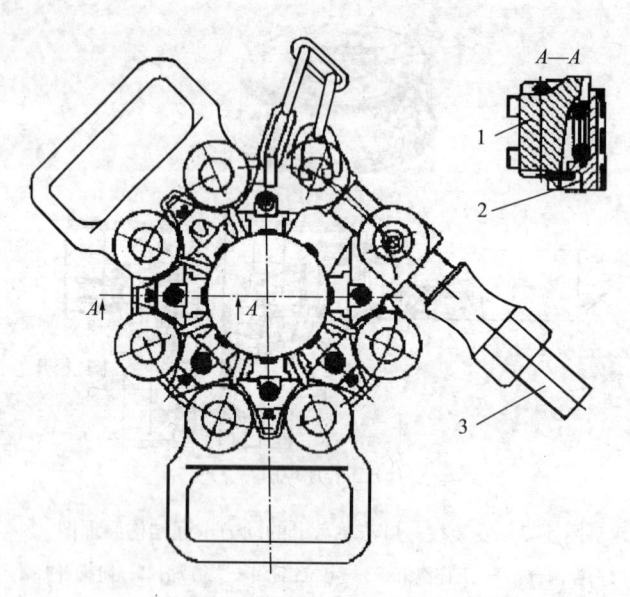

图 5-4 安全卡瓦结构图

1—牙板套；2—卡瓦牙；3—调节丝杆

表 5-1 安全卡瓦使用节数

卡物外径，mm	节数	卡物外径，mm	节数
95.2 ~ 117.5	7	190.5 ~ 219.1	11
114.3 ~ 142.9	8	215.9 ~ 244.5	12
139.7 ~ 168.3	9	241.2 ~ 269.9	13
165.1 ~ 193.7	10	—	—

151. 负荷 100t 气动卡盘的结构如何？

答：这是一种可坐在井口或转盘上的机械化设备，该气

动卡盘具有结构紧凑、卡紧可靠、适应性强、安装维修方便等特点，主要适用于中深井的井下作业。气动卡盘的工作原理和动力卡瓦相同，结构如图5-5所示。

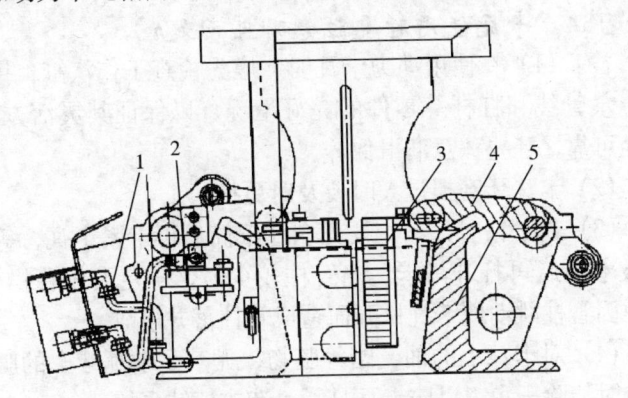

图5-5 负荷100t气动卡盘结构示意图
1—气路；2—工作汽缸；3—卡瓦；4—转臂；5—卡盘体

152. 负荷100t气动卡盘的主要技术参数有哪些？

答：负荷100t气动卡盘的主要技术参数有：最大载荷为1000kN；适用管柱为$\phi 2\frac{1}{2}$in、$\phi 3$in油管；汽缸压力为0.8MPa；汽缸行程为72mm；外形尺寸为730mm×402mm×416mm；质量为174kg。

153. 卡瓦由哪些材料组成？有什么要求？

答：卡瓦体一般用中碳合金钢铸造，热处理后硬度为207~328HB。

卡瓦牙是卡瓦的重要零件，牙的齿形、材料、硬度等对牙的使用寿命、卡紧管柱的能力及管柱体外表的损伤有重要影响。目前大多采用20CrMo、12CrNi低碳合金钢作为卡瓦

牙的材料，经过渗碳淬火后，其硬度可达43～52HRC，也可采用高碳合金钢进行高频加热和淬火处理。

卡瓦牙属易损零件，其更换应力求方便。

154. 卡瓦使用时要注意哪些问题？

答：（1）在使用动力卡瓦时，应先检查工作汽缸、控制阀、气管线和杠杆等零件的完好情况，以保证其灵活方便、安全可靠，还要注意润滑保养。

（2）卡瓦牙磨损过大时要及时更换。

（3）起下钻时，一定要先刹住滚筒后再卡紧卡瓦，等管柱被卡住后再打开吊卡。当管柱较少时，一定要平稳操作，避免因管柱跳动使卡瓦松开而造成管柱落井事故。

（4）对卡瓦上的油、蜡等脏物，尤其是卡瓦牙上的脏物要及时清除干净，以防卡瓦打滑，造成掉钻事故。

155. 什么是吊卡？分哪几类？

答：吊卡是扣在钻杆接头、套管或油管接箍下面，用以悬挂、提升和下入钻杆、套管或油管的工具。吊卡悬挂在游车大钩两侧吊环的下面，起下作业时卡在管柱接箍下面的本体上。根据所卡管柱的不同，吊卡分为管类和杆类两种。

156. 管类吊卡分哪几类？各类结构如何？

答：管类吊卡是用来吊起油管、钻杆、套管等的工具。修井上常用的有活门式、月牙形和羊角形三种。

（1）活门式吊卡。

活门式吊卡结构如图5-6所示，主要由吊卡体、活门、锁扣等组成。这种吊卡适应较重负荷，一般用于起下钻杆、套管，但活门不够保险，尤其在往地面放油管时，锁扣容易碰井架拉杆而打开，造成事故，使用时应注意这一点。

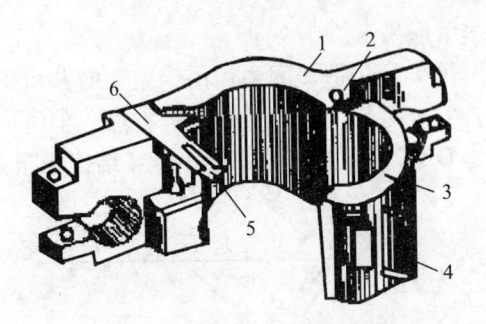

图 5-6 活门式吊卡结构示意图
1—吊卡体；2—活门销子；3—活门；4—手柄；5—锁扣销子；6—锁扣

(2) 月牙形吊卡。

月牙形吊卡结构如图 5-7 所示，主要由吊卡体、月牙和锁扣手柄等组成。这种吊卡承受负荷较小，一般用于起吊油管。

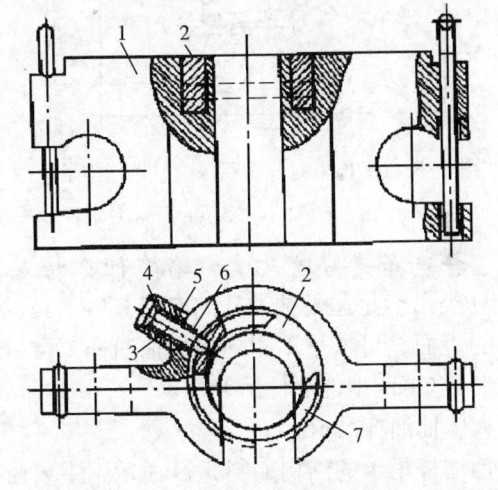

图 5-7 月牙形吊卡结构示意图
1—吊卡体；2—凹槽；3—插栓；4—锁扣手柄；5—弹簧；
6—弹簧底垫；7—月牙

(3) 羊角形吊卡。

羊角形吊卡是仿造美国牛角吊卡生产的井口工具,具有使用方便、安全可靠、承受负荷大等特点。羊角形吊卡的出厂产品名为 DDK 型对开式双保险吊卡,结构如图 5-8 所示。

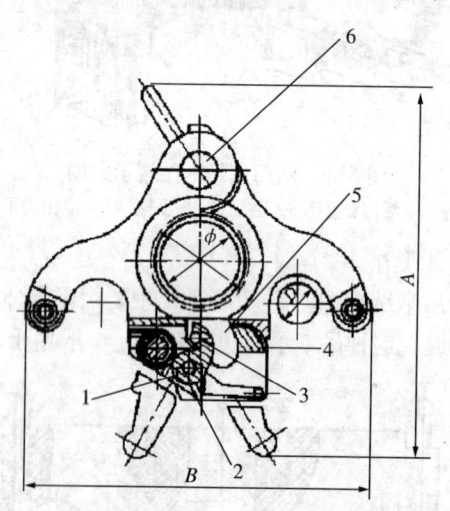

图 5-8 DDK 型对开式双保险吊卡结构示意图

1—销板;2—短销;3—销;4—锁孔;5—右体锁舌;6—轴销

157. 杆类吊卡分哪几类?各有什么特点?

答:杆类吊卡是起下抽油杆的专用井口工具,它挂在抽油杆吊钩的下面,可卡吊不同规格的抽油杆。常用的有大庆抽油杆吊卡和 CKD 型抽油杆吊卡。

(1) 大庆抽油杆吊卡。

大庆抽油杆吊卡的结构如图 5-9 所示,主要由卡体、吊柄、卡具和手柄等组成。使用时,将吊卡推到油杆上,使油杆位于卡体中心,然后转动手柄,使卡具封闭卡体缺口,将

抽油杆接头卡住，进行起下抽油杆的作业。

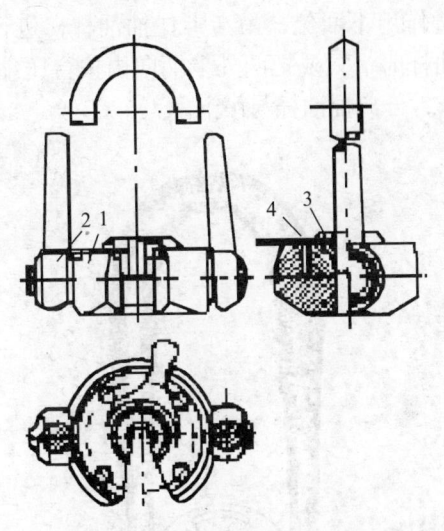

图 5-9　大庆抽油杆吊卡
1—卡体；2—吊柄；3—卡具；4—手柄

这种吊卡的特点是卡具中间有可以更接不同规格的卡套，即一个吊卡配几个卡套，以便起下不同尺寸的抽油杆。这种吊卡的工作负荷为50kN，适用于一般井深的抽油杆起下作业。

(2) CKD型抽油杆吊卡。

CKD型抽油杆吊卡是玉门油田第一机械厂的产品，其结构如图5-10所示，主要由卡体、吊柄、销柱和内、外卡柄等组成。该吊卡吊柄的两端有开孔，套在卡体两边的销柱上，吊柄可绕卡体旋转270°，便于操作。为防止吊柄和卡体脱离，吊柄套入销柱便可将销柱外端铆住，内、外卡柄相连，接外卡柄，便可控制内卡柄。使用时，提起吊卡将缺口

对准抽油杆推吊柄，抽油杆便压缩内卡柄进入卡体中间，内卡柄在弹簧作用下回位，吊卡卡住抽油杆，进行起下作业；要取出抽油杆时，只要把两外卡柄向内按合压缩弹簧，使两内卡柄张开，分离抽油杆与吊卡。

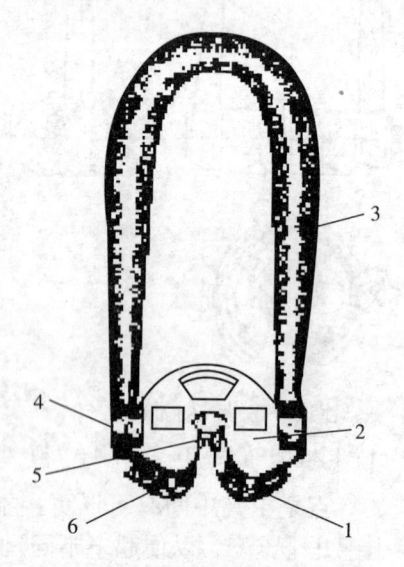

图 5-10 CKD 型抽油杆吊卡

1，6—外卡柄；2—卡体；3—吊柄；4—销柱；5—内卡柄

158. 什么是吊环？分哪几类？

答：吊环是在起下作业中连接游车大钩与吊卡的工具，一般选用 45 号优质碳素钢搭接锻制后经过正火处理制成。现场使用的吊环有单臂（YH）和双臂（DH）两种形式，如图 5-11 所示。常用的吊环负荷有 300kN、500kN 和 750kN，在选用吊环的类型时，要与游车大钩的拉力相适应。

(a) 单臂式吊环

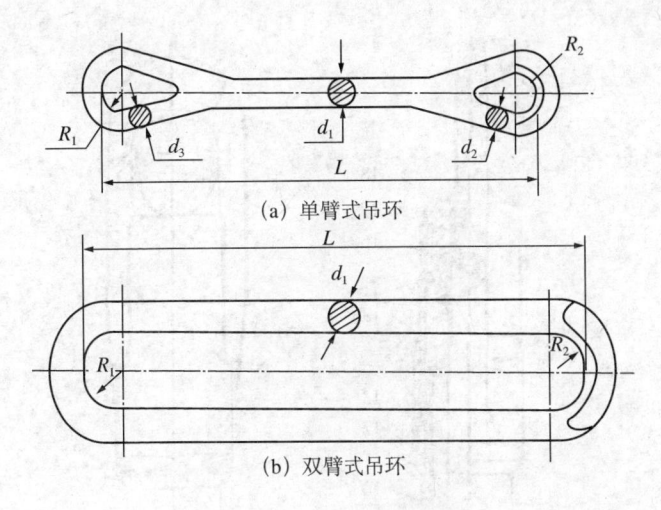

(b) 双臂式吊环

图 5-11 吊环结构示意图

159. 什么是抽油杆吊钩？结构上有什么特点？

答：抽油杆吊钩是在起下抽油杆作业时连接游车大钩与吊卡的专用井口工具，其结构如图 5-12 所示，主要由钩筒和钩体及锁臂等组成。钩筒内装有弹簧，主要用来减轻振动和冲击；钩体可旋转，锁臂的打开同锁紧装置控制，其原理与游车大钩相同。

使用时，用钢丝绳将其挂在游车大钩上即可，该吊钩具有强度高、重量轻、使用安全可靠等特点。

160. 什么是管钳？分哪几类？

答：管钳是井下作业中上卸油管、钻杆和扭拧其便管类螺纹的工具，其结构如图 5-13 所示，主要由钳头、钳牙、螺母和钳柄等组成。管钳的尺寸 L 是将钳头开到最大时从钳头到钳尾的长度，修井上使用的管钳有 18in、24in、36in 和 48in，常用的为 24in 和 36in 两种。

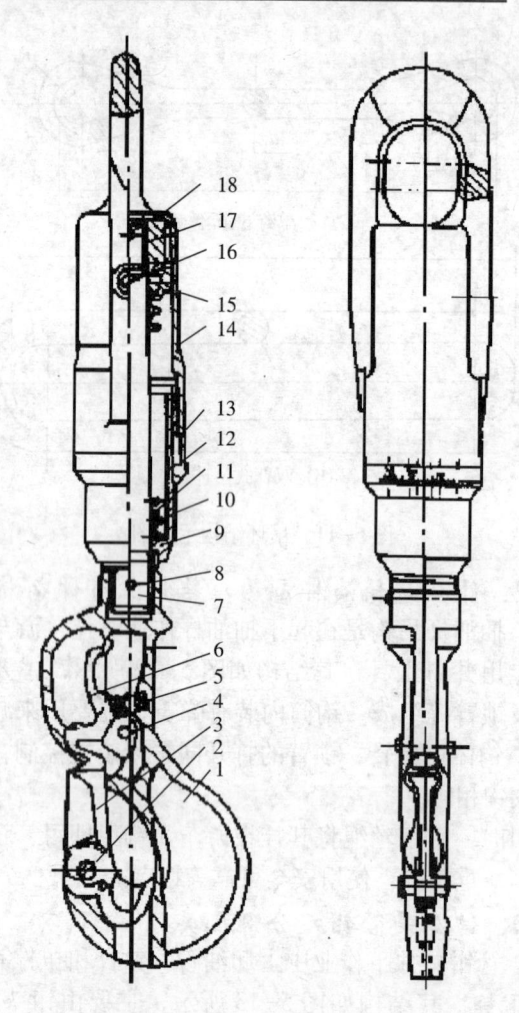

图 5-12 抽油杆吊钩结构示意图

1—钩体；2—锁臂销；3—锁臂；4,6—安全锁销；5—安全锁销弹簧；7—螺杆；
8—螺杆销；9—套筒；10—外弹簧；11—内弹簧；12—开口销；13—套键；
14—吊桶；15—轴承；16—油环；17—螺母；18—螺母销

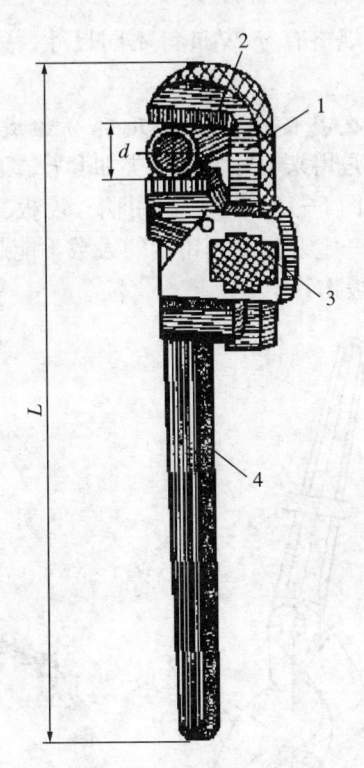

图 5-13 管钳结构示意图

1—钳头；2—钳牙；3—螺母；4—钳柄

161. 什么是油管钳？由哪些部件组成？

答：油管钳是专门用于上卸油管螺纹的工具。油管钳的形式有许多种，图 5-14 所示为常见的一种。油管钳主要由钳柄、钳牙、钩柄、小钳颚、大钳颚等组成。小钳颚内镶有钳牙，当油管钳搭在油管上合好后，钳牙就咬住油管，用力越大，对油管卡得越紧。

油管钳的规格有 $\phi 2\frac{1}{2}$in 等不同尺寸，适用于相应尺寸的油管。

162. 什么是链钳？由哪几部分组成？

答：链钳是用来上卸大直径类如套管、套管头等的专用工具。链钳如图5-15所示，由钳柄、齿板、链条和销子等组成。使用时一定要注意扳钳柄的人数不能超过规定，以免将链钳扳断或扳伤管子。

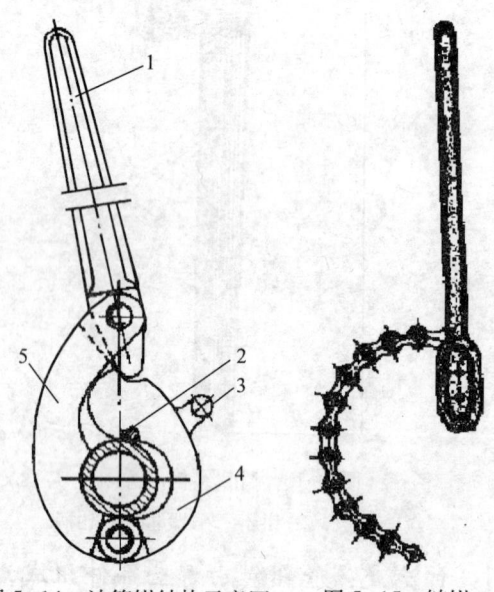

图5-14 油管钳结构示意图　　图5-15 链钳
1—钳柄；2—钳牙；3—钩柄；
4—小钳颚；5—大钳颚

163. 液压油管钳结构如何？使用安装方法是什么？

答：液压油管钳如图5-16所示，用于上卸油管扣与下

井工具等。

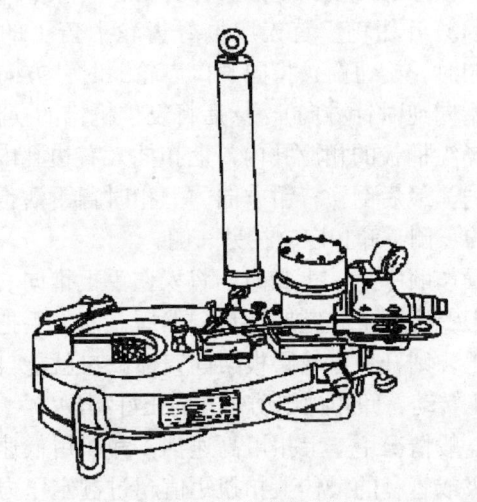

图 5-16　液压油管钳

使用安装方法为：

(1) 油管钳井口吊装时，其吊装钢丝绳一端通过滑轮固定在井架上，另一端拴在油管钳悬浮筒耳环上。滑轮固定位置离地面不得小于 l0m。油管钳悬吊高度以背钳能卡住井口油管接箍为准。如油管钳吊装高度误差大于 0.5m，可以拧动浮筒调节。

(2) 吊装好的油管钳应推向井口工作位置，检查钳子是否平正，如不平正，可调节浮筒下部的调平螺钉，直到钳子平正为止。

(3) 油管钳不管是否使用背钳，均需拴牢尾绳。尾绳规格不得小于 12.5mm，其长短以保证安全和操作方便为宜。

(4) 高压胶管在开泵前安装，安装前，快速接头要保持清洁干净。

164. 液压油管钳正确操作方法是什么？

答：(1) 开钳前，首先应倒好齿轮上盖上的定位旋钮位置 (上扣时，旋钮箭头指向开口齿轮顺时针方向；卸扣时旋钮箭头指向逆时针方向)，然后将复位机构的换位销拔出，运转插入操纵柄板的相应孔内，上扣插入右边孔内，卸扣插入左边孔内。最后倒换背钳方向。上扣时背钳活舌应放在操作者站立的一侧，卸扣应放在另一侧。

(2) 操作顺序是：上扣时，将操作手把推向右边，并始终握住手把，直到上扣完毕为止。然后立即将手把拉向左边并迅速放手，则开口齿轮腭板架同壳体缺口就能自动对中复位，并停止转动；卸扣操作动作方向正好相反。

(3) 一般情况下，上扣用高速挡，卸扣用低速挡。只有在某种钢级或管径的最佳上扣扭矩值超过额定压力下的高挡扭矩值时，才允许用低速挡上扣，但此时必须限定在相应适合的压力下进行，以免上坏油管螺纹。为了提高速度，也可用低速挡卸松后再用高速挡旋扣。

165. 液压油管钳使用注意事项是什么？如何进行维修保养？

答：(1) 钳头部位在进水进砂后，需及时拆开清洗，涂油安装。正常情况下，每工作 5～10 口井应拆开清洗一次。拆钳头时，需把开口齿轮旋到开口正对里时才能取出。

(2) 拆装快速接头时，要注意保持清洁，不得有泥沙等脏物进入液压管路。

(3) 油箱液压油要保持清洁，加注油时要用 120 目滤网过滤，油泵滤网要保持完好。液压油一年更换一次，更换时要彻底清洗油箱及管路。

(4) 尽量使用液压油，夏季使用 20 号机油或 2 号柴油、

机油。冬季使用锭子油或稠20-1稠化液压油,高寒及高温地带应使用相适应的液压油。

166. 什么是吊钳？结构如何？

答：吊钳又名大钳,是起下作业中上卸钻杆、钻具和钻头的专用工具。吊钳一般均成对使用,用直径为18.5mm的钢丝绳固定在井架二层台滑车上,分别悬吊于转盘的两侧。不同规格的吊钳适用于不同规范的钻杆螺纹。吊钳如图5-17所示,由相互活动连接的钢铸件制成的大活动瓣、小活动瓣、把柄、自动弹簧销和安全制动器所构成。弹簧可以使弹簧销自动关闭。为了可靠地咬住钻杆、接箍或接头,小活动瓣上镶装硬度大的长方形牙块。小活动瓣上镶装的牙块规格是：长120mm,宽30mm,为三角形,牙线为斜形。

167. 什么是活接头？结构如何？

答：活接头是井下作业用来连接各种施工管线的用具之一,具有操作灵活、耐压高等特点。井下作业施工常用的活接头直径有50mm、62mm和76mm三种,活接头的形状如图5-18所示。

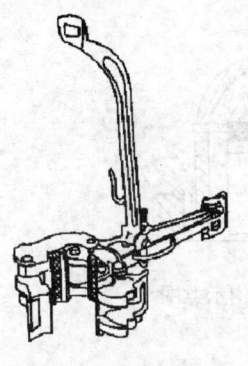

图5-17　吊钳 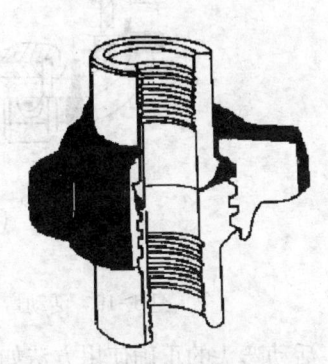　　　　　　图5-18　活接头

168．活接头的正确操作方法是什么？注意事项有哪些？

答：(1) 先将活接头螺纹检查一遍，内螺纹和外螺纹若有断裂现象，则应换掉。

(2) 用钢丝刷子将活接头刷干净，将螺纹涂上螺纹脂连接在油管或大小头上，用管钳拧紧，然后用锤子砸紧砸牢。

注意事项有：

(1) 用锤子砸活接头时要防止砸坏螺纹。

(2) 卸掉后要及时刷净，放在工作台上摆好。

169．什么是活动弯头？如何使用？应注意哪些问题？

答：活动弯头是改变施工管线连接方向和便于管线连接的管件，其结构如图 5-19 所示。

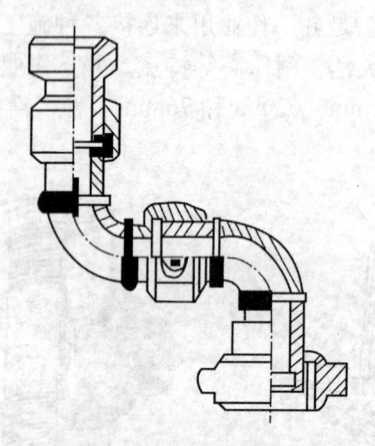

图 5-19　活动弯头结构示意图

活动弯头的正确使用方法如下：

(1) 使用时应检查弯头的各部件是否灵活好用、完整无

缺，符合标准才能使用。

(2) 压力要符合施工工艺要求，达不到标准的不能使用。

(3) 用时带紧活接头，调整到所需角度再砸紧。

注意事项如下：

(1) 用过后要刷洗干净放好。

(2) 对弹子盘要经常注油，以防锈死。

170．什么是三通？如何使用？应注意哪些问题？

答：三通用在施工管线的分流与合流，在井下作业中应用广泛。三通的结构如图5-20所示。

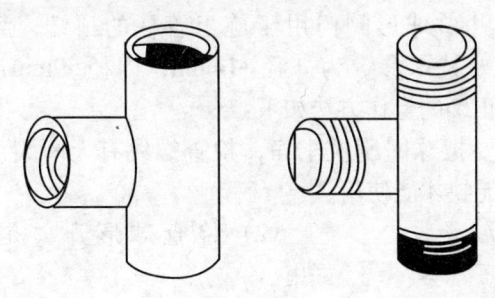

图5-20 三通结构示意图

三通的正确操作方法如下：

(1) 在使用时，要先检查三通的焊接部分是否牢固，有无开焊现象，有开焊的不能使用。

(2) 检查三通螺纹有无断裂、损扣现象。

注意事项如下：

(1) 使用过程中要注意保护螺纹，防止上偏扣。

(2) 用后要擦洗干净，带上护丝放在工具架上，长期不

用应涂抹螺纹脂。

171．什么是丝堵？正确的操作方法及注意事项有哪些？

答：丝堵是封闭管材底部通道和管线端部通道的管子配件，公称直径有 40mm、50mm、62mm 和 76mm，长度均为 100mm。正确的操作方法及注意事项如下：

(1) 丝堵上扣时注意不要偏扣。
(2) 丝堵用手上紧后再用管钳上紧。
(3) 用后要刷洗干净放好。

172．什么是井口球形阀门？正确的操作方法是什么？

答：井口球形阀门用于施工管柱的顶端，起开关作用，其主要技术参数为外径 114mm，内径 59mm，长度为 445mm。正确的操作方法如下：

(1) 要把球网刷洗干净，检查螺纹有无断裂、损坏现象，完整无缺才能使用。

(2) 检查球形开关是否灵活好用。

173．什么是轻便水龙头？结构如何？性能参数有哪些？

轻便水龙头主要用于油水井冲砂、压井、套铣、循环铣井等工艺上，主要由弹子、弹子盘、鹅颈管、冲管、活接头等组成。轻便水龙头冲管直径为 62mm，鹅颈管直径为 50mm，工作压力为 30MPa，负荷为 300kN，其结构如图 5-21 所示。

图 5-21 轻便水龙头结构示意图

174. 轻便水龙头的正确操作方法和注意事项是什么？

答：正确的操作方法如下：

(1) 先检查水龙头的弹子盘是否灵活好用。

(2) 检查螺纹是否完好，壳体有无断裂。

(3) 将水龙头冲管与油管接箍连接好，用管钳平稳上扣。上卸扣时，一只手扶在鹅颈管上，另一只手扳动管钳上紧扣。

注意事项如下：

(1) 严禁上偏扣。

(2) 卸到最后几扣时应扶紧水龙头鹅颈管，防止掉下伤人。

(3) 不用时要刷洗干净戴好护丝，对弹子盘要定期注油保养。

175. 什么是内径规？正确的操作方法是什么？

答：内径规是用于清理油管内径通路的专用用具，其结构如图 5-22 所示。

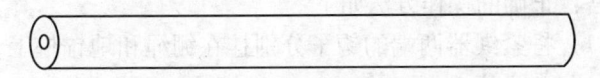

图 5-22 内径规结构示意图

正确的操作方法如下：

(1) 把内径规放入管内用蒸汽枪推动前进，清除管壁杂物。

(2) 放在油管内将油管吊起倒出内径规，达到清除杂物的目的。

176. 什么是紧绳器？结构如何？

答：紧绳器是紧固与调整井架绷绳的专用工具，可根据需要手动调节绷绳的松紧，以达到校正井架的目的。紧绳器是运用杠杆原理，采用特殊结构逐节收紧链环达到绷紧钢丝绳的目的，其结构如图 5-23 所示。

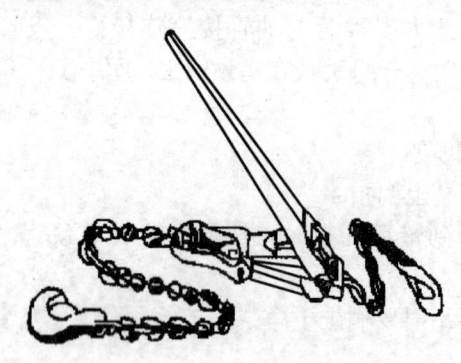

图 5-23 紧绳器

177. 紧绳器的正确操作方法和注意事项是什么？

答：正确的操作方法如下：

（1）将紧绳器两端的钩子分别挂在绷绳和地锚桩上，要挂好，防止脱落。

（2）需要调紧时，扳动紧绳器操作杆，链子就会一扣一扣咬紧；需要放松时，钩起卡块，链子就会全部放松。

注意事项如下：

（1）扳动紧绳器操作杆时要操作平稳，防止滑脱。

（2）紧绳器手动最大紧绳力为 4kN。

（3）钢丝绳拉紧固定后应将紧绳器取下备用，严禁将紧绳器伸入链环中作绷绳使用。

(4) 要定期对紧绳器进行保养。

178. 什么是绳卡子？正确的操作方法和注意事项有哪些？

答：绳卡子是卡各类钢丝绳的工具，结构如图 5-24 所示。油田作业施工常用绳卡子有 Y1-6、Y2-8、Y3-10、Y4-12、Y5-15、Y6-20、Y7-22、Y8-25 以及 Y9-28，后面的数字表示适用最大钢丝绳直径，单位为 mm。

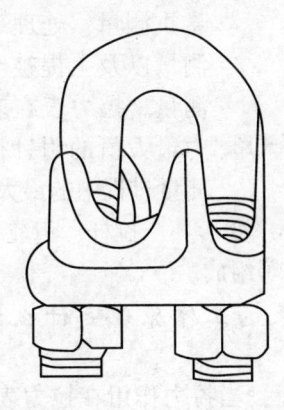

图 5-24 绳卡子结构示意图

正确的操作方法如下：
(1) 绳卡子必须与所卡钢丝绳的直径相适应。
(2) 绳卡子之间距离应相等，螺丝上紧后以压扁钢丝绳直径的 1/3 为宜。

注意事项如下：
(1) 注意保管绳卡子，防止压弯变形。
(2) 上扣时要平稳用力，两个螺帽同时上紧吃力，以防损坏扣卡，用过后要带上螺帽。

179. 什么是拉力表？结构如何？有哪些用途？

答：拉力表是井下作业施工时反映井下钻柱和管柱悬重、钻压及被卡管柱上提拉力的仪表，如图5-25所示。

用途：拉力表可用于井下钻杆悬重测量、处理事故钻磨时钻压的测量以及上提被卡管柱时上拉力的测量。拉力表在表盘上装有被测拉力最大值的附针机构，可以读取在测量过程中的最大拉力值。

图5-25 拉力表示意图

拉力表由拉环、变形环、拉杆、齿轮、工作指针、瞬时指针、表盘、外壳等组成。

180. 拉力表的工作原理是什么？各类型的测量范围是什么？

答：工作原理：当拉力作用在拉力表两边的拉环上时，使变形体产生与拉力大小相应的弧变，通过固定在变形体一端的拉杆，带动工作扇形齿轮转过一个角度，经过机械放大，便带动与工作扇形齿轮相啮合的圆柱齿轮转动，装在圆柱齿轮上的工作指针和瞬时指针指示被测拉力瞬时值。工作指针回零，瞬时指针仍停留在测力过程中拉力瞬时值最大的位置上，即为测量的读数。

测量范围：现场上常用的拉力表为LLB-80型和LLB-120型两种。LLB-80型的测量范围为0～80kN，LLB-120型的测量范围为0～120kN。

拉力表应装在游动系统大绳的死绳端，如果游动系统有

效绳数为6股,则井下钻柱悬重为:拉力读数×6。

181. 使用拉力表时的注意事项有哪些?

答:(1) 避免潮湿和强烈震动。

(2) 被测拉力应加在拉力表轴线上,不得使拉力表在转弯时受力。

(3) 被测拉力不得超越拉力表上限值。

(4) 应将拉力表定期送计量部门检定,规定检定周期为三个月。

182. 逃生器的结构及原理如何?

答:逃生器主要由本体、销子、开口销、螺栓、防松螺母、延长管、座等零件组成,如图5-26所示。本装置主要采用凸轮块夹紧机构进行制动或调速滑行,当需要制动时,按标牌上箭头所示"紧"的方向拉动夹紧机构刹把,缩小夹紧块与夹紧凸轮块之间的间隙,即可夹紧逃脱绳而制动;当需要滑行时,按箭头所示"松"的方向松开手动夹紧机构,即可减小凸轮块与夹紧块之间的摩擦,人和装置由于重力作用而沿逃脱绳向下滑行。

183. 如何正确使用逃生器?

答:逃生器通常用活绳结悬挂在高空作业区逃脱绳上,或放置在高空作业区稳当的地方。当发生意外紧急情况时,工作人员先松开活绳结或挂上本装置,右手抱紧手动夹紧机构刹把,左手握紧延长管,然后坐到座上,右手再适当松开刹把,人随装置即沿逃脱绳迅速下滑至地面。

184. 逃生器使用前的检查内容有哪些?

答:定期检查逃生装置,以确保其功能完好,特别要检查刹瓦的磨损情况,当青铜块刹瓦磨损3mm时不得再使用本装置;确保刹把作用完好,滚轮转动自由,铰链、销子和开

口销均保持完好,并确保座、延长管、本体、刹把没有弯曲、变形、破裂;逃脱绳不应有磨损、打结及局部扭曲现象。

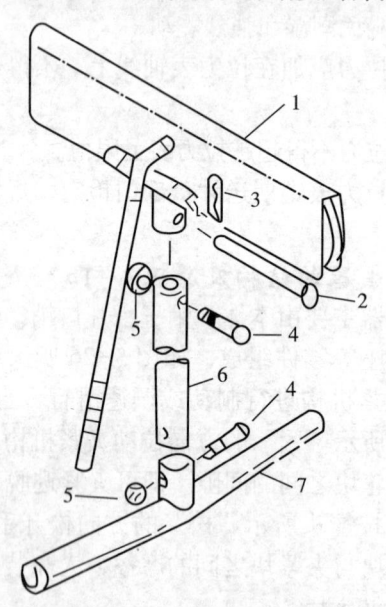

图 5-26 逃生器结构示意图
1—本体;2—销子;3—开口销;4—螺栓;5—防松螺母;6—延长管;7—座

185. 使用逃生器的注意事项有哪些?

答:逃生器乘坐人数为 1 人,质量在 150kg 以内。逃脱绳直径为 11～13mm。逃生器应正确安装,保证乘坐方向与下滑方向一致。逃脱绳与地面安装角度为 30°。逃生器损坏或磨损后不要试图维修,应更换新的逃生器。

186. 什么是滚子方补心?由哪些部件组成?

答:滚子方补心是石油钻井作业的常用工具,通过与转盘方瓦配合驱动方钻杆。对于四方和六方不同尺寸的方钻

杆，可以通过更换不同规格的滚子与之配合。

滚子方补心主要由上盖、下座、轴、滚轮、紧固螺栓、加油杯等组成，其结构如图5-27所示。滚子方补心内装有4只滚轮，滚轮内装有滚针轴承，滚轮有轴紧固在上盖和下座之间，滚轮两端有密封体，防止钻井液渗入。为了防止密封体转动，密封体上装有一止动销子。滚轮轴由4条M38螺栓固定，其顶部用4条内六角螺栓将其与螺帽固定在一起，以防松动。

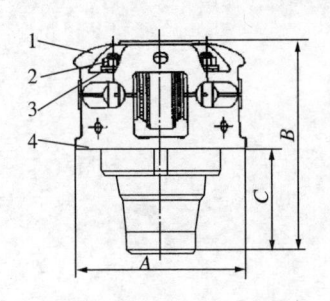

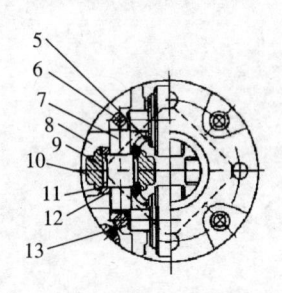

图5-27 滚子方补心结构示意图

1—上盖；2—螺母；3—垫圈；4—下座；5—销子；6，13—螺栓；7—轴；8—密封体；9—滚针轴承；10—滚轮；11—外O形密封圈；12—内O形密封圈

187. 滚子方补心安装时应注意哪些问题？

答：方钻杆和滚子之间的间隙为0.25~1.5mm，最大不超过3mm，滚子磨损量不超过3.2mm。安装滚子方补心时，慢提方钻杆，让方钻杆的加厚端接触滚轮，但应避免撞击滚轮；把滚子方补心放入转盘方瓦，其套筒沿锥面进入方瓦颈部，套筒表面涂上螺纹脂，使浮动环滑行自如；浮动环位于方瓦颈上部，使滚子方补心对中。对准井眼下放方补心时，

转盘要慢慢转动，滚子方补心会对准中心，滚子方补心的方体就会落在方瓦的四方中。若能使用橡胶挡泥板，方钻杆和滚子方补心部件使用寿命至少会延长20%，挡泥板能防止脏物进入方钻杆和滚子之间，防止其磨损加剧。

第六部分　修井辅助设备

188. 什么是锅炉车？锅炉车的用途及特点各是什么？

答：将立式直流水管锅炉及其配套设备组装在运载汽车上的专用加热设备称为锅炉车，有时也称蒸汽车，其用途有：

(1) 加热原油等各种修井用液体，以完成热洗、清蜡、循环等作业。

(2) 刷洗井内起出的油管、钻杆、井下工具等，完成检泵作业。

(3) 进行井口设备和各类工具的热洗、保温及其他工作。

锅炉车一般选用黄河或五十铃卡车作为运载车，移动迅速方便，并能适应各种道路的行驶；采用立式水管锅炉，燃料使用柴油，具有点火迅速、升温时间短、操作简便、安全可靠的特点，能适应石油矿场各种工作的需要。

189. 锅炉车由哪些部件组成？

答：锅炉车的外形如图 6-1 所示，主要由运载汽车、车台发动机、传动箱、锅炉、水泵、鼓风机、燃料泵、油箱、水箱和管路仪表等组成。车台发动机为 492QA 汽油机，作为鼓风机、水泵、燃油泵等的动力机，启动迅速，操作方便，功率为 57.37kW。变速箱为三轴斜齿结构（图 6-2），齿轮飞溅润滑，车台发动机通过变速箱同时驱动鼓风机、水泵、燃

油泵和转速表。

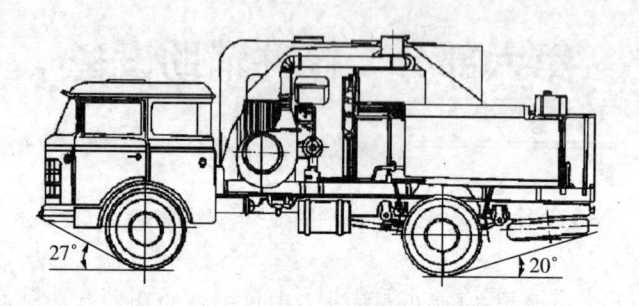

图 6-1 锅炉车

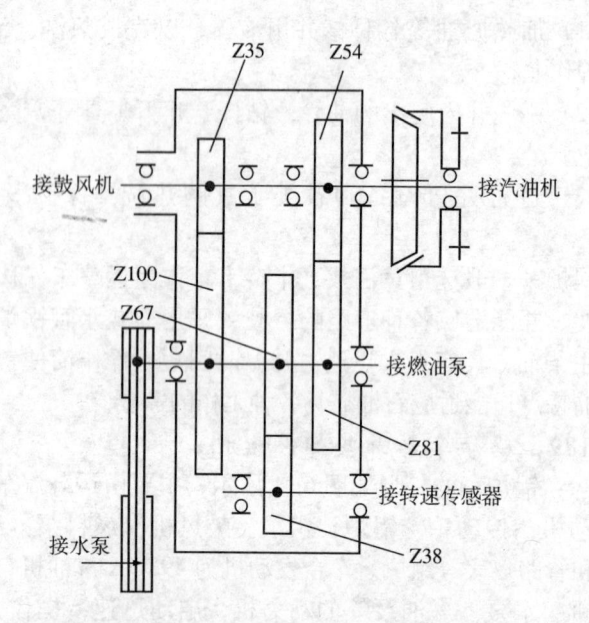

图 6-2 锅炉车变速箱结构示意图

锅炉车上的水泵为立式三缸单作用柱塞泵,水泵的阀

体、阀座和阀弹簧均用不锈钢制成。柱塞的密封环是用耐油橡胶制成的 V 形断面密封环，打开泵身侧板，调节密封螺帽，即可调节密封的松紧。锅炉车水泵结构如图 6-3 所示。

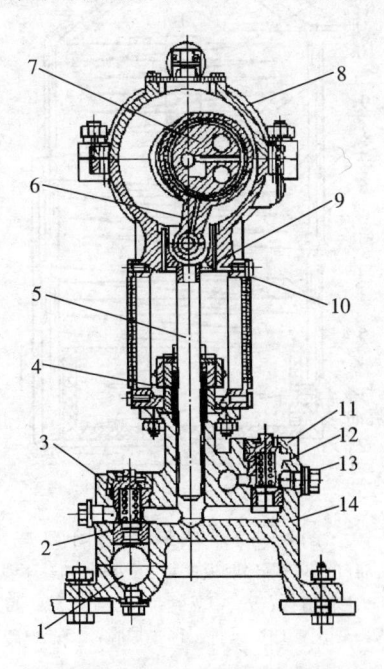

图 6-3 锅炉车水泵结构示意图

1—进水口；2—阀座；3—阀弹簧；4—密封圈；5—柱塞；6—连杆；7—曲柄；8—泵盖；9—滑套；10—泵身；11—阀盖；12—阀体；13—出水口；14—泵头

锅炉结构如图 6-4 所示，主要由炉体和盘管两大部分组成。炉体由外壳、辐射夹板、内壳和炉砖等组成；盘管分上、中、下三层，上盘管预热水，经下盘管加热为饱和蒸汽，最后由中盘管供给过热蒸汽。

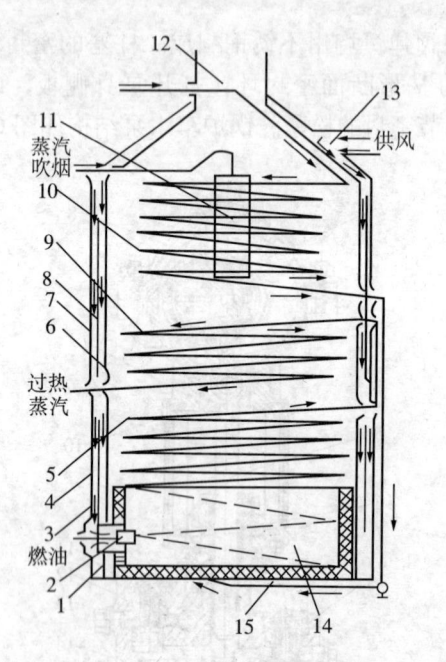

图6-4 锅炉结构示意图

1—下内壳；2—喷油口；3—下辐射板；4—下外壳；5—下盘管；6—上内壳；
7—上外壳；8—上辐射板；9—中盘管；10—上盘管；11—洗烟灰口；
12—烟囱；13—风管；14—炉膛；15—炉砖

190. 锅炉车的工作原理是什么？

答：锅炉车的工作原理是：启动车台发动机，待温度正常后挂离合器，通过变速箱分别带动鼓风机、水泵和燃油泵工作，检查各管路压力正常后，点火工作。燃料由油箱经燃油泵过喷油口进炉膛燃烧，水由水箱经水泵进上盘管预热后，到下盘管加热成饱和蒸汽，再经中盘管变为过热蒸汽。

鼓风机供给的风经炉体夹层预热到炉膛，帮助燃料充分快速燃烧，使锅炉短时间就能供热。过热蒸汽也可按需要用

来吹掉上盘管中的烟灰,当蒸汽用量较小时,可用部分蒸汽预热水箱中的冷水。

锅炉车的工作流程如图 6-5 所示。

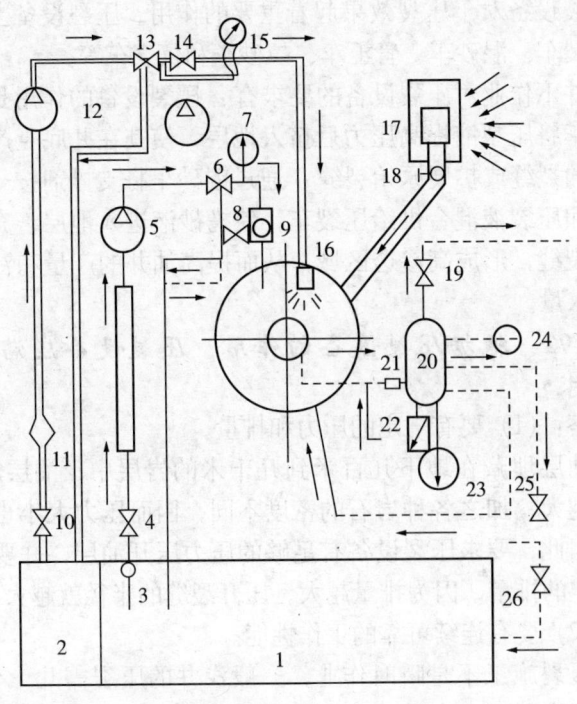

柴油管线:══ 水管线:——— 蒸汽管线:------

图 6-5 锅炉车工作流程图

1—水箱;2—燃油箱;3,11—滤清器;4—出口闸阀;5—水泵;6—水量调节三向阀;7—水压表;8—平行阀;9—单向阀;10—油箱出口阀门;12—燃油泵;13—三向进油阀;14—平行油阀;15—油压表;16—喷油器;17—鼓风机;18—进风管阀门;19—工作蒸汽排出阀;20—蒸汽包;21—温度保险;22—安全阀;23—蒸汽温度表;24—气压表;25 水箱旋闭阀;26—旋闭阀

191. 压裂设备包括哪些设备？井下作业对压裂设备有哪些要求？

答：油层水力压裂是油（水）井增注的主要措施之一，而压裂设备对于压裂效果起着重要的作用。压裂设备主要包括压裂车、混砂车、管汇车、拉砂车和仪表车等。

井下作业对压裂设备的要求有：压裂设备的作用是利用压裂车将压裂液提高压力后挤入地层，使其在井底生产层压开新的裂缝或扩展原始裂缝；通过混砂车将支撑剂按一定的比例和压裂液混合供给压裂车，使携砂液进入地层，充填压开的裂缝，形成高渗透区域，从而提高油井的产量和注水井的注入量。

192. 根据压裂设备的作用，压裂设备应满足哪些要求？

答：（1）要有一定的压力和排量。

油层埋藏在地下几百米到几千米的岩层中，油层越深，压力越大，加之各种岩石的密度不同，因而压力大小也有差异。因此，要求压裂设备有足够的压力压开油层，并要求达到一定的排量，因为排量越大，压开裂缝的半径就越大。

（2）要有连续可靠的工作性能。

压裂施工不是瞬时作业，一般浅井的压裂需几十分钟，深井压裂要几个小时。因此，压裂设备是在高压和大排量下连续进行工作的，如果压裂设备发生故障，就会导致压裂施工的失败，因此要求压裂设备具有较高的连续可靠的工作性能。

（3）主要设备要有较好的耐磨性和耐腐蚀性。

压裂车和混砂车的压裂泵、混砂泵等设备是处在带酸、带砂的液体中工作的，砂子对零件有磨损作用，酸液对零件

起腐蚀作用。因此，要求这些设备的有关零件要有较好的耐磨性和耐腐蚀性，以满足各种压裂施工的需要。

(4) 要有良好的越野性能。

压裂施工都在井场，到井场不可能有正规的路面。因此，要求压裂设备具有良好的越野性能，以适应各种路面行驶的需要。

193. 压裂车由哪些设备组成？

答：压裂车是油层压裂的主要设备，主要由运载汽车、车台发动机、变速箱、压裂泵、操作台和管汇等组成。

194. YLC-1000型压裂车的传动系统有哪些特点？

答：YLC-1000型压裂车是玉门油田研究院设计的，俗称千型压裂车。这种压裂车共有A、B、D三种型号，该车的特点是压力高，排量大，冲程长，结构简单，操作使用方便。

YLC-1000型压裂车的传动路线如图6-6所示，该传动箱为三轴四挡圆柱斜齿结构，液压换挡，喷油润滑。该传动的特点是采用液压片摩擦离合器双向缸结构；通过电磁润滑阀换向；从变速箱到行星齿轮减速箱，齿轮全为常啮合式，使得换挡无撞击声，也可用于远距离操作。各挡转速和传动路线如下：

Ⅰ挡：下离合器右合，上离合器右合，经齿轮8-7-6-5过行星齿轮减速箱到压裂泵，传动比为2.038，输出轴转速为535r/min。

Ⅱ挡：下离合器右合，上离合器左合，经齿轮8-7-3-4过行星齿轮减速箱到压裂泵，传动比为2.033，输出轴转速为738r/min。

Ⅲ挡：下离合器左合，上离合器右合，经齿轮1-2-6-5

过行星齿轮减速箱到压裂泵，传动比为 1.509，输出轴转速为 996r/min。

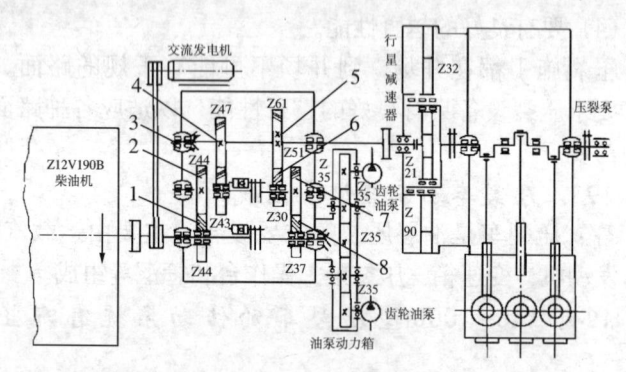

图 6-6 YLC-1000 型压裂车的传动路线示意图
图中数字 1～8 为齿轮序号

Ⅳ挡：下离合器左合，上离合器左合，经齿轮 1-2-3-4 过行星齿轮减速箱到压裂泵，传动比为 1.039，输出轴转速为 1372r/min。

195．YLC-1000 型压裂车的压裂泵有什么特点？

答：YLC-1000 型压裂车的压裂泵采用三缸单作用卧式柱塞泵，与一般柱塞泵相比，具有以下特点：

（1）曲轴采用整体铸造，四支撑结构，支撑稳定，重量轻。

（2）连杆采用滑动轴承。

（3）曲轴中心比十字头中心下降 50mm，使十字头上、下滑道磨损均匀。

（4）柱塞与十字头采用弹簧杆连接，便于对中，可防止柱塞偏磨。

（5）泵头与水平、垂直缸盖密封座之间采用高压自封 Y

形密封，结构简单，密封可靠。

(6) 吸入阀弹簧由水平缸盖密封座固定，结构简单，加工和使用均方便。

(7) 密封填料与阀胶皮均采用聚氨橡胶，具有强度高、耐磨耐油性好、抗压高等较好的综合性能，延长了使用寿命。

(8) 泵外采用行星齿轮减速箱，动力由大太阳轮输入，框架输出。行星齿轮采用滚动轴承，简化了结构。

196. HQ2000型压裂车的技术规格有哪些？

答：制造公司：美国HALLIBURTON公司；

外形尺寸：长 × 宽 × 高为 11.78m × 2.6m × 3.97m；

总质量：31900kg；

工作环境温度：$-40 \sim 50$℃；

卡车底盘：KENWORTH C500K 型；

离地间隙：250mm；

后桥轮距：2.42m；

轴距：前中桥6.69m，前后桥8.7m；

转弯半径：15.72m；

台下引擎：CAT 3406C DITA 型，四冲程、涡轮增压后冷式柴油机；

额定功率：298kW（400hp）；

额定转速：2100r/min；

台上引擎：CAT 3512 DITA 型，四冲程、涡轮增压后冷式柴油机；

额定功率：1678kW（2250hp）；

额定输出水功率：1492kW（2000hp）；

额定转速：1900r/min；

台上变矩器：AL9885型，7个挡位；
换挡方式：远控，电动换挡；
台上压裂泵：HOBL2000型85.7mm五缸柱塞泵；
最高工作压力（103.4MPa）下的排量：0.82m³/min；
最大排量（1.81m³/min）下的压力：53.04MPa；
上水接头：102mm（4in）×2个；
出口接头：75mm（3in）1502M型×1个。

197．HQ2000型压裂车的工况参数有哪些？

答：HQ2000型压裂车的工况参数见表6-1。

表6-1　HQ2000型压裂车工况参数

变矩器挡位	1	2	3	4	5	6	7
锁定状态总传动比	23.67	16.98	13.89	11.17	9.98	8.02	6.313
发动机额定转速，r/min	1900	1900	1900	1900	1900	1900	1900
泵冲数，min⁻¹	80.3	111.9	136.8	170.0	190.5	237.0	301.0
泵排量，m³/min	0.48	0.67	0.82	1.02	1.14	1.43	1.81
最高工作压力，MPa	103.4	103.4	103.4	92.71	80.38	66.1	53.04
输出水功率，hp	1090	1522	1853	2000	2000	2000	2000

压裂泵柱塞直径为85.725mm（3.375in）

198．HQ2000型压裂车的结构特点有哪些？

答：HQ2000型压裂车采用HALLIBURTON ARC自动遥控系统。每台压裂车既能由仪表车远控，也可用随车OIP面板操作。采用局域网络技术，还可以在10台机组中任一台的OIP面板上对本机组或其他机组进行分组或不分组的操作控制。ARC系统能实现排量自动控制、压力自动控制以及

超压自动保护设置，并可进行公英制系统转换。

作业前应根据施工最高压力对压裂车进行超压限定设置，以保证井下管串和地面设备及管线的安全，防止发生工业事故和人员伤亡事故。

199. BL1600型压裂车的技术规范有哪些？

答：型号：BL1600型压裂车；

制造公司：美国SS公司；

最高工作压力：103.4MPa；

最高工作压力下的排量：0.688m³/min；

最高工况泵冲数：146.6min^{-1}；

最大排量下的压力：47.1MPa；

额定输出水功率：1193kW（1600hp）；

吸入压力：345kPa；

外形尺寸：长×宽×高为11.05m×2.54m×3.96m；

工作环境温度：-40～40℃；

卡车底盘：型号为IHC COF5870型，制造公司为美国国际收割机公司，驱动方式为6×4；

发动机：型号为DDA6V-92TA型，类型为二冲程、涡轮增压、二次冷却式柴油机，额定功率为246kW，额定转速为2100r/min，最大扭矩为1304N·m，最大扭矩转速为1200r/min，缸数为6缸、V形排列，缸径为123mm，冲程为127mm，排量为9.05L，压缩比为17∶1，变速箱型号为FULLER RTO-11613型；

台上发动机：型号为DDA 16V-149TI型，制造公司为美国底特律柴油机阿里逊公司，类型为二冲程、涡轮增压、中间冷却式柴油机，额定功率为1342kW（1800hp），额定转速为2050r/min，最大扭矩为7022N·m，最大扭矩转速为

1600r/min，缸数为16缸、V形排列，缸径为146.05mm，冲程为146.05mm，排量为39.18L，压缩比为16:1；

传动器：型号为ALLISON CLT9880型，制造公司为美国底特律柴油机阿里逊公司，类型为单级、多相、三元件、行星齿轮式液力变矩器，最大输入转速为2100r/min，最大输入净扭矩为6649N·m，最大输入净功率为1268kW，锁定转速为1500r/min，换挡方式为手动、远控、电动换挡；

压裂泵：型号为OPI1800AWS型，制造公司为美国OPI公司，类型为三缸单作用柱塞泵，额定功率为1342kW（1800hp），柱塞直径为101.6mm，冲程为203.2mm，吸入功率为345kW，动力端减速比为6.353，最大工作泵冲数为330min^{-1}，液力端最大工作压力为123.5MPa，排出管汇最大工作压力为103.4MPa。

200. BL1600型压裂车的结构特点有哪些？

答：(1) 该车前后均无拖车钩，现场作业中需要拖车时不便。此外，液压油箱排出管线位置太低，越野行驶中易碰坏；油箱位置太高、加油不方便；随车面板裸露，易受气候影响。

(2) 该车在工作压力103.4MPa下能输出排量为0.688m^3/min，其水功率高达119kW，适用于大型高压压裂、酸化作业。此外，该车压裂泵柱塞推力可达1001kN，相应液力端最高工作压力可达123.5MPa，因而具有一定超负荷能力。特殊情况下，如果能把排出管汇工作压力相应提高，该车可在123.5MPa压力下短期工作。

(3) 压裂泵须保证吸入压力不低于345kPa，否则会产生气蚀，降低泵头使用寿命，尤其在高压作业和泵注高黏度液体时更为严重。

（4）现场作业前，应对使用的全部管汇按工作压力进行试压，以确保作业顺利与安全。

201. BL1600型压裂车的作业参数有哪些？

答：BL1600型压裂车作业参数见表6-2。

表6-2　BL1600型压裂车作业参数

传动器挡位	1	2	3	4	5	6	7
锁定状态总传动比	23.82	17.09	13.98	11.25	10.10	8.07	6.353
发动机额定转速，r/min	2050	2050	2050	2050	2050	2050	2050
泵冲数，min^{-1}	86.1	120.0	146.6	182.2	203.0	245.0	322.7
排量系数	0.95	0.95	0.95	0.95	0.95	0.95	0.95
泵排量，m^3/min	0.404	0.563	0.688	0.855	0.953	1.193	1.515
最大工作压力，MPa	103.4	103.4	103.4	83.5	74.8	59.8	47.1
输出水功率，kW	699	974	1189	1193	1193	1193	1193

202. 混砂车的作用是什么？结构如何？

答：混砂车的作用是将压裂液自压裂罐吸进混砂罐，同时将支撑剂输送到混砂罐，进行搅拌、混合后将混砂液供给压裂车，并辅助供输添加剂，配合压裂车施工。

混砂车的结构如图6-7所示，混砂车主要由运载汽车、车台发动机（或运载汽车发动机）、传动变速箱、供液系统、输砂器、排出系统、操作控制和辅助系统等组成。

203. 混砂车有哪些结构特点？

答：混砂车运载汽车均采用性能好、功率大的载重卡车（如黄河、奔驰），载重量大，越野能力强。

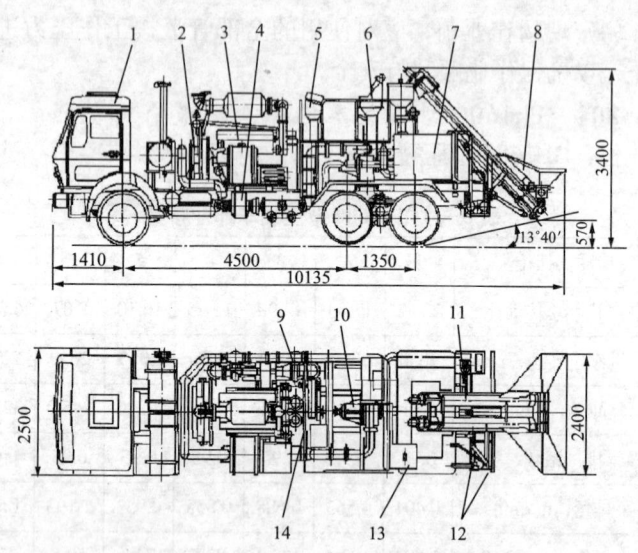

图 6-7 HSC-60L 混砂车结构示意图

1—运载汽车；2—散热器；3—柴油机；4—分动箱及传动系统；5—操作台；6—液压系统操作台；7—混砂罐；8—输砂器；9—供液系统；10—排出系统；11—灌注泵；12—液体添加剂泵系统；13—干粉添加系统；14—车台传动系统

车台发动机是为供液、输砂、混合、排液系统提供动力的主机，所提供的功率要大于各工作机功率之和。以前生产的混砂车采用汽油机，功率小，混砂比小；现在生产的混砂车多采用大功率柴油机，或同一发动机行驶、车台同用。

供液系统的作用是将压裂液自压裂罐吸入后供给混合罐，主要由水龙带、吸入管、离心泵等组成。

输砂系统是将支撑剂输送到混合罐中，主要部件由进砂斗、输砂桶、螺旋输砂器、计量器等组成。混砂系统的作用是将输入的压裂液和支撑剂按一定比例混合搅拌均匀，再由输砂泵供给各压裂车，主要由混合罐、输砂泵和排出管等

组成。

操作系统的作用是操纵控制各机构按指令工作运行。

辅助系统的作用主要是进行各种添加剂的输入工作。

供液风吸式混砂车是将机械螺旋输砂改为风吸输砂，外形结构如图 6-8 所示，其原理是利用鼓风机的抽汲作用，使管道内产生一定的真空度，当空气流速超过砂子的沉降速度时，砂子被旋起，随流动的空气经吸入管进入混砂罐。风吸式混砂车的传动如图 6-9 所示，由车台发动机提供动力，经变速箱减速后传给分动箱，再由分动箱的三根输出轴同时驱动鼓风机、上水泵和砂泵工作，将混合好的携砂液供给压裂车。

204．FBRC100ARC 型混砂车的技术规格有哪些？

答：制造公司：美国 HALLIBURTON 公司；

外形尺寸：长 × 宽 × 高为 10.94m × 2.6m × 4.05m；

总质量：25900kg；

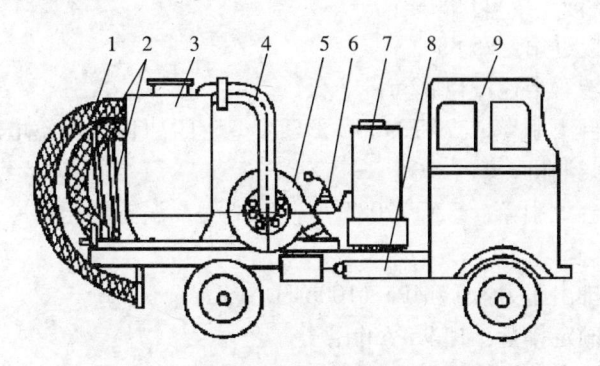

图 6-8　供液风吸式混砂车结构示意图

1—吸砂胶皮管；2—活动接头伸缩杆；3—混砂罐；4—吸风管；5—抽风机；
6—变速箱；7—车台发动机；8—气包；9—运载车

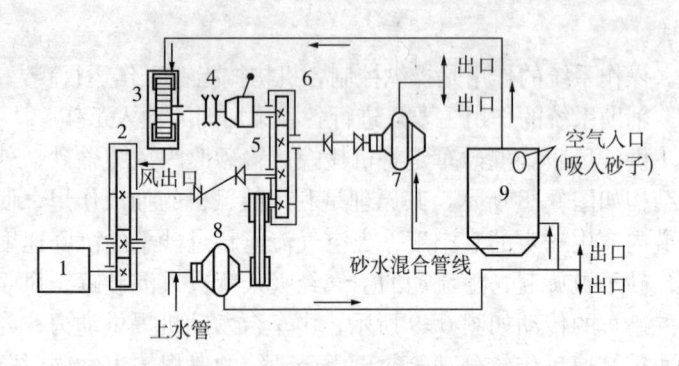

图 6-9 风吸式混砂车传动示意图
1—发动机；2—分动箱；3—鼓风机；4—链轮联轴节；5—离合器；
6—砂泵；7—离心水泵；8—砂罐；9—三通阀

工作环境温度：-40～50℃；

卡车底盘：KENWORTH C500K 型；

离地间隙：250mm；

离去角：23.58°；

接近角：25.83°；

转弯半径：17.82m；

台下引擎：CAT3406C DITA 型，四冲程，涡轮增压后冷式柴油机；

台上引擎：CAT3208T 型，四冲程，涡轮增压后冷式柴油机；

排出压力：0.7MPa（100psi）；

额定排量：15.9m^3/min；

最大输砂速度：10909kg/min；

添加剂输入系统：2 种干粉、4 种液体；

工作液最大含砂浓度：1820kg/m^3。

(1) 吸入系统。

吸入管汇通径：305mm（12in）；

吸入接头：ϕ100mm（4in）12个，带蝶阀；

吸入泵：型号为 GORMAN-RUPP 型，类型为离心泵，排量为 15.9m³/min，排出压力为 0.27MPa（39.1psi），叶轮直径为 378mm（14.9in），吸入口直径为 305mm（12in），排出口直径为 305mm（12in），吸入流量计Ⅰ为 ϕ203mm（8in）HALLIBUTON 型涡轮流量计，吸入流量计Ⅱ为 ϕ102mm（4in）HALLIBUTON 型涡轮流量计，驱动方式为卡车发动机液压传动。

(2) 排出系统。

排出管汇内径：203mm（8in）；

排出接头：102mm（4in）12个，带蝶阀；

排出泵：型号为 MISSION M-XP 型，类型为离心式砂泵，排量为 15.9m³/min，排出压力为 0.7MPa（100psi），吸入口直径为 305mm（12in），排出口直径为 254mm（10in），排出流量计为 ϕ203mm（8in）HALLIBUTON 型涡轮流量计，密度计为 ϕ203mm（8in）射线密度计，驱动方式为卡车发动机液压传动。

(3) 比例混合系统。

混合罐：混合搅拌方式为双涡轮搅拌器，液面控制方式为气动自控液面，混合罐容量为 1.25m³，驱动方式为台上发动机液压传动。

输砂器：输砂方式为螺旋输砂器两套，液压升降、左右可移，输砂螺旋外径为 305mm（12in），最大输砂速度为 2×5454.5kg/min，砂斗高度为 6.30m，砂斗尺寸为 720mm×760mm，砂斗最大伸缩长度为 580mm，两砂斗最大

放宽度为3.5m，驱动方式为台上发动机液压传动。

干粉添加系统：类型为HALLIBORTON叶片式喂料器；数量为2套，其中，1号干粉添加器排量为94.33L/min (24.92gal/min)，2号干粉添加器排量为83L/min (21.93gal/min)；驱动方式为台上发动机液压传动。

液体添加系统：数量为4套，其中，1号液体添加剂泵排量为9.8L/min (2.589gal/min)，2号液体添加剂泵排量为62.7L/min (16.57gal/min)，3号液体添加剂泵排量为366L/min (96.7gal/min)，4号液体添加剂泵排量为533L/min (140.82gal/min)；排出压力为0.7MPa (100psi)；驱动方式为台上发动机液压传动。

205．FBRC100ARC型混砂车的结构特点有哪些？

答：(1) 采用HALLIBUTON ARC自动系统控制，具有手动和自动两种操作方式，手动又分OIP手动和机械式手动。除能由仪表车远控操作外，随车还配置一套手动操作系统。该自动远控系统可实现吸入压力、排出压力、液面、搅拌器调节的自动化，同时还可对支撑剂和所有添加剂进行全自动比例控制。

(2) 支撑剂的浓度能由控制台自动控制。对输砂器速度也可在控制台上进行单独的手动控制。两种控制方式的支撑剂运送量及浓度都会在控制台上显示。在混合操作时，输砂器可单独地绕枢轴转动。

(3) 特别适用于小井场作业，在设备左右可任意选择进排方式。混合时可添加4种液体和2种干粉，比例排量范围大，能充分满足压裂工艺需求。干粉和液体的排量都可以在控制台上进行自动或手动控制。

206．FBRC100ARC型混砂车的操作注意事项有哪些？

答：(1) 该车配置射线密度计，有放射源，被辐射后对身体有害，应严格遵守安全标准。

(2) 混砂车排出只能用高压软管（HALLIBUTON 公司采用的排出软管压力额定值为 2.75MPa），开关工作阀时，流体激动会引起软管中压力波动，导致软管破裂液体泄漏，因此禁止使用不规范低压软管。

(3) 作业中，驾驶室必须把变速器定在泵动挡（8L）上，不准使用高速挡（8H）作为泵动挡，否则由于超速将损坏驱动排出泵的液力泵。

(4) 为取得最好效果，混砂车与压裂液源之间需连接足够吸入软管，软管应尽量短，并考虑保证一定余量。不同排量下所需混砂车吸入软管数量见表6-3。

表6-3　不同排量下所需混砂车吸入软管数量

排量，m^3/min	6.1m（20ft）长软管数量		软管内径
	水和轻质油	高黏度（稠）液体 高气压（充气）液体	
0.8	2	2	76mm（3in）
4.6	2	3	102mm（4in）
6.4～8	5	8	102mm（4in）

207．CHBFT100ARC型混砂车的技术规范有哪些？

答：型号：CHBFT 100ARC 型；

制造公司：美国哈里伯顿公司；

底盘：KENWORTH C500K 型；

台下引擎：CAT3406C DITA 型，四冲程，涡轮增压后冷式柴油机；

台上引擎：CAT3208T 型，四冲程，涡轮增压后冷式柴油机；

排出压力：0.7MPa（100psi）；

额定排量：15.9m^3/min；

最大输砂速度：10909kg/min；

添加剂输入系统：2 种干粉、4 种液体；

工作液最大含砂浓度：1820kg/m^3；

外形尺寸：长×宽×高为 10.94m×2.6m×4.05m；

离地间隙：250mm；

离去角：23.58°，接近角：25.83°；

转弯半径：17.82m；

总载荷：25900kg；

工作环境温度：-40～50℃。

（1）吸入系统。

吸入管汇通径：305mm（12in）；

吸入接头：4in（100mm）12 个，带蝶阀；

吸入泵：型号为 GORMAN-RUPP 型，类型为离心泵，排量为 15.9m^3/min，排出压力为 0.27MPa（39.1psi），叶轮直径为 378mm（14.9in），吸入口直径为 305mm（12in），排出口直径为 305mm（12in），吸入流量计Ⅰ为 ϕ8in HALLIBUTON 型涡轮流量计，吸入流量计Ⅱ为 ϕ4in HALLIBUTON 型涡轮流量计，驱动方式为卡车发动机液压传动。

（2）排出系统。

排出管汇内径：200mm（8in）；

排出接头：ϕ4in（100mm）12个，带蝶阀；

排出泵：型号为MISSION M-XP型，类型为离心式砂泵，排量为15.9m³/min，排出压力为0.7MPa（100psi），吸入口直径为305mm（12in），排出口直径为254mm（10in），排出流量计为ϕ8in HALLIBUTON型涡轮流量计，密度计为ϕ8in射线密度计，驱动方式为卡车发动机液压传动。

（3）比例混合系统。

混合罐：混合搅拌方式为双涡轮搅拌器；液面控制方式为气动自控液面；混合罐容量为1.25m³；驱动方式为台上发动机液压传动。

输砂器：输砂方式为螺旋输砂器两套，液压升降、左右可移；输砂螺旋外径为305mm（12in）；最大输砂速度为13000kg/min（双砂笼，单砂笼为6500kg/min）；砂斗高度为6.30m；砂斗尺寸为720mm×760mm；砂斗最大伸缩长度为580mm；两砂斗最大放宽为2.95m；驱动方式为台上发动机液压传动。

干粉添加系统：类型为HALLIBORTON叶片式喂料器；

数量为2套，其中，1号干粉添加器最大排量为1.6kg/min，1号干粉添加器最小排量为0.1kg/min，2号干粉添加器最大排量为51.5kg/min，2号干粉添加器最小排量为1kg/min；驱动方式为台上发动机液压传动。

液体添加系统：

数量为4套，其中，1号液体添加剂泵最大排量为15L/min，1号液体添加剂泵最小排量为0.5L/min，2号液体添加剂泵最大排量为68.6L/min，2号液体添加剂泵最小排量为2.2L/min，3号液体添加剂泵最大排量为68.6L/min，3号液

体添加剂泵最小排量为 2.2L/min，4 号液体添加剂泵最大排量为 330L/min，4 号液体添加剂泵最小排量为 20L/min；排出压力为 0.7MPa（100psi）；驱动方式为台上发动机液压传动。

208．CHBFT100ARC 型混砂车的结构特点有哪些？

答：(1) 该车采用 HALLIBUTON ARC 自动遥控系统控制，具有手动控制和自动控制两种操作方式，手动又分 OIP 手动和机械式手动。除能由仪表车远控操作外，随车还配置有一套手动操作系统。该自动遥控系统可实现吸入压力、排出压力、液面、搅拌器控制的自动化，同时还可对支撑剂和所有添加剂的全自动比例进行控制。

(2) 该车支撑剂输送系统由两个液力系统驱动，直径为 12in（305mm）的螺旋输砂器组成，位于混砂车尾部。每个输砂器的最大输送量为 5454.5kg/min（12000lb/min），支撑剂的浓度能由控制台自动控制。输砂器速度也可在控制台上进行单独手动控制。两种控制方式的支撑剂运送量及浓度都会在控制台上得到显示。在混合操作时，输砂器可单独绕枢轴转动。

(3) 12 个吸入口和 12 个排出口能与 8～10 台 HQ–2000 型压裂车配套使用，供液压力可达 0.7MPa。该车在加砂、混合、供液的同时可添加 4 种液体和 2 种干粉，能充分满足压裂工艺需求。干粉和液体的排量都可以在控制台上进行自动或手动控制。

(4) 该车的两侧都配有至少 6 个以上的上水或排出接头，在场地有限时可任意摆车。

209. CHBFT100ARC 型混砂车操作注意事项有哪些？

答：（1）该车配置的是射线密度计，其中有放射源，被辐射后对身体有害，应严格遵守安全标准。

（2）混砂车排出侧只能用高压软管，不准用低压吸入软管。即使混砂车排出压力明显低于 0.34MPa（50psi），压力波动仍可能引起软管破裂并喷出液体（当设备的工作阀开启和关闭时，就会在软管中引起压力波动）。哈里伯顿公司采用的排出软管压力额定值为 2.75MPa（400psi）。

（3）作业中，在卡车上必须把变速器定在泵动挡（8L）上，不准使用高速挡（8H）作为泵动挡，否则将超速并损坏驱动排出泵的液力泵。

（4）为取得最好效果，在混砂车及压裂液源之间需有足够的吸入软管用来连接。这些软管应尽量短，数量应大于最少软管数。

210. FARCVAN—Ⅱ型仪表车的技术规范有哪些？结构上有什么特点？

答：制造公司：美国 HALLIBUTON 公司；

外形尺寸：长 × 宽 × 高为 10.33m×2.5m×3.85m；

总质量：11750kg；

卡车底盘：KENWORTH T300 型；

离地间隙：270mm；

离去角：14.42°；

接近角：27.14°；

转弯半径：11.145m；

台下引擎：CTA3126 ATAAC 型，四冲程，涡轮增压式柴油发动机；

远控操作距离：50m。

（1）压裂车 ARC 操作系统。

可远控操作 HQ-2000 型压裂车数量：10 台；

自动远控项目：自动排量控制、自动压力控制、超压停车控制、紧急停车控制；

监测项目：发动机工作状态、压裂车工作状态、传动器工作状态、故障显示以及单泵、机组的排量、压力显示。

（2）混砂车 ARC 操作系统。

自动远控项目：支撑剂比例控制、液体添加剂比例控制、干粉添加剂比例控制、混合罐液面控制、排量变化控制；

监测项目：纯液体排量、携砂液排量、支撑剂排量、干粉添加剂排量、液体添加剂排量、支撑剂浓度、液体密度、吸入压力、排出压力。

（3）发动机工作状态。

①数据采集储存系统。

采集、储存项目：油压、套压、纯液体排量、携砂液排量、干粉添加剂排量、液体添加剂排量、N_2/CO_2 排量、工作液含砂浓度；

数据显示/打印项目：油压、套压、实时裂缝压力、井底压力，纯液体排量、携砂液排量、干粉添加剂排量、液体添加剂排量、N_2/CO_2 排量、工作液含砂浓度。

②数据处理系统。

压裂酸化设计软件：FRACPRO™8.0；

主要设计项目：裂缝模拟、压裂酸化设计、优化施工设计；

数据处理项目：常规处理、摩阻、井底压力、缝内压力

计算以及滤失模拟、支撑剂运移与裂缝模拟。

③供电系统。

自带液压驱动发电机1台（220V，50Hz），动力由台下引擎带动液泵驱动。

该设备台上部分采用ACQUIRE386+应用软件进行数据采集。此软件可采集油井记录仪或UNI-PRO设备产生的最原始信号，再将其转化为直观图表和报告。ACQUIRE软件也可用来模拟油田工作和进行设备检查。

另有便携式数据采集系统1套。

第七部分　落物打捞类工具

211. 修井打捞工具有哪些类型？

答：在各种修井作业中，打捞作业约占三分之二以上。井下落物种类繁多，形态各异，归纳起来主要有管类落物、杆类落物、绳类落物和小件落物。井下落物影响生产，需打捞处理，打捞类工具就是针对不同落物的特点而设计制造的。打捞类工具是修井施工中应用最广泛、使用最频繁、应用种类和规格最多的专用工具。打捞类工具品种、规格较多，若按井内落物类型分类，可将打捞类工具分为管类落物打捞工具、杆类落物打捞工具、绳类落物打捞工具、测井仪器打捞工具以及小件落物打捞工具五大类；若按工具结构特点分类，则可分为锥类、矛类、筒类、钩类、篮类与其他类等六大类。

212. 公锥由几部分组成？解释其代号。

答：公锥由接头和锥体两部分组成，一般是长锥形整体结构，如图7-1所示。公锥的产品代号由字母和数字按顺序组成，如图7-2所示。示例：接头螺纹为代号NC38 (3 1/2IF)、打捞螺纹为左旋三角形不带切削槽的公锥，其标记为GZ-NC38 (3 1/2IF) -LH (C, △)。

213. 公锥的用途有哪些？简述其原理。

答：公锥是一种专门从油管、钻杆、套铣管、封隔器、配水器等有孔落物的内孔进行造扣打捞的工具，对于带接箍

的管类落物，其打捞成功率较高。公锥与正、反扣钻杆及其他工具配合使用，可实现不同的打捞工艺。

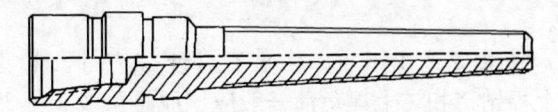

图 7-1　公锥结构示意图

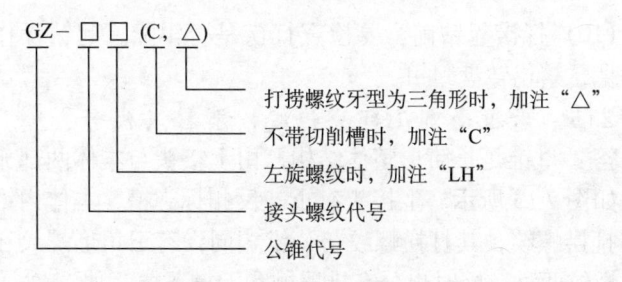

```
GZ - □□ (C, △)
```

打捞螺纹牙型为三角形时，加注"△"
不带切削槽时，加注"C"
左旋螺纹时，加注"LH"
接头螺纹代号
公锥代号

图 7-2　公锥的代号表示

工作原理：当公锥进入打捞落物内孔之后，加适当的钻压并转动钻具，迫使打捞螺纹挤压吃入落鱼内壁进行造扣；当所造的扣能承受一定的拉力和扭矩时，可采用上提或倒扣的办法将落物全部或部分捞出。

214. 公锥的使用方法是什么？

答：（1）根据落鱼水眼尺寸选择公锥规格。

（2）检查打捞部位螺纹和接头螺纹是否完好无损。

（3）测量各部位的尺寸，绘出工具草图，计算鱼顶深度和打捞方入。

（4）检验公锥打捞螺纹的硬度和韧性。

（5）公锥下井时一般应配接震击器和安全接头。

（6）下钻至鱼顶以上 1～2m 开泵冲洗，然后以小排量

循环并下探鱼顶。

(7) 根据下放深度、泵压和悬重的变化判断公锥是否进入鱼腔。

(8) 造扣 3 ~ 4 扣后，指重表（或拉力计）悬重若上升，应上提钻造扣，上提负荷一般应比原悬重多 2 ~ 3kN。

(9) 上提造扣 8 ~ 10 扣后，钻柱悬重增加，造扣即可结束。

(10) 打捞起钻前，要检查打捞是否牢靠。起钻操作要求平稳，禁止转盘卸扣。

215．母锥由哪几部分组成？解释其代号。

答：母锥是长筒形整体结构，由上接头与本体两部分构成，如图 7-3 所示。上接头有正、反扣标志槽，本体内锥面上有打捞螺纹，其打捞螺纹与公锥相同，有三角形螺纹和锯齿形螺纹两种，同时也分有排屑槽和无排屑槽两种。

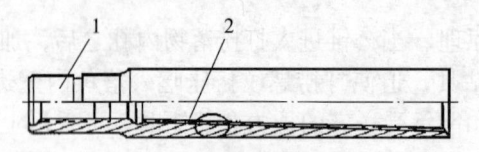

图 7-3　母锥结构示意图
1—上接头；2—本体

母锥的产品代号由字母和数字组成，如图 7-4 所示。示例：接头螺纹代号为 NC38、打捞螺纹为右旋三角形，其标记为 MZ-NC38（3$\frac{1}{2}$IF）；接头螺纹代号为 3$\frac{1}{2}$IF、打捞螺纹为左旋锯齿形，其标记为 MZ-NC38（3$\frac{1}{2}$IF）-LH（J）。

216．母锥的用途有哪些？简述其原理。

答：母锥是一种专门从油管、钻杆等管状落物外壁进行

造扣打捞的工具，还可用于无内孔或内孔堵死的圆柱形落物的打捞。

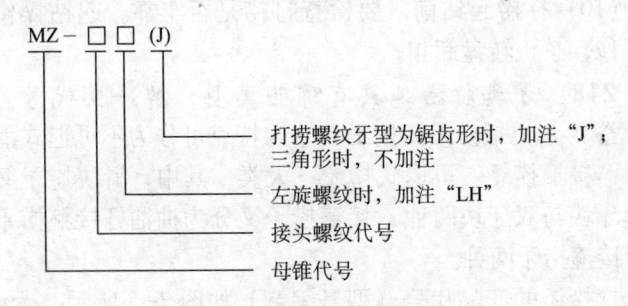

```
MZ-□□(J)
         │  │  │
         │  │  └── 打捞螺纹牙型为锯齿形时，加注"J"；
         │  │      三角形时，不加注
         │  └───── 左旋螺纹时，加注"LH"
         │  └──── 接头螺纹代号
         └─────── 母锥代号
```

图 7-4 母锥的代号表示

工作原理：母锥工作原理与公锥相同，均依靠打捞螺纹在钻具压力与扭矩作用下，吃入落物外壁造扣，将落物捞出；就造扣机理而言，属挤压吃入，不产生切屑。

217. 母锥的使用方法是什么？

答：(1) 根据落鱼水眼尺寸选择母锥规格。

(2) 检查打捞部位螺纹和接头螺纹是否完好无损。

(3) 测量各部位的尺寸，绘出工具草图，计算鱼顶深度和打捞方入。

(4) 检验母锥打捞螺纹的硬度和韧性。

(5) 母锥下井时一般应配接震击器和安全接头。

(6) 下钻至鱼顶以上 1~2m 开泵冲洗，然后以小排量循环并下探鱼顶。

(7) 根据下放深度、泵压和悬重的变化判断母锥是否进入鱼腔。

(8) 造扣 3~4 扣后，指重表（或拉力计）悬重若上升，应上提钻造扣，上提负荷一般应比原悬重多 2~3kN。

(9) 上提造扣 8～10 扣后，钻柱悬重增加，造扣即可结束。

(10) 打捞起钻前，要检查打捞是否牢靠。起钻操作要求平稳，禁止转盘卸扣。

218. 矛类打捞工具有哪些类型？解释其代号。

答：矛类打捞工具按工具结构特点可分为不可退式滑块捞矛、接箍捞矛、可退式捞矛三大类。其中，滑块捞矛又分为单牙块与双牙块两种；接箍捞矛又分为抽油杆接箍捞矛和油管接箍捞矛两种。

打捞矛的产品代号（型号编制）如图 7-5 所示。示例：WLM-56×25 表示接头最大外径为 56mm、打捞公称外径为 25mm 的抽油杆接箍的螺纹对扣式打捞矛；DLM-T224×219 表示接头最大外径为 224mm、打捞公称外径为 219mm 的管柱可退式倒扣打捞矛；LM-T156×127 表示接头最大外径为 156mm、打捞公称外径为 127mm 的管柱可退式打捞矛。

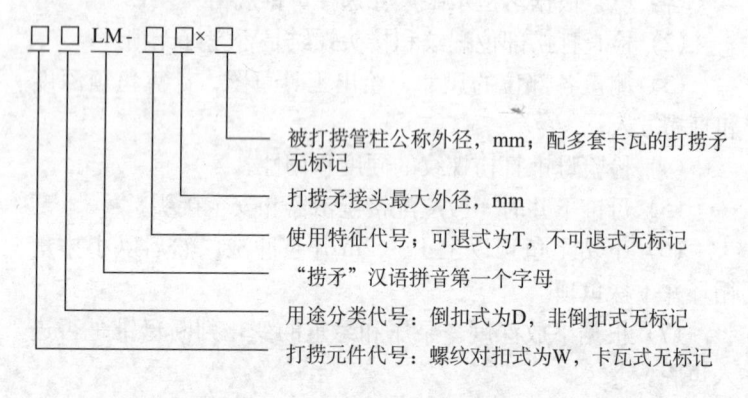

```
□□LM-□□×□
         │  │ └─ 被打捞管柱公称外径，mm；配多套卡瓦的打捞矛
         │  │    无标记
         │  └─── 打捞矛接头最大外径，mm
         └────── 使用特征代号：可退式为T，不可退式无标记
      └───────── "捞矛"汉语拼音第一个字母
     └────────── 用途分类代号：倒扣式为D，非倒扣式无标记
    └─────────── 打捞元件代号：螺纹对扣式为W，卡瓦式无标记
```

图 7-5 打捞矛产品代号表示

219. 滑块捞矛的结构如何？有哪些用途？

答：结构：滑块捞矛由上接头、矛杆、滑块、锁块及螺钉等组成，如图7-6和图7-7所示。

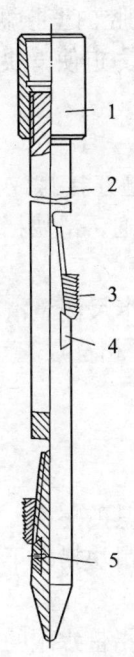

图7-6 双卡瓦滑块捞矛
结构示意图
1—上接头；2—矛杆；3—卡瓦；
4—锁块；5—螺钉

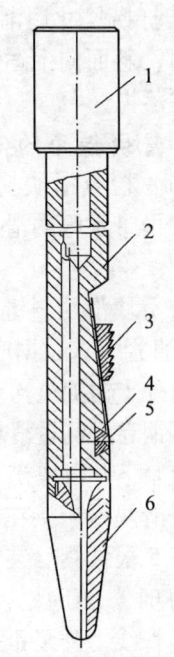

图7-7 单牙块捞矛
结构示意图
1—上接头；2—矛杆；3—滑块卡瓦；
4—锁块；5—螺钉；6—引鞋

用途：滑块捞矛是内捞工具，它可以打捞钻杆、油管、套铣管、衬管、封隔器、配水器、配产器等具有内孔的落物，又可对遇卡落物进行倒扣作业或配合其他工具使用（如震击器、倒扣器等）。

220. 滑块捞矛的工作原理是什么？

答：当矛杆与滑块进入鱼腔之后，滑块依靠自身重量向下滑动，与斜面产生相对位移；滑块齿面与矛杆中心线距离增加，使其打捞尺寸逐渐加大，直至与鱼腔内壁接触为止；上提矛杆时，斜面向上运动产生的径向分力迫使滑块咬入落物内壁抓住落物。

221. 滑块捞矛的使用方法是什么？

答：(1) 检查滑块捞矛的矛杆与接箍连接螺纹是否上紧，水眼（指带水眼的滑块捞矛）是否畅通，滑块挡键是否牢靠。

(2) 将滑块滑至斜键 1/3 处，用游标卡尺测量滑块在斜键 1/3 处的直径（该数据应与井内落鱼内径相符）。

(3) 用外卡钳测量捞矛杆及接箍外径。

(4) 用钢卷尺测量滑块捞矛的长度。

(5) 绘制下井滑块捞矛的草图。

(6) 将滑块捞矛接在下井的第一根钻具的尾部，然后下入井内，下 5 根钻具后装上自封封井器，滑块捞矛下至距井内鱼顶 10m 时停止下放。

(7) 接管线，开泵正循环冲洗鱼顶（指带水眼的滑块捞矛），同时缓慢下放钻具，注意观察指重表指重变化。

(8) 当悬重下降有遇阻显示时，加压 10～20kN 停止下放。

(9) 若已捞上落鱼，则上提管柱，停泵。

若井内落物重量很轻（1～2 根油管）且不卡，试提时，落鱼是否捞上，指重显示不明显，这时应在旋转管柱的同时，反复上提下放管柱 2～3 次后再上提管柱；若井内落物重量较大且不卡，试提时，指重明显上升，可确定落鱼已捞

上。若井内有砂，一般有少部分落鱼插入砂面，则先试提，再下放，观察管柱下放位置，如果高于原打捞位置，可确定落鱼已捞上。若井内落物被卡，试提时指重明显上升，活动解卡后指重明显下降，这证明落鱼已被捞上。

落鱼捞上后，上提 5～7m 时刹车，再下放管柱至原打捞位置，检查落鱼是否捞得牢靠，防止所起管柱中途落鱼再次落井；最后起出井内管柱及落鱼。

222. 可退式打捞矛的结构如何？有哪些用途？

答：结构：可退式打捞矛由心轴、圆卡瓦、释放圆环和引鞋等组成，如图 7-8 所示。心轴的中心有水眼，可冲洗鱼顶和进行钻井液循环，上部是钻杆螺纹（或油管螺纹），与工具或管柱相连，其上有正、反扣标志槽；中部是锯齿形大螺距螺纹；下部用细牙螺纹同引鞋相连。圆卡瓦内表面有与心轴相配合的锯齿形内螺纹；圆卡瓦外表面有多头的锯齿形左旋打捞螺纹，在它的 360°圆周上均布有 4 条纵向槽（其中 1 条是通槽），使圆卡瓦成为可张缩的弹性体。释放圆环在心轴上，下接引鞋，释放圆环与引鞋接触面间有三对互相吻合的凸缘，各凸缘由不同旋向的长斜面和短斜面组成。工具组装后，圆卡瓦内螺纹与心轴外螺纹有一定的径向间隙，使其沿轴向有一定的自由窜动量。

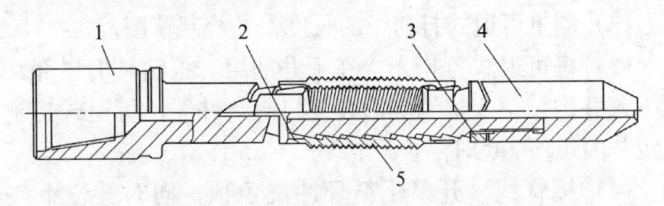

图 7-8 可退式打捞矛结构示意图

1—上接头；2—圆卡瓦；3—释放圆环；4—引鞋；5—心轴

可退式打捞矛用于油气田修井过程中打捞钻杆、油管、套管及圆柱形空心状落物。它既可抓捞自由状态下的管柱，也可抓捞遇卡管柱，还可按其不同的作业要求与安全接头、上击器、加速器、管子割刀等组合使用。

223. 可退式打捞矛的工作原理是什么？

答：打捞时，自由状态下圆卡瓦外径略大于落物内径。当工具进入鱼腔时，圆卡瓦被压缩，产生一定的外胀力，使卡瓦贴近落物内壁；随心轴上行和提拉力的逐渐增加，心轴、圆卡瓦上的锯齿形螺纹互相吻合，卡瓦产生径向力，使其咬住落鱼，实现打捞。

退出时，一旦落鱼卡死无法捞出，需退出捞矛时，只要给心轴一定的下击力（此下击力可由钻柱本身重量或使用下击器来实现），就能使圆卡瓦与心轴的内外锯齿形螺纹脱开，再正转钻具2～3圈（深井可多转几圈），圆卡瓦与心轴产生相对位移，促使圆卡瓦沿心轴锯齿形螺纹向下运动，直至圆卡瓦与释放环上端面接触为止（此时卡瓦与心轴处于完全吻合位置），上提钻具，即可退出落鱼。

224. 可退式打捞矛的操作步骤是什么？

答：(1) 检查可退式打捞矛是否与井内落鱼尺寸相匹配，各部件是否完好，卡瓦是否好用。

(2) 测量可退式打捞矛的长度，并绘制草图。

(3) 将可退式打捞矛接在下井的第一根钻具的尾部，然后下入井内，下5根钻具后装上自封封井器，可退式捞矛下至距井内鱼顶2m时停止下放。

(4) 接管线，开泵正循环冲洗鱼顶，同时缓慢下放钻具，下探鱼顶。

(5) 在下探过程中，注意观察钻具指重变化，当钻具指

重有下降趋势时，停止下放并记录管柱悬重。

(6) 缓慢下放管柱的同时，反转钻具2～3圈抓落鱼。当指重下降5kN停止下放，停泵。

(7) 缓慢上提打捞管柱，判断落鱼是否捞上，判断方法同滑块捞矛打捞操作步骤。

(8) 若捞上落鱼，则上提管柱，否则重新打捞。

(9) 若捞上落鱼发现被卡且解卡无效，需退出捞矛时，则利用钻具下击加压，上提管柱至原悬重，正转打捞管柱2～3圈。

(10) 缓慢上提打捞管柱，待捞矛退出鱼腔后，起出全部钻具。

225. TFLM-T型提放式可退捞矛的结构如何？有哪些用途？

答：结构：TFLM-T型提放式可退捞矛由上接头、矛杆、导向销、内套、外套等组成，如图7-9所示。

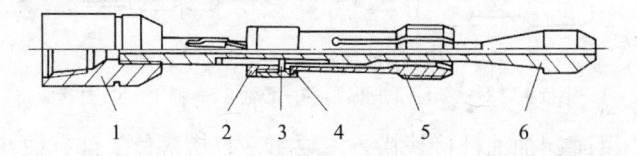

图7-9 TFLM-T型提放式可退捞矛结构示意图

1—上接头；2—内套；3—导向销；4—外套；5—打捞爪；6—心轴

上接头起连接打捞管柱及矛杆的作用；矛杆起胀开卡瓦及提拉落鱼的作用，卡瓦在打捞位置时咬住落鱼；导向销在释放位置挂住卡瓦，使其不能咬住落鱼，同时在上提下放过程中能沿矛杆上的轨迹槽运动以便换向；内套和外套合起来组成转套，将导向销及卡瓦连接在一起。

用途：在油田小修现场作业中，往往缺少转盘设备和修井机，要想旋转管柱，需靠人力扳动管钳来进行，劳动强度大，技术要求难以准确实现，因此传统的可退式捞矛在使用上有所不便。提放式可退捞矛则不需要转动工具管柱，一放一提即可释放落鱼，既方便又可靠，是小修作业中最好的打捞工具之一，也是一种新型的修井工具。

226．抽油杆接箍捞矛的结构如何？有哪些用途？

答：结构：抽油杆接箍捞矛是由上接头、螺母、垫圈、心轴、弹簧、打捞头（捞矛加接引鞋）等构成，如图7-10所示。

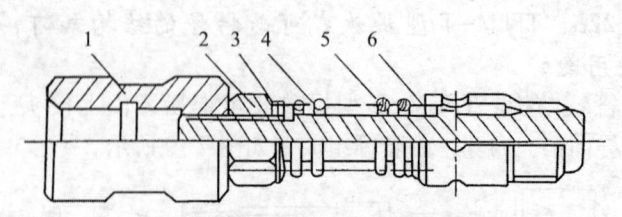

图7-10 抽抽杆接箍捞矛结构示意图
1—上接头；2—螺母；3—垫圈；4—心轴；5—弹簧；6—打捞头

用途：抽油杆接箍捞矛主要用来打捞落鱼上部有抽油杆接箍的各种抽油杆柱。打捞过程中，打捞头靠弹簧的胀力压入到落鱼上部的抽油杆接箍中实现对扣，然后借心轴胀开打捞头，咬紧接箍，实现打捞。

227．分瓣捞矛的结构如何？有哪些用途？

答：结构：分瓣捞矛主要由上接头、锁紧螺母、导向螺钉、心轴、卡瓦、冲砂管等组成，如图7-11所示。

用途：分瓣捞矛用于在套管内打捞脱落于井内的油管接箍。

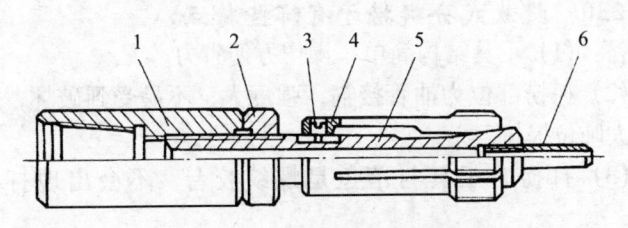

图 7-11 分瓣捞矛结构示意图

1—上接头；2—锁紧螺母；3—导向螺钉；4—卡瓦；5—心轴；6—冲砂管

228. 提放式分瓣捞矛的结构如何？

答：提放式分瓣捞矛由上接头、内套、导向销、外套、打捞爪和心轴等组成，如图 7-12 所示。

上接头上部为油管或钻杆内螺纹，用来连接上部打捞管柱，下部有细牙螺纹与心轴连接；内套、外套、打捞爪用螺纹连接在一起；导向销安装在心轴的轨迹槽内，使其带动打捞爪上下运动，实现打捞或释放状态。打捞爪的打捞螺纹为油管外螺纹，开槽后分成 6 瓣，经渗碳淬火后具有良好的弹性和韧性。心轴上有长短轨迹槽，从上至下有水眼，可在打捞前清洗鱼头，实现顺利抓捞；其下部为锥体，便于引进落鱼。

229. 提放式分瓣捞矛有哪些用途？

答：提放式分瓣捞矛是一种专门用来打捞落鱼上端为接箍的可退式打捞工具。它像油管一样，首先与落鱼上部的油管接箍对扣，然后靠心轴锥面胀开打捞爪咬紧接箍。当落鱼严重遇卡时，可顺序下放，然后上提管柱即可退出打捞工具，以避免事故复杂化，既可减轻工人劳动强度，又可缩短修井周期。

230. 提放式分瓣捞矛有哪些特点？

答：(1) 工具结构简单，操作方便省力。

(2) 抓捞部位为油管接箍，强度大，不易受到破坏，可进行大吨位提拉。

(3) 打捞时工具与落鱼是螺纹咬合，不会出现打滑现象。

(4) 在需要时可随时退出工具，操作非常简单，只需下放、上操两个动作。

231. 提放式倒扣捞矛的结构如何？

答：结构：提放式倒扣捞矛由上接头、连接套、止动片、矛杆、换向装置、定位套、滑套、导向销以及卡瓦等零件组成，如图 7-13 所示。

上接头：上部与钻杆相连；下部以外螺纹与矛杆连接，在下端部有牙嵌。

连接套：内孔有三个均匀分布的键槽，与矛杆上的三个键相配合，上部铣有牙嵌与上接头牙嵌相吻合。

止动片：能使连接套做轴向定位。

矛杆：形状、结构复杂，在下部铣有圆锥面，在圆锥面上铣有均布的三个凸键，上部铣有螺纹与上接头相配合，中间铣有长短不同轨迹槽，可在矛杆上滑动和转动。

定位套：内部车有细牙螺纹与滑套上的螺纹相连接，限定卡瓦、换向销与导向销的轴向位置。

卡瓦：是一个薄壁筒，可分上、下两部分，下部为三瓣形，外表面是锯齿形打捞螺纹，内表面是内锥面，打捞螺纹直径略大于落鱼内径；上部是圆筒形，钻有导向销孔。

232. 提放式倒扣捞矛有哪些用途？

答：在修井作业中，抓捞是主要的工作内容。然而在处

理遇卡事故时，单是抓捞是不够的，还必须具有施加或传递扭矩的能力，既适应打捞，又能反转倒扣。

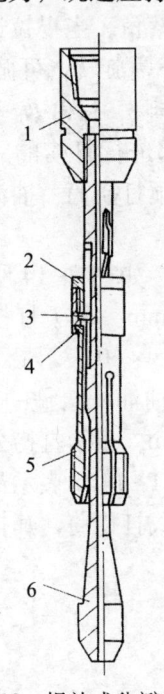

图 7-12 提放式分瓣捞矛结构示意图

1—上接头；2—内套；3—导向销；
4—外套；5—打捞爪；6—心轴

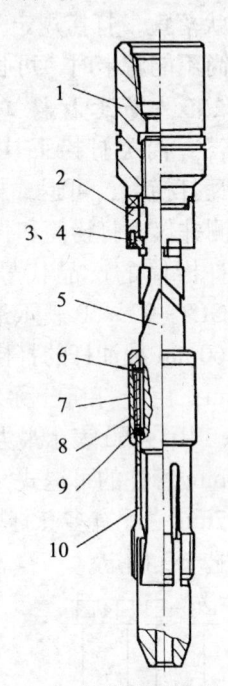

图 7-13 提放式倒扣捞矛结构示意图

1—上接头；2—连接套；3—止动片；
4—螺钉；5—矛杆；6—换向装置；
7—定位套；8—滑套；9—导向销；
10—卡瓦

提放式倒扣捞矛就是能满足上述要求的倒扣工具之一，而且它与其他的倒扣工具相比，具有退出落鱼不需正转，只需提放即能收回工具的优点，同时减去了旋转退出落鱼所需

要的设备。

提放式倒扣捞矛可用于打捞倒扣井下套管、油管、钻杆等管状落鱼，打捞规定范围内的带孔落鱼。当提拉达到许用载荷尚不能解卡时，可收回工具，且不需旋转，可循环。

233. 筒类打捞工具有哪些类型？如何编号？

答：筒类打捞工具是从落物外部进行打捞的工具，包括卡瓦打捞筒、可退式打捞筒、短鱼顶打捞筒、抽油杆打捞筒、测井仪器打捞筒和强磁打捞筒等。

打捞筒的产品代号（型号编制）如图 7-14 所示。示例：GLT-92×60 表示最大外径为 92mm、用于打捞公称外径为 60mm 抽油杆的打捞筒；GLT-105×60 表示最大外径为 105mm、用于打捞公称外径为 60mm 抽油杆接箍的打捞筒；DLT-T105×60 表示最大外径为 105mm、用于打捞公称外径为 60mm 管柱的可退式倒扣打捞筒；LT-T127 表示最大外径为 127mm、配有多套打捞卡瓦的可退式打捞筒，其打捞范围由所配卡瓦确定。

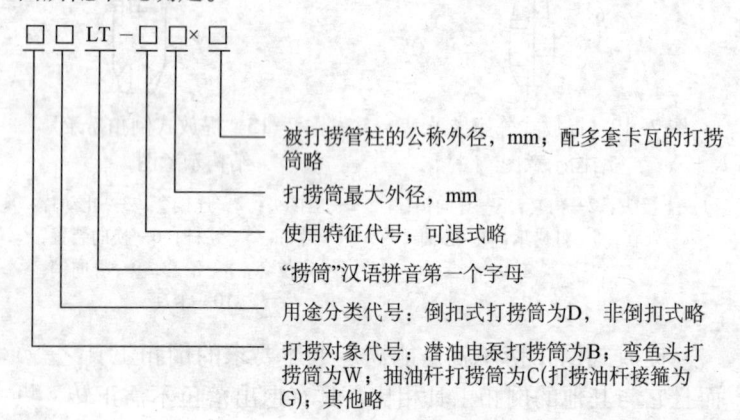

```
□□LT-□□×□
```

— 被打捞管柱的公称外径，mm；配多套卡瓦的打捞筒略

— 打捞筒最大外径，mm

— 使用特征代号：可退式略

— "捞筒"汉语拼音第一个字母

— 用途分类代号：倒扣式打捞筒为D，非倒扣式略

— 打捞对象代号：潜油电泵打捞筒为B；弯鱼头打捞筒为W；抽油杆打捞筒为C(打捞油杆接箍为G)；其他略

图 7-14 打捞筒的产品代号表示

234. 卡瓦打捞筒的结构如何？有什么用途？

答：结构：卡瓦打捞筒由上接头、筒体、弹簧、卡瓦座、卡瓦等组成，如图7-15所示。

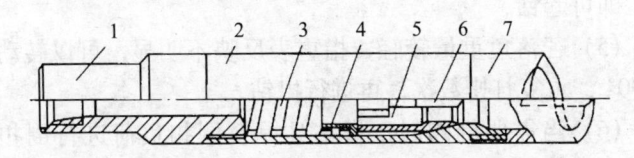

图 7-15 卡瓦打捞筒结构示意图

1—上接头；2—筒体；3—弹簧；4—卡瓦座；5—卡瓦；6—键；7—下接头

用途：卡瓦打捞筒是从落鱼外壁进行打捞的不可退式工具，可用于打捞油管、钻杆、抽油杆、加重杆、长铅锤、下井工具中心管等，还可对遇卡管柱施加扭矩进行倒扣。

235. 卡瓦打捞筒的工作原理是什么？

答：当引鞋引入落鱼后，下放钻具，落鱼将卡瓦上推，压缩弹簧，卡瓦脱开锥孔上行并逐渐分开，落鱼进入卡瓦。此时卡瓦在弹簧力作用下被压下，将鱼顶抱住，并给鱼顶以初夹紧力。上提钻具，在初夹紧力作用下筒体上行，卡瓦与筒体内外锥面贴合，产生径向夹紧力将落鱼卡住，即可捞出。

对于不同直径的落鱼，只要在筒体许可的情况下更换不同的卡瓦，即可打捞不同尺寸的落鱼。

236. 卡瓦打捞筒的操作方法是什么？

答：(1) 地面检查卡瓦尺寸，用游标卡尺测量卡瓦与铣控环结合后的椭圆长短轴尺寸，其长轴尺寸应小于落鱼1~2mm，并压缩卡瓦，观察是否具有弹簧压缩力。

(2) 测绘草图。

(3) 下钻至鱼顶以上1~2m处，开泵循环洗井。

（4）缓慢下放钻具，观察指重表及泵压变化。若指重表指针有轻微跳动后逐渐下降，同时泵压也有变化时，说明已引入落鱼，可以试提钻具。当悬重明显增加时，证明已捞获，即可起钻。

（5）若落鱼重量较轻，指重表反映不明显，可以转动钻具90°，重复打捞数次，再进行提钻。

（6）当需要倒扣时，将钻具提至倒扣负荷进行倒扣作业。注意卡瓦捞筒传递扭矩的键多数是在筒体上开窗焊接的，其强度较低，不能承受大的扭矩。

237．可退式打捞筒的结构如何？

答：篮式卡瓦捞筒的结构：由上接头、筒体总成、篮式卡瓦、铣控环、内密封圈、O形胶圈以及引鞋等组成，如图7—16所示。篮式卡瓦内表面车有锯齿形螺纹，并经处理硬度达到HRC58—62，外表面车有与筒体相一致的左旋锥面螺纹。在同一筒体内，更换不同规格或不同类型的篮式卡瓦或螺纹卡瓦，便可打捞不同规格的管类、杆类落物。

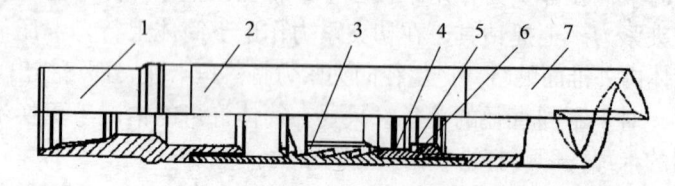

图7—16 篮式卡瓦捞筒结构示意图

1—上接头；2—筒体总成；3—篮式卡瓦；4—铣控环；5—内密封圈；
6—O形胶圈；7—引鞋

螺旋卡瓦捞筒的结构：由上接头、筒体、螺旋卡瓦、控制环、密封圈、引鞋等组成，如图7—17所示。其中控制环只起定位卡瓦的作用。螺旋卡瓦较篮式卡瓦薄，因此，在

同一筒体内装螺旋卡瓦时,其打捞范围比篮式卡瓦打捞筒大。

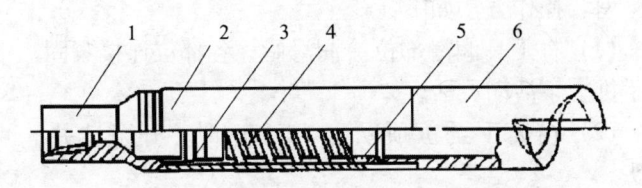

图7-17 螺旋卡瓦捞筒结构示意图
1—上接头;2—筒体;3—密封圈;4—螺旋卡瓦;5—控制环;6—引鞋

238．可退式打捞筒的用途及特点各是什么？

答：可退式打捞筒是从落鱼外部进行打捞的一种工具,可打捞不同尺寸的油管、钻杆和套管等鱼顶为圆柱形的落鱼。在打捞作业中,可退式打捞筒可与安全接头、下击器、上击器、加速器等组合使用。可退式打捞筒的主要特点是：

(1) 卡瓦与被捞落鱼接触面积大,打捞成功率高,不易损坏鱼顶。

(2) 在打捞提不动时,可顺利退出工具。

(3) 篮式卡瓦捞筒下部装有铣控环,可对轻度破损的鱼顶进行修整、打捞。

(4) 抓获落物后,仍可循环洗井。

239．可退式打捞筒的工作原理是什么？

答：在打捞过程中,当工具退至落物鱼顶时,落物经引鞋引入卡瓦,卡瓦外锥面与筒体内锥面脱开,卡瓦被迫胀开,落物进入卡瓦中;上提钻柱,卡瓦外螺旋锯齿形锥面与筒体内相应的齿面有相对位移,使卡瓦收缩咬住落物,实现打捞。

240. 可退式打捞筒的操作方法是什么？应注意哪些问题？

答：操作方法如下：

（1）将工具润滑部位涂润滑脂，各部位连接紧固，卡瓦在手推力下活动灵活。

（2）捞筒下至鱼顶以上 1~2m 时，开泵洗井，冲洗鱼头。

（3）缓慢下放捞筒同时正转钻具，使捞筒进入鱼顶，悬重下降不超过 10~15kN，泵压升高，证明落物已进入打捞卡瓦内。

（4）上提钻具，若悬重高于原钻具悬重，说明已捞获，否则应重新打捞。

（5）在工具最大许用提拉力下仍不能提动落物，说明遇卡严重，可用钻具自身重力下击筒，然后正转管柱，上提退出工具。

注意事项如下：

（1）使用篮式卡瓦捞筒磨铣修整鱼顶时，钻压不能超过 10kN。

（2）因捞筒内有密封圈，当落鱼进入捞筒循环洗井时，应注意泵压变化，防止憋泵。

（3）由于工具外径较大，井内必须清洁，防止卡钻。

241. 提放式可退捞筒结构如何？有什么用途？

答：结构：提放式可退捞筒由上接头、筒体、导向销、导向套、连接套、丝堵、滚销、卡瓦、引鞋等组成，如图 7-18 所示。

用途：提放式可退捞筒用于在套管内打捞断落于井下的油管及相应管柱。如果被捞管柱严重卡死，难以实现打捞作

业而需要释放落鱼回收工具时，通过下击管柱、直接上提即可收回本工具，避免事故复杂化，以便采取其他措施处理井下事故。

242. 提放式可退捞筒的工作原理是什么？

答：上接头的内螺纹与钻柱相连接，外螺纹与筒体连接。筒体的内螺纹与上接头相连，另一端与引鞋相连。筒内有一个与卡瓦相配合的锥面，其他零件均置于筒体内。导向套的一端有内螺纹与连接套相连，另一端的外表面上铣有轨迹槽，即有两个长槽和两个短槽，起导向和换向的作用。当导向销处于长槽时，为打捞状态；导向销处于短槽时，为释放状态。连接套为两瓣形式，它将卡瓦和导向套连为一体，并利用滚销而起到轴承的作用。卡瓦内有打捞螺纹，外锥面与筒体相配。引鞋位于工具下端，可顺利将鱼顶引入工具之内。

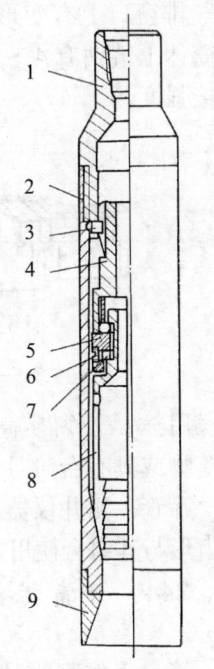

图7-18 提放式可退捞筒结构示意图

1—上接头；2—筒体；3—导向销；4—导向套；5—连接套；6—丝堵；7—滚销；8—卡瓦；9—引鞋

243. 开窗捞筒的结构如何？有什么用途？

答：结构：开窗捞筒是由筒体与上接头两部分焊接而成，如图7-19所示。上接头上部有与钻杆连接的钻杆螺纹，下端与筒体焊接在一起。筒体上开有1～3排梯形窗口，在

同一排窗口上有变形后的窗舌,内径略小于落物最小外径。在筒体上端钻有4~6个小孔作为塞焊孔,以增加与接头的连接强度。

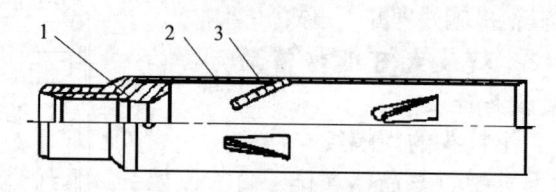

图7-19 开窗捞筒结构示意图

1—上接头;2—筒体;3—窗舌

用途:开窗捞筒是一种用来打捞长度较短的管状、柱状落物或具有台阶且无卡阻落物的工具,如带接箍的油管短节、筛管、测井仪器、加重杆等;也可在工具底部做成一把抓齿形与其组合使用。

244. 开窗捞筒的工作原理及操作步骤各是什么?

答:工作原理:当落鱼进入筒体并顶入窗舌时,窗舌外胀,其反弹簧力紧紧咬住落鱼本体,上提钻具,窗舌卡住台阶,即把落物捞出。

操作步骤如下:

(1)检查开窗捞筒各部位(接头、簧片、筒体)是否完好牢固。

(2)测量开窗捞筒的内径、外径及长度,并绘制草图。

(3)将开窗捞筒下入井内后下钻具。下5根钻具后装上自封封井器,开窗捞筒下至距井内鱼顶2~3m时,停止下放。

(4)接管线,开泵正循环冲洗鱼顶,同时缓慢旋转下放

钻具，注意观察指重表显示的指重变化。

（5）当指重表有遇阻显示时，加压 5～10kN，缓慢上提管柱，判断落鱼是否被捞上。

（6）落鱼捞上后，上提 5～7m 时刹车，再下放管柱至打捞位置，检查落鱼是否捞得牢靠，防止所起管柱中途落鱼再次落井。

245. 开窗捞筒的技术要求有哪些？

答：（1）施工前要仔细检查井架、绷绳、地锚、大绳、死绳头等部位。

（2）指重表要灵活好用。

（3）打捞管柱必须上紧，防止脱扣。

（4）打捞过程中要有专人指挥、慢提、慢放，并注意观察指重表的指重变化。

（5）下打捞管柱及打捞过程中要装好自封封井器，防止小件工具落井。

（6）在起钻操作过程中，操作要平稳，防止顿井口。

246. 弯鱼头打捞筒的结构如何？有什么用途？

答：结构：如图 7-20 所示，弯鱼头打捞筒是由上接头、筒体、卡瓦座、卡瓦及引

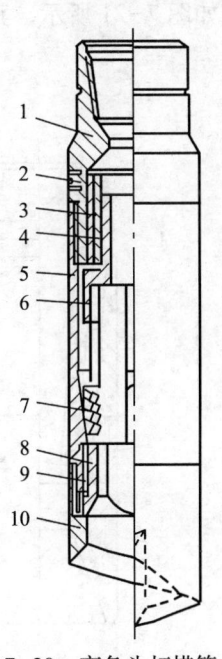

图 7-20 弯鱼头打捞筒结构示意图

1—上接头；2—顶丝；3—花键套；
4—座键；5—筒体；6—卡瓦座；
7—卡瓦；8—腰形套；9—键；
10—引鞋

鞋等组成。

用途：弯鱼头打捞筒主要用于在套管内打捞由于单吊环或其他原因造成呈弯扁形（即形成扁圆形）鱼头的落井管柱，在不修鱼顶的情况下可直接进行打捞。

247．三球打捞筒的结构如何？有什么用途？

答：结构：三球打捞筒由筒体、钢球、引鞋等零件组成，如图 7-21 所示，其打捞过程如图 7-22 所示。

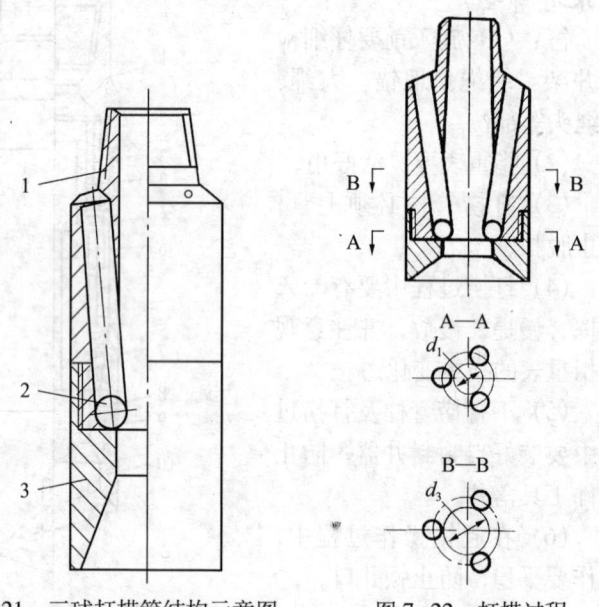

图 7-21　三球打捞筒结构示意图
　　1—筒体；2—钢球；3—引鞋

图 7-22　打捞过程

用途：三球打捞筒是专门用来在套管内打捞抽油杆、接箍或抽油杆加厚台肩部位的打捞工具。

248. 电泵打捞筒的结构如何？有什么用途？

答：结构：电泵打捞筒可分为可退式和不可退式两种，可退式电泵打捞筒由筒体、螺旋卡瓦、定位环、销钉等零件组成，如图7-23所示；不可退式电泵打捞筒由上接头、筒体、套、弹簧、卡瓦等组成，如图7-24所示。

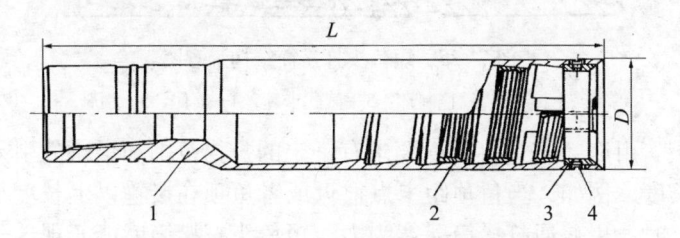

图7-23 可退式电泵打捞筒结构示意图

1—筒体；2—螺旋卡瓦；3—定位环；4—销钉

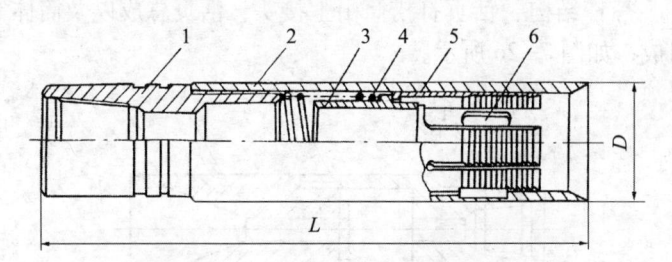

图7-24 不可退式电泵打捞筒结构示意图

1—上接头；2—筒体；3—套；4—弹簧；5—卡瓦；6—销

用途：电泵打捞筒是专门用来打捞电潜泵泵体、分离器、保护器的专门打捞工具。

249. 短鱼头打捞筒的结构如何？有什么用途？

答：结构：短头鱼打捞筒由上接头、控制环、篮式卡

瓦、筒体、引鞋等零件组成，如图7-25所示。

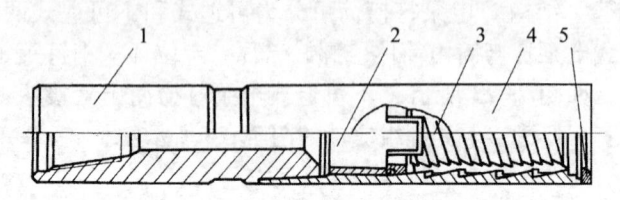

图7-25 短鱼头打捞筒结构示意图
1—上接头；2—控制环；3—篮式卡瓦；4—筒体；5—引鞋

用途：普通打捞筒要求有一定的打捞范围和最小的引入长度，例如，当鱼顶距卡点很近或者鱼顶在接箍以上长度很小时，用普通打捞筒无能为力，短鱼头打捞筒就能实现这一打捞，一般情况下，鱼头露出50mm就能被抓住。

250. 活页打捞筒的结构如何？有什么用途？

答：结构：活页打捞筒由上接头、活页总成以及筒体等组成，如图7-26所示。

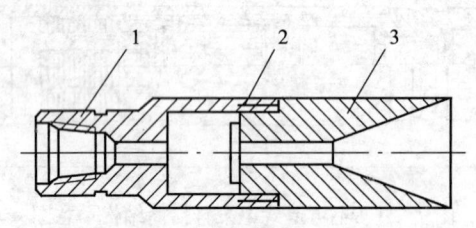

图7-26 活页打捞筒结构示意图
1—上接头；2—活页总成；3—筒体

用途：活页打捞筒又称活门打捞筒，用来在大的环形空间里打捞鱼顶为带台肩或接箍的小直径杆类落物，如完整的抽油杆、带台肩和带凸缘的井下仪器等。

251. 组合式抽油杆打捞筒的结构如何？有什么用途？

答：结构：组合式抽油杆打捞筒由上、下两部分打捞筒组成，如图7-27所示，其打捞台肩时的状态如图7-28所示。

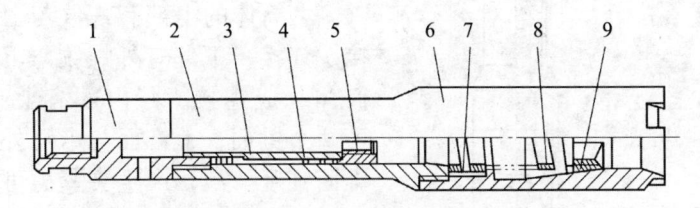

图7-27 组合式抽油杆打捞筒结构示意图

1—上接头；2—上筒体；3，7—弹簧座；4，8—弹簧；5—小卡瓦；
6—下筒体；9—大卡瓦

用途：组合式抽油杆打捞筒是将打捞抽油杆本体的捞筒与打捞抽油杆接箍和台肩的捞筒组合在一起构成的一种新式打捞工具，其用途是在不换卡瓦的情况下，在油管内打捞抽油杆本体或打捞抽油杆台肩及接箍，是一种多用途、高效率打捞抽油杆的组合工具。

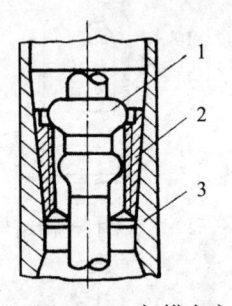

图7-28 打捞台肩

1—落鱼台肩；2—大卡瓦；3—下筒体

252. 多用打捞筒的结构如何？有什么用途？

答：结构：多用打捞筒主要由上筒体总成和下筒体总成两部分组成，如图7-29所示。

（1）上筒体总成是专供打捞抽油杆本体用的，它是由上接头、上筒体、弹簧、卡环以及卡瓦等组成。

上接头的上部有用来连接打捞管柱的油管（钻杆）螺纹；下部有与上筒体连接的外螺纹及台肩，弹簧装在台肩上。

上筒体的上部有螺纹与上接头连接，下部有外螺纹与下筒体总成连接。其内部有上、下两个锥面，上锥面与卡瓦外锥面锥度一致，产生夹紧力可抓捞抽油杆；下锥面为引鞋。

卡瓦为剖分式偏心结构，内部是坚硬的打捞螺牙，外部是与筒体上锥面同一锥度的锥面，内有一槽与卡环配合，使之能扶正卡瓦。

（2）下筒体总成是打捞FJG16-22及直径为35～42mm的加重杆，该总成由下筒体、活瓣、扭簧、销、螺钉、活瓣座以及引鞋等组成。

下筒体的上部有与上筒体连接的螺纹，下部与引鞋相连接，内装有两个经渗碳淬火的弧面齿活瓣。活瓣在活瓣座上是通过扭簧及固定销组成活瓣开关。活瓣坐于引鞋台肩上，由螺钉固定。

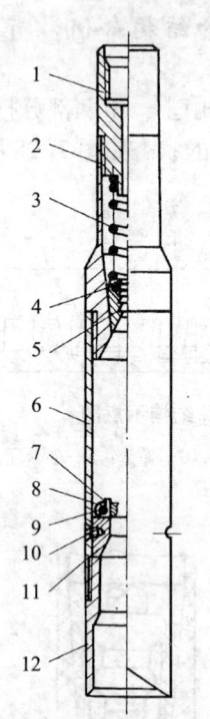

图7-29 多用打捞筒结构示意图

1—上接头；2—上筒体；3—弹簧；4—卡环；5—卡瓦；6—下筒体；7—活瓣；8—扭簧；9—销；10—螺钉；11—活瓣座；12—引鞋

用途：多用打捞筒是一种在套管内打捞各种尺寸的抽油杆、接箍及加重杆和测井仪的组合式打捞工具，在不需更换

卡瓦的情况下，可打捞 CYG16-25 抽油杆本体和 FJG16-22 接箍，35～42mm 尺寸范围内的加重杆及测井仪。该工具结构简单，操作维修方便，是一种用途多、高效率的打捞抽油杆的工具。

253. 抽油杆打捞筒的作用是什么？分哪几类？

答：抽油杆打捞筒是专门用来打捞断脱在油管或套管内的抽油杆的一种工具，从性能上分，有可退式和不可退式两种；从结构上分，有螺旋卡瓦式、篮式卡瓦式和锥面卡瓦式三种。无论哪种形式的抽油杆打捞筒，其夹紧落物的机理都是靠锥面内缩产生的夹紧力抓住落井抽油杆的。

254. 篮式可退式抽油杆打捞筒的结构如何？有什么用途？

答：结构：篮式可退式卡瓦抽油杆打捞筒由上接头、筒体、篮式卡瓦、控制环以及引鞋等组成，如图 7-30 所示。

用途：可退式抽油杆打捞筒抓住抽油杆后上提即可捞出，一旦需要退出工具时，能够既方便又无损伤地释放落鱼而退出工具。

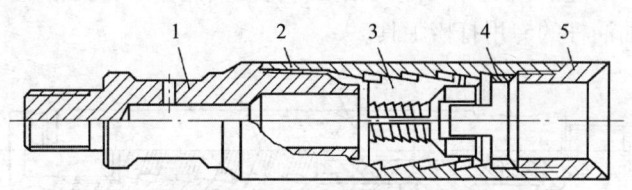

图 7-30 篮式可退式卡瓦抽油杆打捞筒结构示意图
1—上接头；2—筒体；3—篮式卡瓦；4—控制环；5—引鞋

255. 篮式可退式抽油杆打捞筒的操作要点是什么？应注意哪些问题？

答：操作要点如下：

(1) 把抽油杆打捞筒连接在抽油杆上下入井内。

(2) 当工具接近鱼顶时缓慢旋转下放，直至悬重有减轻显示时停止。

(3) 上提工具，若悬重增加，则表示打捞成功。

(4) 起出钻具。

注意事项如下：

(1) 打捞前对井下落物情况要清楚。

(2) 根据井下落物情况，正确选用抽油杆打捞筒。

(3) 抓住井下抽油杆后，一旦遇卡，最大提拉力不得超过抽油杆许用载荷。如不能解卡，可先下击，然后缓慢右旋并上提，即可退出工具。

256. 螺旋不可退式抽油杆打捞筒的结构如何？有什么用途？

答：结构：螺旋不可退式抽油杆打捞筒由上接头、筒体、内套、弹簧以及卡瓦等组成，如螺旋不可退式抽油杆打捞筒，其结构如图7-31所示。

用途：螺旋不可退式抽油杆打捞筒是用于打捞落入井内的抽油杆的专用打捞工具。

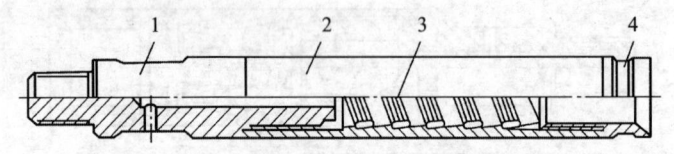

图7-31 螺旋不可退式抽油杆打捞筒结构示意图

1—上接头；2—筒体；3—螺旋卡瓦；4—引鞋

257. 螺旋不可退式抽油杆打捞筒的工作原理是什么？

答：经筒体大锥面进入筒体内的抽油杆推动两瓣卡瓦沿

筒体内锥面上行，并随卡瓦内孔逐渐增大，弹簧被压缩。当内孔达到一定值后，在弹簧力的作用下将卡瓦下推，使筒体与卡瓦内外锥面贴合，卡瓦内孔紧贴抽油杆。上提管柱，由于卡瓦锯齿与抽油杆间存在摩擦力，故使卡瓦保持不动，筒体随之上升，内外锥面贴合得更紧。在上提负荷的作用下内外锥面间产生径向夹紧力，使两块卡瓦内缩，咬住抽油杆。随着上提负荷的增加，夹紧力也越大，从而实现打捞。

258. 螺旋不可退式抽油杆打捞筒的操作方法是什么？

答：(1) 按井内抽油杆尺寸选择工具。

(2) 拧紧各部分螺纹，将工具下入井内。

(3) 当工具接近鱼顶时，缓慢下放，悬重下降不超过10kN。

(4) 捞获后起出井内管柱。

259. 偏心式抽油杆接箍打捞筒的结构如何？有什么用途？

答：结构：偏心式抽油杆接箍打捞筒由上接头、上筒体、下筒体、偏心套、限位螺钉等零件组成，如图7-32所示。

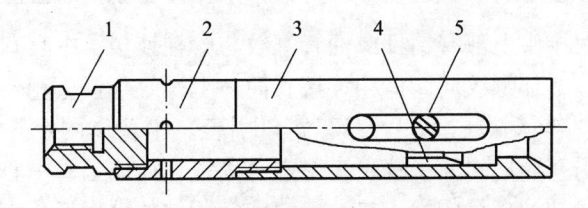

图7-32 偏心式抽油杆接箍打捞筒结构示意图

1—上接头；2—上筒体；3—下筒体；4—偏心套；5—限位螺钉

用途：偏心式抽油杆接箍打捞筒是用来打捞抽油杆、接箍的小型打捞筒，尤其对接箍上残留极短的抽油杆鱼顶最为适用。这种打捞筒可在油管内打捞，也可在套管内打捞，是一种适应性较强的工具，其主要特点是：

(1) 适应性强。可抓住接箍，也可卡住接箍与抽油杆头台肩。

(2) 用途多。更换卡瓦，可改变其尺寸；更换引鞋，可改变其工作的环形空间。

(3) 结构简单。易于加工和操作，使用方便、可靠。

260. 弯抽油杆打捞筒的结构如何？有什么用途？

答：结构：弯抽油杆打捞筒由上接头、卡块体、筒体、卡块、螺钉以及扶正套等组成，如图7-33所示。

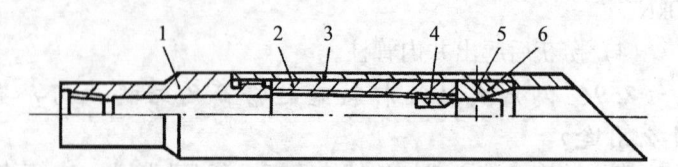

图7-33 弯抽油杆打捞筒结构示意图

1—上接头；2—卡块体；3—筒体；4—卡块；5—螺钉；6—扶正套

上接头上部有钻杆或油管螺纹与管柱连接，中心有水眼相通，下部螺纹同筒体相连接。筒体上螺纹与接头相连，内装卡块体、扶正套，下部有斜口引鞋。卡块体固定在筒体上，内有燕尾斜面。扶正套用螺钉固定在筒体上，中心有适合弯折抽油杆柱的引入口。卡块内有坚硬的锯齿形牙齿，背有燕尾槽。

用途：弯抽油杆打捞筒主要用于打捞断脱在套管内的直的、侧弯或弯折达180°的弯抽油杆柱，其提拉负荷大，适

用范围广。

261. 提放可退式抽油杆捞筒的结构如何?

答:提放可退式抽油杆捞筒主要由上接头、上筒体、中筒体、下筒体、中心筒、上弹簧座、下弹簧座、弹簧、连接杆、轨道换向机构、卡瓦座、顶杆、卡瓦等组成,如图7-34所示。

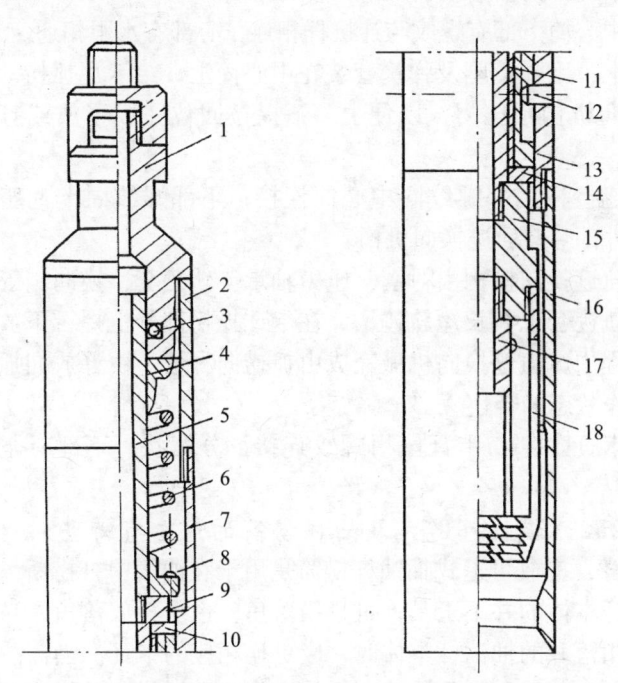

图7-34 CLT-T型提放可退式抽油杆捞筒结构示意图

1—上接头;2—上筒体;3—O形密封圈;4—上弹簧座;5—中心筒;6—弹簧;
7—中筒体;8—下弹簧座;9—连接杆;10—上压力轴承;11—衬套;
12—销;13—轨迹套;14—下压力轴承;15—卡瓦座;16—下筒体;
17—顶杆;18—卡瓦

上接头上部有油管扣可连接油管管柱或变扣接头,下部有普通螺纹与上筒体连接,上、下有水眼相通,外部有吊卡卡台。此外下部还有O形圈槽。

上、中、下筒体之间均由螺纹相连接。上筒体上部螺纹与上接头连接,中筒体上焊有固定的换向销,下筒体下部有收缩卡瓦用内锥面及引入落鱼用的锥面。

中心筒下部有螺纹与连接杆相连,心部有水眼相通。

上、下弹簧座及弹簧套装在中心筒上,给卡瓦抓捞、轨迹换向机构预压力,以便上、下提拉回位完成释放或打捞状态。

连接杆上部螺纹同中心筒连接,下部螺纹同卡瓦座相连,外部套装轨迹换向机构。

轨迹换向机构由衬套、压力轴承、轨迹套、换向销等组成,轨迹套上有长短轨迹槽,在卡瓦抓捞部分上提、下放回位过程中,轨迹换向机械完成由抓捞向释放、由释放向抓捞等工作状态的转换。

卡瓦上部与卡瓦座用螺纹连接,分瓣状,下部有坚硬牙齿。

262. 提放可退式抽油杆捞筒的用途有哪些?

答:提放可退式抽油杆捞筒是用于在油管中打捞断、脱抽油杆本体的井下工具,可打捞落鱼,也可释放落鱼。当打捞脱扣落井的抽油杆本体时,应更换相应的卡瓦。当需冲洗鱼顶时,可卸下变扣接头,接相应的冲洗管柱下井。这种工具操作方便、简单,只需上提下放便可释放或打捞,是一种最新型的修井打捞工具之一。

263. 提放式倒扣捞筒的结构如何?

答:提放式倒扣捞筒由上接头、滑套、销、卡瓦、筒体、

上隔套、密封圈、下隔套、引鞋等零件组成，如图7-35所示。

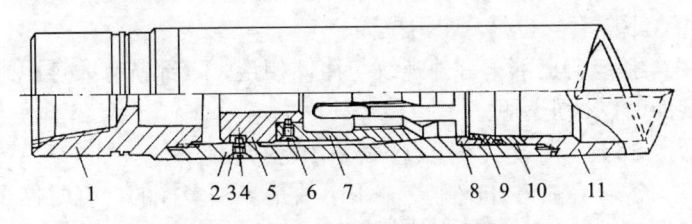

图7-35 提放式倒扣捞筒结构示意图
1—上接头；2—筒体；3，6—螺钉；4—销；5—滑套；7—卡瓦；8—上隔套；9—密封圈；10—下隔套；11—引鞋

上接头：上部是钻杆螺纹与上部钻柱连接，下部是外螺纹与筒体连接，中间钻有通孔。

滑套：在其外表面铣有长短不一的轨迹槽，下端外表面还车有一个环形槽。轨迹槽与销滑配，环形槽通过销钉将卡瓦轴向定位，卡瓦相对滑套可转动，中间钻有退孔。

卡瓦：是一个薄壁筒，可分上、下两个部分。下部是一个半开三瓣形，内表面车有锯齿形打捞螺纹，其直径略小于落鱼外径，外表面是一个外锥面；上部为圆筒形，钻有连接销孔。

筒体：是一个长薄壁筒，上部车有内螺纹与上接头相连接，下部车有内螺纹与引鞋连接。引鞋外螺纹上部车有环形密封面，装有上隔套、密封圈与下隔套。筒体下部内螺纹上边是一个倒内锥体，插有三个键槽与上隔套相配合，内锥面与卡瓦的外锥面啮合，靠近上部钻有销孔和螺纹孔，通过销将卡瓦的运动与筒体结合起来。

上隔套：是一个薄壁筒，上部铣有三个半开长锯与筒体内锥体插装，下部是一个短筒。

密封圈：封隔落鱼内外环形通道。

下隔套：也是一个薄壁筒。

引鞋：上部车有外螺纹与筒体相连，下部铣有大螺距螺旋面，以扶正落鱼。

264. 提放式倒扣捞筒有哪些用途？

答：在修井作业中，井下事故是多种多样的，有时仅靠抓捞是不够的，还需倒扣。提放式倒扣捞筒就是既能抓捞又能倒扣的多功能修井工具，而且比其他倒扣工具具有提拉负荷大、退出落鱼不需正转、只需提放即可收回工具的优点，减去了退出落鱼需要放置工具所需的设备。

提放式倒扣捞筒可用于打捞倒扣井下油管、钻杆等规则的柱形落鱼。当提拉达到许用载荷尚不能解卡时，可收回工具，并且不需正转，该工具可循环。

265. 螺旋式外钩的结构如何？有哪些用途？

答：结构：螺旋式外钩由上接头、钩杆、钩齿以及螺旋锥等组成，如图7-36所示。

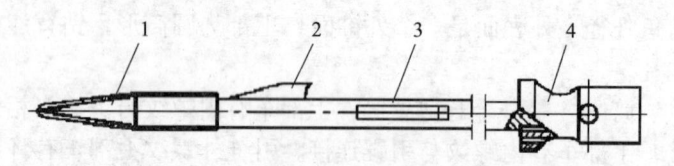

图7-36 螺旋式外钩结构示意图

1—螺旋锥；2—钩齿；3—钩杆；4—上接头

上接头连接下井管柱；钩杆是连接钩子的主体，它由 $\phi 50mm$ 的圆钢加工而成，底部为螺旋锥；钩齿用钢板割成三角形的小块焊接在钩杆上。由于钩杆直径比普通外钩大，而且钩齿采用钢板作材料，因此具有较高的强度。在打捞过

程中，钩杆底部的螺旋锥通过旋转可钻入成团压实的电缆中，上提时可将成团压实的电缆带出井口，或将压实的电缆提拉松散后，有利于钩齿下入打捞。因此，螺旋式外钩特别适用于打捞电泵电缆。

用途：螺旋式外钩主要用于打捞井内脱落的电缆、钢丝绳以及录井钢丝（清蜡钢丝）等。

266. 螺旋式外钩的工作原理是什么？如何操作？

答：工作原理：螺旋式外钩靠钩体的螺旋锥插入绳、缆内，钩齿挂捞绳、缆，旋转管柱，形成缠绕，实现打捞。

操作方法如下：

（1）选择合适的螺旋式外钩，要特别注意防卡圆盘的外径与套管内径之间的间隙要小于被打捞绳类落物的直径。

（2）将工具下入井内，至落鱼以上 1～2m 时，记录钻具悬重。

（3）缓慢下放钻具，使钩体插入落鱼，同时旋转钻具，注意悬重下降不超过 20kN。

（4）如果对鱼顶深度不清，在下入工具时，应注意不能一下子插入落物太深，以避免将处于井壁盘旋状态中的落物压成团，造成打捞困难。

（5）如确定已经捞上，可以边上提边旋转 3～5 圈，让落物牢牢地缠绕在螺旋式外钩上。

（6）上提时，注意速度不得过快。

（7）捞钩以上必须加装安全接头。

267. 内钩的结构如何？如何操作？

答：结构：内钩主要由接头、钩体和钩子等组成，如图 7-37 所示。

操作方法：打捞时应轻放，正转5~6圈试提。如负荷增大，证明已经捞上。打捞时，应使钩子插入落绳顶部，钩住适量钢丝绳，防止一次下入过深，钩住过多，造成拔断钩子或提拉成团卡钻事故。

268. 外钩及组合钩的结构如何？如何操作？

答：结构：外钩及组合钩主要由接头、防卡引帽、钩身以及钩子等组成，如图7-38所示。

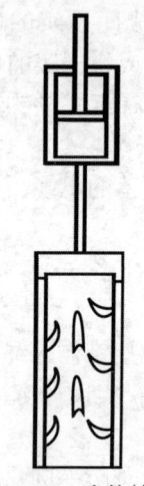

图7-37 内钩结构示意图

操作方法：用外钩或组合钩打捞落物时，让钻具下放至打捞位置轻轻转动，便可捞住落物。切忌将钩子插入过深，致使上提成团，使事故复杂化。

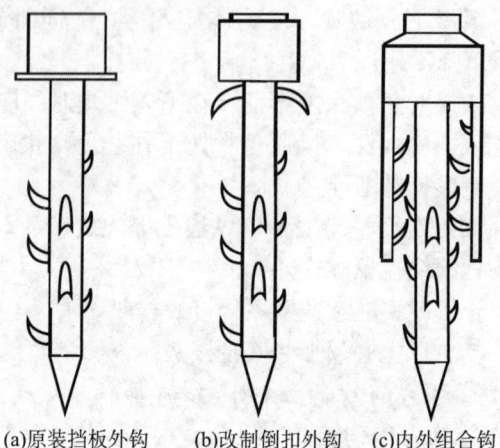

(a)原装挡板外钩　(b)改制倒扣外钩　(c)内外组合钩

图7-38 两种外钩及组合钩结构示意图

269. 一把抓的结构如何？有哪些用途？

答：结构：一把抓由上接头与筒身焊接而成，如图7-39所示。

用途：一把抓是一种结构简单、加工容易的常用打捞工具，专门用于打捞井底不规则的小件落物，如钢球、阀座、螺栓、螺母、刮蜡片、钳牙、抓手以及胶皮等。

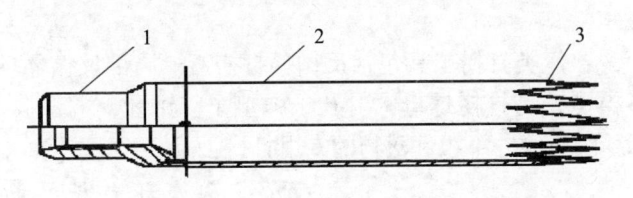

图7-39 一把抓结构示意图
1—上接头；2—筒身；3—抓齿

270. 一把抓的工作原理是什么？

答：一把抓下到井底后，将井底落鱼罩入抓齿之内或抓齿缝隙之间，依靠钻具重量所产生的压力将各抓齿压弯变形，再使钻具旋转，将已经压弯变形的抓齿按其旋转方向形成螺旋状齿形，落鱼被抱紧或卡死而捞获。

271. 一把抓的操作方法是什么？

答：(1) 一把抓齿形应根据落物种类选择或设计，若选用不当，会造成打捞失败。一把抓的材料应选低碳钢，以保证抓齿的弯曲性能。

(2) 工具下至井底以上 1~2m，开泵洗井，将落鱼上部沉砂冲净后停泵。

(3) 下放钻具，当指重表略有显示时，核对方入，上提钻具并旋转一个角度后再下放，找出最大方入。

(4) 在此下放钻具，加钻压 20～30kN，再转动钻具 3～4 圈，待指重表悬重恢复后，再加压 10kN，转动钻具 5～7 圈。

(5) 提钻应轻提轻放，不允许敲打钻具，以免造成卡取不牢，落鱼重新落入井内。

272. 篮类打捞工具包括哪些类型？主要用途是什么？

答：篮类打捞工具包括反循环打捞篮、局部反循环打捞篮等类型，是打捞螺母、射孔子弹垫子、钳牙、碎散胶皮、钢球、阀座等井下小件落物的专用打捞工具。

273. 反循环打捞篮的结构如何？如何命名？有哪些用途？

答：结构：反循环打捞篮由上接头、筒体、篮筐总成、隔套以及引鞋等组成，如图 7-40 所示。

产品代号：反循环打捞篮的产品代号如图 7-41 所示。

用途：反循环打捞篮是专门用于打捞诸如钢球、钳牙、炮弹垫子、井口螺母、胶皮碎片等井下小件落物的一种工具。

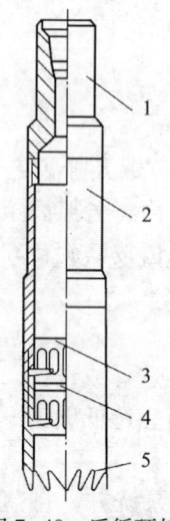

图 7-40　反循环打捞篮结构示意图

1—上接头；2—筒体；3—篮筐总成；4—隔套；5—引鞋

274. 反循环打捞篮的技术参数有哪些？

答：(1) 上接头、筒体和引鞋调质硬度为 260～300HB。

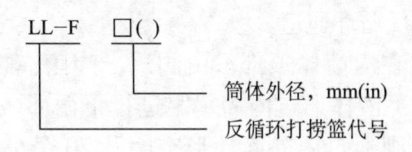

```
LL-F  □( )
        │    │
        │    └── 筒体外径，mm(in)
        └────── 反循环打捞篮代号
```

图 7-41　反循环打捞篮产品代号表示

（2）引鞋齿上的硬质合金颗粒敷焊层不得有孔洞和重皮等缺陷。

（3）打捞爪向里转动和自动复位必须灵活可靠。

（4）投入钢球后进行 15MPa 的水压试验，5min 压力降不得超过 5%。

275. 局部反循环打捞篮的结构如何？

答：局部反循环打捞篮由上接头、筒体总成、阀体总成、篮筐总成、铣鞋总成等主要部件及提升接头组成，如图 7-42 所示。

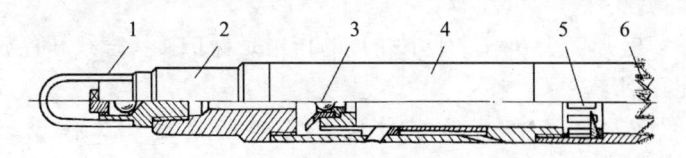

图 7-42　局部反循环打捞篮结构示意图

1—提升接头；2—上接头；3—阀体总成；4—筒体总成；
5—篮筐总成；6—铣鞋总成

上接头上端有螺纹与钻柱相连接，下端与筒体总成相连接。

筒体总成为外筒与内筒组焊在一起并且有环形通道的桥式工作筒。外筒下部钻有 20 个方向向下、斜度为 15°的小水眼，上部有 4 个尺寸较大并与内筒相连通的水眼，构成由

内向外的局部反循环通道。

阀体总成在内筒体顶部，由阀罩、阀座、阀闸等组成。未投球时，循环液体通过内筒水眼进行正循环，在地面投球后，循环液体则通过内外筒环形空间及20个小水眼进行局部反循环。篮筐总成由筐体、外套、捞爪、轴销、弹簧等组成，安装在筒体底部，筐体四周装有6~8只捞爪，长短爪各半，并能绕轴销在筒体内向上旋转90°并依靠弹簧力自动复位。

铣鞋总成有以下3种结构：
(1) 普通型只能通过局部反循环捞取小件落物。
(2) 常用型底部焊有YD合金块，可以对有微卡或粘结的落物进行套铣打捞。
(3) 一把抓型除能通过局部反循环使落物进入筐体内，还能通过顿钻抓取，捞获未进入篮筐的落物或其他柔性落物。

提升接头（附件不下井）的作用是保护接头螺纹和存放配套钢球。

276. 局部反循环打捞篮有哪些用途？工作原理是什么？

答：用途：局部反循环打捞篮是打捞井底重量较轻的碎散落物的工具，如打捞螺母、射孔子弹垫子、钳牙、碎散胶皮、钢球、阀座等，也可以抓获柔性落物如钢丝绳等。

工作原理：将工具下至鱼顶洗井，在地面投球后，钢球入座堵死当中正循环通道，迫使液流改变流向，经环形空间穿过20个向下倾斜小水眼，形成工具与套管环形空间的局部反循环水流通道。

277. 局部反循环打捞篮的操作方法是什么？有哪些注意事项？

答：(1) 地面检查工具零件，螺纹是否完好，大小水眼是否畅通。

(2) 卸开提升接头，测量钢球直径是否合格，并将球投入工具试验，检查钢球座情况是否正常可靠。

(3) 将工具下至预定深度 5～10m，开泵正循环洗井，待洗井正常平稳后停泵投球。

(4) 投球之后，开泵洗井送钢球入座，并根据洗井时间观察泵压变化。当泵压略有升高，说明钢球已入座。

(5) 钢球入座形成局部反循环之后，慢慢下放管柱至预定井深。如工具为带有铣鞋的常用型，可边冲边转动管柱，用铣齿拨动落物或少量钻进，使落物随洗井液冲入篮筐。

(6) 提钻之后检查捞篮内捞获落物情况，回收钢球，清洗擦净，涂油，存入提升短节球腔之内。

(7) 洗井液必须过滤使用，防止小水眼堵塞导致打捞失败。

278. 复合式鱼顶修整打捞器结构如何？有什么特点？有哪些主要用途？

答：结构：复合式鱼顶修整打捞器由接头、外筒、心轴、牙套、松开环、冲锤、连接筒以及引鞋等组成，如图 7-43 所示。

用途：复合式鱼顶修整打捞器适用于在井下作业时由于某种原因造成管柱弯曲折断、使鱼顶产生变形的情况，它克服了其他工具在修整鱼顶过程中易产生偏磨鱼顶而磨损套管等缺点，并可在整形后继续下放钻具，当牙套进入落鱼内部后抓落色，无论落色是自由状态或遇卡状态均可使用。

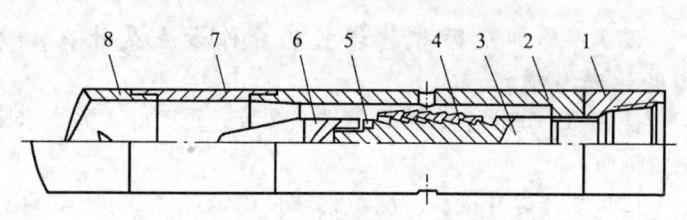

图 7-43 复合式鱼顶修整打捞器结构示意图

1—接头；2—外筒；3—心轴；4—牙套；5—松开环；
6—冲锤；7—连接筒；8—引鞋

该工具的主要特点是：

(1) 修整鱼顶和打捞落鱼可以一次完成。

(2) 修整鱼顶和打捞落鱼时工具与落鱼接触面积大，并有外筒保护鱼顶，保证打捞效果。

(3) 根据需要可释放落鱼，安全退出工具，不会使井下事故复杂化。

279. 磁力打捞器分哪几类？结构如何？有哪些主要用途？

答：磁力打捞器根据磁钢的适用温度分普通型和高温型两类，根据打捞时钻井液在打捞器内的循环方向分为反循环式（F）、正循环式（Z）和不循环式（B）三种形式。

结构：正循环型强磁、高强磁打捞器，这种打捞器由上接头、压盖、壳体、磁钢、芯铁、隔磁套以及引鞋等组成，如图 7-44 所示。

反循环型强磁、高强磁打捞器：这种打捞器由上接头、钢球、压盖、壳体、打捞器、磁钢、隔磁套、芯铁以及引鞋等组成，如图 7-45 所示。

用途：磁力打捞器是用来打捞在钻井、修井作业中掉入井内的钻头、牙轮、轴、卡瓦牙、钳牙、手锤及油（套）管

碎片等小件铁磁性落物的工具。对于能进行正、反循环的磁力打捞器，尚可打捞小件非铁磁性落物。

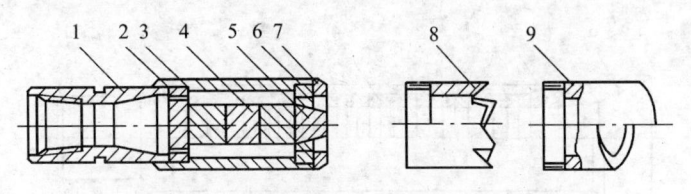

图 7-44　正循环磁力打捞器结构示意图

1—上接头；2—压盖；3—壳体；4—磁钢；5—芯铁；6—隔磁套；
7—平鞋；8—铣磨鞋；9—引鞋

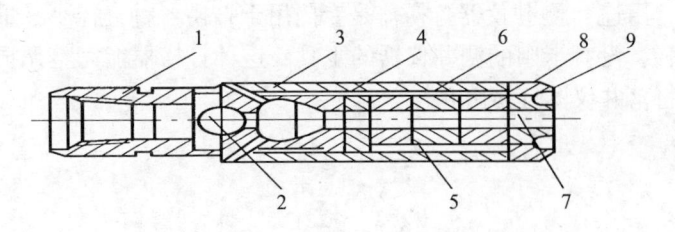

图 7-45　反循环磁力打捞器结构示意图

1—上接头；2—钢球；3—打捞器；4—压盖；5—壳体；6—磁钢；
7—芯铁；8—隔磁套；9—引鞋

280．测井仪器打捞器分哪几类？结构如何？有哪些主要用途？

答：结构：测井仪器打捞器由上接头、筒体、钢丝环、背帽以及引鞋等组成，如图7-46所示。

上接头有螺纹与钻具及筒体相连，筒体内腔安装有钢丝环，各钢丝环的径向方向上穿有直径为1～1.5mm的钢丝若干，作为卡取落物之用。在筒体下端装有背帽，目的是压紧钢丝环，防止由于引鞋脱落后钢丝环掉入井中。在背帽下部

用引鞋与筒体相连接，引鞋除有导落物进入打捞器内的功能外，尚有压紧背帽的作用。

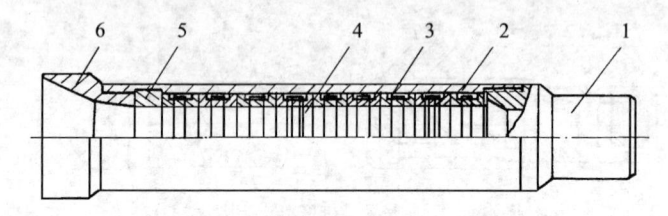

图 7-46 测井仪器打捞器结构示意图

1—上接头；2—筒体；3—钢丝环；4—钢丝；5—背帽；6—引鞋

用途：测井仪器打捞器是专门用于打捞各种直径小、重量轻、没有卡阻的测井仪器的工具。这种打捞器能完整无损地将落井仪器打捞出井。

第八部分　管柱解卡类工具

281. 切割类工具有哪些类型？各有什么特点？

答：切割类工具指强行处理井下被卡管柱、取换套管的工具，这类工具的切割方式包括机械切割、化学喷射切割和聚能（爆炸）切割三种。机械割刀包括机械式内割刀、机械式外割刀和水力式外割刀三种。机械式内割刀优点较多，操作简单，使用安全，有遇卡阻而易退出工具的优点，是目前广泛使用的切割工具；机械式外割刀、水力式外割刀因其工作外径较大，要求有足够的环空，且使用时往往要通过许多接箍，万一某处出现卡阻，刀片退不回，则有卡阻工具及管柱的危险，因此这两种工具目前应用范围较小，只在特殊情况下使用。

282. 机械式内割刀的结构如何？有哪些用途？

答：结构：机械式内割刀由上接头、心轴、切割机构、限位机构、锚定机构、导向头等部件组成。切割机构中有三个刀片及刀枕；锚定机构中有三个卡瓦牙及滑牙套、弹簧等，起锚定工具作用。机械式内割刀结构如图 8-1 所示。

用途：机械式内割刀主要用于井下被卡管柱卡点以上某个部位的切割，如采油工艺管柱、钻杆柱等的切割。若用于取换套管施工中的被套铣套管的适时切割，它的作用及效果也非常理想，切割后的端部切口光滑平整，可直接进行下一步工序。

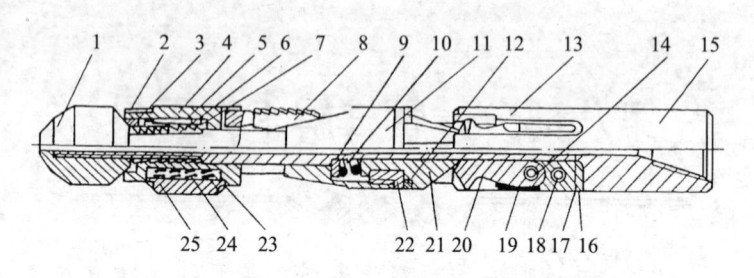

图 8-1 机械式内割刀结构示意图

1—底部螺帽；2，17，23—螺钉；3—带牙内套；4—扶正块壳体；5，19—弹簧片；6—滑牙套；7—滑牙块；8—卡瓦；9—垫圈；10—大弹簧；11—卡瓦锥体；12—限位环；13—心轴；14—丝堵；15—圆柱销；16—刀片座；18—内六角螺钉；20—刀片；21—刀枕；22—卡瓦锥体座；24—小弹簧；25—扶正块

283. 机械式内割刀的工作原理是什么？

答：机械式内割刀与钻杆或油管连接入井，下至设计深度后，正转管柱，工具下端的锚定机构中摩擦块紧贴套管，有一定的摩擦力。转动管柱，滑牙块与滑套相对运动，推动卡瓦牙上行胀开，咬住套管完成坐卡锚定。继续旋转管柱，并下放管柱，刀片沿刀枕下行，刀片前端开始切割管柱。随着不断地下放、旋转切割，刀片切割深度不断增加，直至完成切割，上提管柱，心轴上行，带动刀枕、刀片收回，同时锚定卡瓦收回，即可起出切割管柱。

284. 机械式内割刀的操作步骤是什么？

答：(1) 工具下井前应通井，保证下井工具畅通无阻。

(2) 根据被切割管柱内径选择机械式内割刀。

(3) 将工具接在管柱下部下入井内，管柱自上而下为：钻杆 + 开式下击器 + 配重钻铤 + 安全接头 + 内割刀。

(4) 工具下至预定深度以上 1m 左右时，开泵循环修井

液，冲洗鱼头。

(5) 记录管柱悬重，缓慢下放工具至预定深度，正转管柱坐卡内割刀。

(6) 内割刀坐卡后，以规定的钻压、转速进行切割。

(7) 当扭矩减小时，说明管柱被切割断。

(8) 上提管柱，刀片收回，即可解除锚定坐卡，起出切割管柱。

(9) 下工具时应防止正转管柱，以免中途坐卡。如果中途坐卡，上提管柱即可复位。

(10) 切割时应按规定量控制下放量和转速，防止刀片损坏。

285. 机械式外割刀的结构如何？有哪些用途？

答：结构：机械式外割刀分弹簧爪式和卡瓦式两种。弹簧爪式机械式外割刀由卡簧爪、铆钉、卡簧套、止推环、承载圈、隔套、筒体、主弹簧、进给套、剪销、刀片、引鞋等部件组成，如图8-2所示。

卡瓦式机械式外割刀由弹簧、卡瓦锥体、卡瓦、卡瓦锥体座、剪销、止推环、承载圈、隔套、筒体、弹簧、剪销、刀片等部件组成，如图8-3所示。

用途：机械式外割刀是一种从套管、油管或钻杆外部切断管柱的专用工具，切断后，可直接提出断口以上管柱。

286. 机械式外割刀的技术要求有哪些？

答：(1) 机械式外割刀应符合《钻井、修井用割刀》(SY/T 5070—2012) 的规定，并按规定程序批准的图样及技术文件制造。

(2) 机械式外割刀的刀头材质为高速工具钢，其刃部热处理硬度为 62～65HRC，柄部热处理硬度为 40～45HRC。

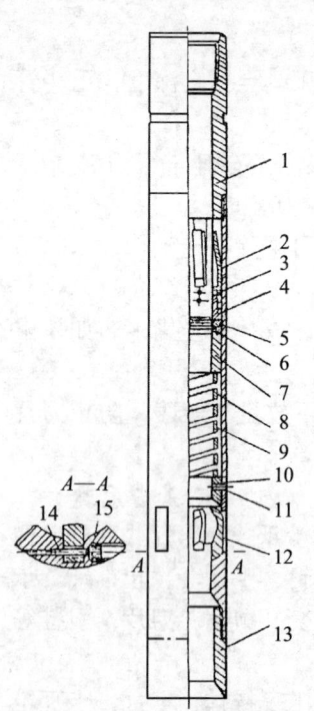

图 8-2 弹簧爪式机械式外割刀结构示意图

1—上接头；2—卡簧爪；3—铆钉；4—卡簧套；5—止推环；6—承载圈；7—隔套；8—筒体；9—主弹簧；10—进给套；11—剪销；12—刀片；13—引鞋；14—轴销；15—顶丝

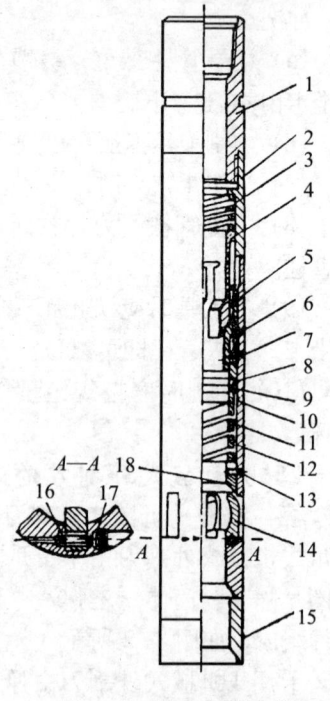

图 8-3 卡瓦式机械式外割刀结构示意图

1—上接头；2—中间接头；3—弹簧；4—卡瓦锥体；5—卡瓦；6—卡瓦锥体座；7—剪销；8—止推环；9—承载圈；10—隔套；11—筒体；12—弹簧；13—剪销；14—刀片；15—下接头；16—轴销；17—顶丝；18—进给套

（3）机械式外割刀 5 个刀头的刀尖轴向相对位置公差应符合表 8-1 的要求。

表 8-1 机械式外割刀刀尖轴向相对位置公差

型号	刀尖轴向相对位置公差，mm	型号	刀尖轴向相对位置公差，mm
WD-J58	0.20	WD-J149	0.30
WD-J98	0.20	WD-J154	0.35
WD-J114	0.25	WD-J194	0.35
WD-J119	0.25	WD-J206	0.40
WD-J143	0.30	—	—

(4) 卡紧套要活动灵活，6个卡簧与筒体的同轴度公差为0.8mm，轴向相对位置公差不大于0.2mm。

(5) 大弹簧压合后的装配高度要高于限位台阶4～6mm。

287. 水力式外割刀的结构如何？有哪些用途？

答：结构：水力式外割刀由筒体部分、进给机构、切割机构、限位机构等组成，如图8-4所示。

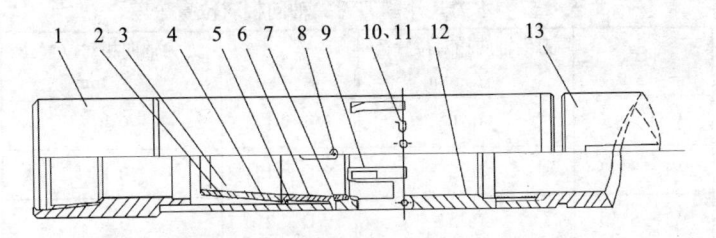

图8-4 水力式外割刀结构示意图

1—上接头；2—橡胶箍；3—活塞片；4—活塞O形密封圈；5—进刀片O形密封圈；6—进刀套；7—剪销；8—螺栓；9—刀片；10—刀销；11—刀销螺栓；12—外筒；13—引鞋

用途：水力式外割刀是一种靠液压推动的切割工具，它专门用来从管壁外部切割各种规格的钻杆、套管和油管，然后靠刀片形成的卡爪将割断的管柱打捞出来。水力式外割刀切割平稳、迅速，容易控制，广泛应用于切割遇卡管柱或破裂鱼头等井下作业。

288. 水力式外割刀的技术要求有哪些？

答：(1) 水力式外割刀应符合《钻井、修井用割刀》(SY/T 5070—2012) 的规定，并按规定程序批准的图样和技术文件制造。

(2) 水力式外割刀的上接头螺纹应符合《石油天然气工业 套管、油管和管线管螺纹的加工、测量和检验》(GB/T 9253.2—1999) 的要求。

(3) 刀头材质为高速工具钢，其刃部热处理硬度为 62～55HRC，柄部热处理硬度为 40～45HRC。

(4) 5 个刀头的刀尖轴向相对位置公差应符合表 8-2 的要求。

表 8-2　水力式外割刀刀尖轴向相对位置公差

型号	刀尖轴向相对位置公差，mm	型号	刀尖轴向相对位置公差，mm
WD-S95	0.20	WD-S143	0.30
WD-S103	0.20	WD-S154	0.35
WD-S113	0.25	WD-S210	0.40
WD-S119	0.25		

(5) 分瓣活塞要活动灵活，其外胀性能应能满足顺利通过落鱼的最大直径。

(6) 在正常切割时，切口应平整，刀尖不应有崩刃现象。

(7) 同一批产品所用剪销的材质和材料的力学性能要相同，剪销的地面试验剪断力应符合要求。

289. 聚能（爆炸）切割工具的结构如何？有什么用途？

答：结构：聚能切割工具由电缆头、加重杆、磁性定位器、电雷管室与雷管、炸药柱、炸药燃烧室、切割喷射孔、导向头及脱离头等组成，如图 8-5 所示。

图 8-5 聚能切割工具结构示意图

1—电缆；2—电缆头；3—加重杆；4—磁性定位器；5—电雷管室及雷管；
6—炸药柱；7—炸药燃烧室；8—切割喷射孔；9—导向头及脱离头

用途：聚能切割工具主要用于井下遇卡管柱（采油工艺管柱、作业管柱、钻井钻柱等）和取换套管时套铣套管的切割，切割后的断口外端向外凸出，外径稍有增大，断口断面基本平整、光滑，可不必修整。

290. 聚能（爆炸）切割工具的工作原理是什么？

答：聚能切割弹下至设计深度后，地面接通电源，引爆雷管，雷管引爆炸药。炸药产生的高温、高压气体沿下端的喷射孔急速喷出，因喷射孔是沿圆周方向均匀分布，并且由紫钢制成，孔小且数量多，高温气体喷出将被切割管壁熔化，高压气体则进一步将其吹断。之后，高温、高压气体在

环空与修井液等液体相遇而降温降压，切割即完成。

291．聚能（爆炸）切割工具的操作方法及要求有哪些？

答：（1）按所切割管子的内径、壁厚、材质选择相应的切割弹。

（2）连接电缆、加重杆、磁性定位器等工具。

（3）将工具下入井内。

（4）电雷管应绝缘，在工具未下到位时，地面电源不得接通。

（5）在磁性定位器校正无误后，接通地面电源。

（6）通电引爆雷管、切割弹，数秒钟后井口、地面可听到爆炸声，5min后断电。

（7）起出电缆及其他工具。

（8）如出现哑炮，应由专人负责处理。

（9）雷管与切割弹必须分开保管、分开运输，现场组装。

292．倒扣器由哪几部分组成？各部分有什么特点？

答：倒扣器主要由接头总成、变向机构、锚定机构和锁定机构等组成，如图8-6所示。

（1）接头总成。

接头总成主要由连接轴、牙嵌块、锁定套以及节流塞等组成。

连接轴：上部是右旋钻杆螺纹，下部是牙嵌，内孔是方螺纹，中间是水眼，径向有一个与水眼一样的溢流孔。

牙嵌块：厚壁套中间是花键孔，上端面的牙嵌与连接轴相结合。

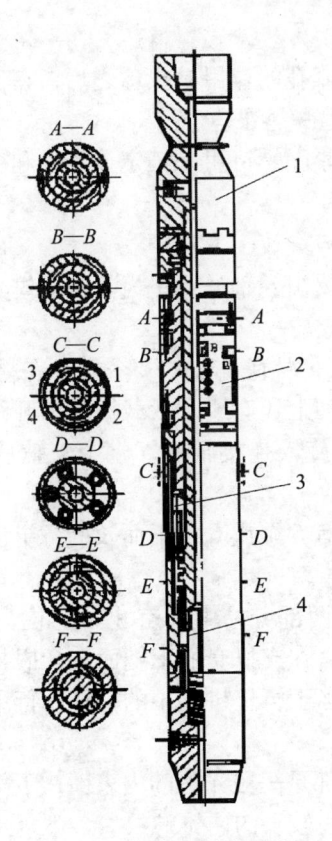

图 8-6 倒扣器结构示意图

1—接头总成；2—锚定机构；3—变向机构；4—锁定机构

锁定套：套装在长轴上，其上的内螺纹与锚定机构的空心轴连接，并由 4 个紧固螺钉固定。

节流塞：拧在连接轴溢流孔里，中间有通孔做溢流用。

接头总成的主要作用是：

①用连接轴、牙嵌块将钻杆上的转动扭矩传至变向机构

的长轴。

②水眼和溢流孔的作用是投球之后,在倒扣器以上形成新的循环通道,避免憋泵。

③锁定套及紧固螺钉用来锁定连接轴和变向机构,防止松扣和脱节。

(2) 变向机构。

变向机构主要由长轴、行星齿轮、支撑套、外筒体以及承载套等零件组成。

长轴:长轴下端有对称的2个槽,在槽的中央沿轴向有2个深孔,长轴上还有4个承载槽和渐开线齿形。长轴的上部是方牙螺纹旋入连接轴中,整个长轴从上至下有水眼连通。

行星齿轮:有5个或6个细而长的行星齿轮,两端的细轴与齿轮成为一体。

支撑套:分两部分,中间有止口定位,两部分用螺钉紧固成一个整体。在支撑套的上端面有牙嵌与锚定机构相咬合,这一零件相当于行星机构中的摇杆,行星齿轮安装在其中的圆孔内。

外筒体:上部是一段光滑的内表面,下部是渐开线形内齿,再向下是一段较长的内锥螺纹,最下端是特殊形式的内锥螺纹。

承载套:部分是青铜件,沿轴线有止口定位,用2个螺钉连接成一个整体。承载套外径上有细牙螺纹与外筒体旋合,内径有与长轴相对应的凸凹相间的承载环。

变向机构的主要作用是:

①通过行星齿轮机构变换了输入端的转速和旋向,从而把右旋扭矩变成左旋扭矩。

②行星机构上的支撑套把钻杆上的运动和扭矩传递给锚定机构，使其坐定在套管内。

③长轴和支撑套负担打捞作业（包括倒扣作业）中的全部上提力。

(3) 锚定机构。

锚定机构主要由空心轴、锚定翼板、连动板、摩擦套筒、摩擦胀圈、转套以及销轴等组成。

空心轴：上部是细牙螺纹，与锁定套相连，下端面有牙嵌与变向机构的支撑套相连，中部外圆柱面上对称地加工两道凸筋，即是加力筋。加力筋两端被切断的部分钻出锁孔，用以铰接锚定翼板。

锚定翼板：长条形圆弧板，两端面钻有销孔，安装在空心轴上；沿圆弧板的长度方向安装有4块合金块；在翼板一侧沿厚度方向有凸形弧面槽，与锚定机构中的空心轴加力筋配合。

连动板：形状与锚定翼板相同，只是没有安装合金块，用销轴与锚定翼板铰接。连动板两端面有小轴，插装在摩擦套筒和转套的小孔内。

摩擦套筒：滑装在空心轴上，上端面沿轴向有挡圈和密封槽。

摩擦胀圈：共有4个，在其开口处有2个内钩，经压缩后内钩卡在摩擦套筒的扇面形花键两侧，依靠其被压缩后的弹力贴紧在变向机构外筒体的光滑表面内，从而使摩擦套筒与外筒体在一定条件下成为整体。

锚定机构的主要作用如同变速箱的地脚，靠展开的翼板和坚硬的合金块啃入套管壁内，将倒扣器坐定在套管上。

(4) 锁定机构。

锁定机构主要包括滑动轴、弹簧、钢球以及下接头等。

滑动轴：分粗细2段，中部是对称的2个键。安装时，细端朝上，该端面上有球座。滑动轴的粗端滑装在下接头的孔内，被弹簧向上抵紧，迫使中部的2个键进入长轴端面的键槽内。滑动轴与长轴连成一体，滑动轴水眼可保持循环流畅。

下接头：上、下均有连接螺纹，上端面有与滑轮轴上2个键相对应的槽，中间有阶梯孔，大者安放弹簧，小者为水眼。下接头径向有一个与水眼相通的溢流孔。

锁定机构的主要作用是在投球后憋压，迫使滑动轴上的键进入下接头键槽内，将倒扣器4部分连接成一体，有利于打捞作业和释放落鱼。

293. 倒扣器的用途及特点有哪些？

答：倒扣器是一种变向传动装置，其主要功能是将钻杆的右旋转动（正扭矩）变成遇卡管柱的左旋转动（反扭矩），使遇卡管柱的连接螺纹松扣。由于这种变向装置没有专门的抓捞机构，因此必须同特殊形式的打捞筒、打捞矛、公锥或母锥等工具联合使用，以便倒扣和打捞。由此可见，倒扣器就其所要完成的作业而言，是一种组合型打捞工具。此外，与公锥倒扣、母锥倒扣、滑块捞矛倒扣作业比较，还有以下优点：

(1) 节省反扣钻杆。
(2) 工具可释放，也可随时收回。
(3) 操作过程中安全可靠，反弹力小。

294. 倒扣器的操作步骤是什么？

答：(1) 根据套管内径选择合适的倒扣器，并检查钢球尺寸。

(2) 根据落鱼尺寸选择打捞工具，配好倒扣管柱（自下而上为：左旋螺纹打捞工具+左旋螺纹安全接头+左旋螺纹下击器+倒扣器+右旋螺纹钻杆）。

(3) 倒扣管柱下至鱼顶深度以上 2m 时，停止下放管柱，记录指重表悬重。

(4) 接正循环管线开泵洗井，待洗井正常后下放管柱，并缓慢反转倒扣管柱入鱼。

(5) 待指重表负荷下降 10~20kN 时，停止下放。停泵，在井口记下第一个记号。

(6) 上提倒扣管柱，当指重表悬重大于入鱼前悬重 20~30kN 时，停止上提，记下第二个记号（此时抓住落鱼，拉开下击器）。

(7) 继续增加上提负荷，上提负荷大小视倒扣器管柱长度而定，但不得超过说明书规定的负荷。

(8) 在保持上提负荷的前提下，慢慢正转工具管柱（使翼板锚定）。

(9) 继续正转管柱倒扣，若发现倒扣管柱转速加快，扭矩减小，说明倒扣作业完成。

(10) 反转倒扣管柱（锚定翼板收拢）。

(11) 起出倒扣管柱。

295. 倒扣器的技术要求是什么？

答：(1) 倒扣作业前，对井下情况必须清楚，如对鱼顶形状、落鱼自然状态、鱼顶深度、套管和落鱼间的环形空间大小、鱼顶部位套管的完好情况等要弄清楚。

(2) 对不规则鱼顶要修整；对变形套管要整形；对倾斜状态下的落鱼可加接引鞋。

(3) 倒扣器不可锚定在裸眼井内或者破损套管内。

(4) 倒扣器在下钻过程中切忌转动钻具。

(5) 倒扣器工作前必须开泵洗井，若循环不正常，不得倒扣作业。

296. 倒扣捞筒的结构如何？有哪些用途和特点？

答：结构：倒扣捞筒由上接头、筒体、卡瓦、限位座、弹簧、密封圈以及引鞋等组成，如图 8-7 所示。

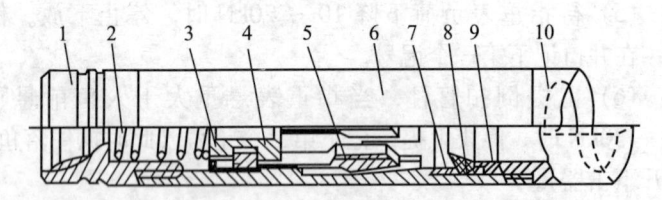

图 8-7 倒扣捞筒结构示意图

1—上接头；2—弹簧；3—螺钉；4—限位座；5—卡瓦；6—筒体；7—上隔套；8—密封圈；9—下隔套；10—引鞋

用途及特点：倒扣捞筒既可用于打捞、倒扣，又可释放落鱼，还能进行修井液循环。在打捞作业中，倒扣捞筒是倒扣器的重要配套工具之一，同时也可同反扣钻杆配套使用，其主要特点是：

(1) 综合各种捞筒、母锥等工具的优点，使打捞、倒扣、退出落鱼、冲洗鱼顶一次实现。

(2) 动作灵活，性能可靠，打捞成功率高。

(3) 结构复杂而紧凑，加工难度大。

(4) 抗拉负荷大，倒扣力矩大。

(5) 操作容易，维修简便。

297. 倒扣捞筒的工作原理是什么？

答：当内径略小于落鱼外径的卡瓦接触落鱼时，卡瓦与

筒体产生相对滑动，卡瓦从筒体锥面脱开，筒体继续下行，限位座顶在上接头下端面上迫使卡瓦外胀，落鱼引入。若停止下放，此时被胀大了的卡瓦对落鱼产生内夹紧力，紧紧咬住落鱼。上提钻具，筒体上行，卡瓦与筒体锥面贴合。随着上提力的增加，三块卡瓦内夹紧力也增大，使卡牙咬入落鱼外壁，继续上提就可实现打捞。如果对钻杆施以扭矩，扭矩通过筒体上的键传给卡瓦，使落鱼接头松扣，即可实现倒扣。要退出落鱼，下击钻具使卡瓦与筒体锥面脱开，然后右旋，卡瓦最下端大内倒角进入内倾斜面夹角中，限位座上的凸台正卡在筒体上部的键槽上，筒体带动卡瓦一起转动，上提钻具即可退出落鱼。

298. 倒扣捞筒的操作方法及注意事项有哪些？

答：（1）检查捞筒规格是否同打捞的落鱼尺寸相匹配。

（2）上紧各部分螺纹，下入井内。

（3）下钻距鱼顶 1～2m 时，开泵循环冲洗鱼头，待循环正常后 3～5min 停泵，并记录钻具悬重。

（4）慢慢右旋下放钻具，待悬重回降后，停止旋转及下放。

（5）按规定负荷上提并倒扣，当左旋力矩减小时，说明倒扣完成，起钻。

（6）当需要退出落鱼时，钻具下击，使工具向右旋转 1/4～1/2 圈并上提钻具，即可退出落鱼。

299. 倒扣捞矛的结构如何？有哪些用途？

答：结构：倒扣捞矛由上接头、矛杆、花键套、限位块、定位螺钉以及卡瓦等组成，如图 8-8 所示。

用途：倒扣捞矛是内捞工具，它可以打捞钻杆、油管、套铣管、衬管、封隔器、配水器、配产器等具有内孔的落物，可对遇卡落物进行倒扣作业，又可释放落鱼，还能进行修井液循环。

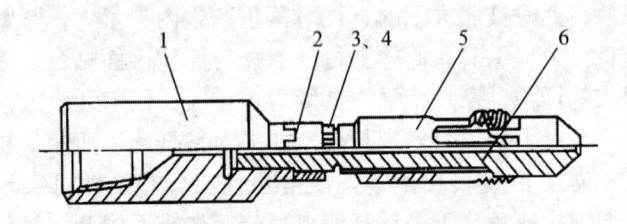

图 8-8 倒扣捞矛结构示意图

1—上接头；2—花键套；3—限位块；4—定位螺钉；5—卡瓦；6—矛杆

300. 倒扣捞矛的工作原理是什么？

答：当卡瓦外径略大于落鱼通径接触落鱼时，卡瓦与矛杆产生相对滑动，卡瓦从矛杆铣面脱开。矛杆继续下行，花键套顶着卡瓦上端面，迫使卡瓦缩进落鱼内。此时卡瓦对落鱼内径有外胀力，紧紧贴住落鱼内壁。上提钻具，矛杆上行，矛杆与卡瓦锥面吻合，随着提力的增加，卡瓦被胀开，外胀力使得卡瓦上的三角形牙咬入落鱼内壁，继续上提即可实现打捞。此时对钻具施以扭矩，即可倒扣。若需要退出落鱼，下击矛杆，使矛杆与卡瓦锥面脱开，然后右旋钻具，卡瓦下端倒角进入锥面键的夹角中，此时卡瓦上部筒体内壁的1/4弧形孔的侧面与矛杆上的限位键接触，限定了卡瓦与矛杆的相对位置，上提钻具，卡瓦与矛杆锥面不再贴合，即可退出落鱼。

301. 倒扣捞矛的操作方法及注意事项有哪些？

答：(1) 检查工具卡瓦尺寸是否符合所打捞的落鱼尺寸。

(2) 上紧各部分螺纹，下入井内。

(3) 下钻距鱼顶 1～2m 时停止下放，并记录钻具悬重，

开泵循环冲洗鱼顶,待循环正常后停泵。

(4) 慢慢右旋的同时下放钻具,待悬重下降有打捞显示时,停止旋转及下放。

(5) 上提至设计的倒扣负荷,进行倒扣。

(6) 释放落鱼时,用钻具下击的同时右旋转 1/4 ~ 1/2 圈,再上提钻具,即可退出落鱼。

302. 倒扣安全接头的结构如何?有哪些用途?

答:结构:倒扣安全接头由上接头、防挤环、下接头以及密封圈等组成,如图 8-9 所示。

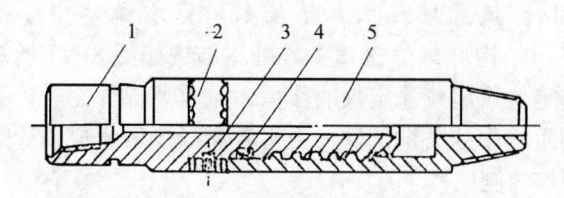

图 8-9 倒扣安全接头结构示意图

1—上接头;2—防挤环;3—螺钉;4—密封圈;5—下接头

用途:倒扣安全接头像其他安全接头一样,连接在工具管柱上,传递扭矩,承受拉、压和冲击负荷,而在打捞工具遇卡或者动作失灵无法释放落鱼收回钻具时,可以很容易地将此接头旋开,收回安全接头以上的工具及管柱,再行处理下部钻柱和工具。它可单独使用,也可作为倒扣器的配套工具。

303. 倒扣下击器的结构如何?有哪些用途?

答:结构:倒扣下击器主要由心轴、承载套、圆柱键、筒体、弹性销、导管、下接头及各种密封圈组成,如图 8-10 所示。

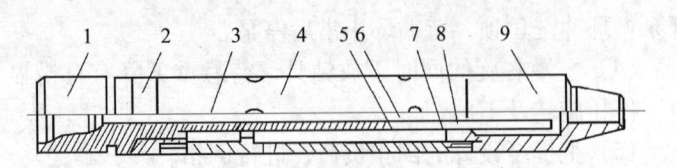

图 8-10 倒扣下击器结构示意图

1—心轴；2—承载套；3—圆柱键；4—筒体；5—弹性销；
6，8—密封圈；7—导管；9—下接头

用途：倒扣下击器实质是一个开式下击器，除具备开式下击器的功用外，还可同倒扣器配套使用。

304. 爆炸松扣工具结构如何？有哪些用途？

答：结构：爆炸松扣工具基本结构如图 8-11 所示，其中，磁定位仪起校深定仪的作用，是重要部件之一，爆炸杆是系列工具中的关键部件，由雷管和导爆索组成，导爆索用黑索金炸药制成。

用途：爆炸松扣工具主要用于遇卡管柱的倒扣旋转，在无反扣钻具的情况下或遇卡管柱经最大上提负荷处理仍无解卡可能时，使用爆炸松扣工具可一次性取出卡点以上管柱。

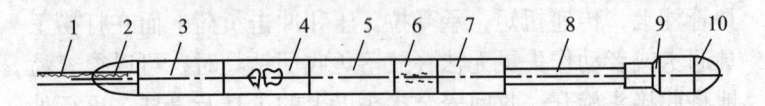

图 8-11 爆炸松扣工具结构示意图

1—电缆；2—提环；3—电缆头；4—磁定位仪；5—加重杆；6—接线盒；
7—雷管；8—爆炸杆；9—导爆索；10—导向头

305. 爆炸松扣工具的工作原理是什么？

答：井内遇卡管柱经测准卡点后，用电缆连接工具下入井内至预定深度，经磁定位仪校深无误后，引爆雷管、导爆

索。爆炸后产生的高速压力波使螺纹间的摩擦和自锁性瞬间消失或者极大减弱，迫使接箍处的连接螺纹在预先施加的反扭矩及上提力的作用下松扣。爆炸后即可旋转管柱，继续完成倒扣。

306. 爆炸松扣工具的操作方法及注意事项有哪些？

答：(1) 用磁定位仪找出卡点以上第一个接箍位置。

(2) 旋紧井内遇卡管柱。

(3) 根据通井情况选择合适的加重杆及爆炸松扣工具。

(4) 上提管柱，其负荷为卡点以上全部重量加10%，使卡点以上第一个接箍处于稍微受拉状态。

(5) 用电缆车从打捞管柱内下入爆炸松扣工具至预定深度，利用磁定位仪测出松扣接箍位置，使导爆索中部对准欲松扣的接箍。

(6) 按设计负荷上提管柱，同时施加扭矩。

(7) 接通地面电源引爆。爆炸后，管柱微微上跳或沿反扭矩方向旋转数圈，说明爆炸松扣成功。然后继续反转，直至全部倒开。

(8) 起出电缆及管柱。

307. 震击类工具的作用是什么？分哪几种类型？

答：震击类工具（震击器）通常与打捞工具配套使用，用于抓获落鱼后活动管柱解卡。在最大上提力下仍不能解卡时，可以用震击器给被卡管柱施以向下或向上的震击冲力，以解除卡阻。在砂卡、小物件卡、下井工具胶件失灵卡阻以及轻度套损卡阻的情况下，震击解卡可以达到理想的解卡效果，可以省去倒扣、打捞、再倒扣、再打捞等繁杂工序。

震击器按工作状况可分为随钻震击器和打捞震击器或开式震击器和闭式震击器；按震击原理可分为液压震击器、机械震击器和自由落体震击器；按震击器方向可分为上击器、下击器和双向震击加速器；按工作状况可分为随钻加速器和打捞加速器；按加速方向可分为上击加速器、下击加速器和双向加速器；按加速原理可分为机械加速器和液压加速器。

308. 润滑式下击器的结构如何？有哪些用途？

答：润滑式下击器主要由接头心轴、上缸体、中缸体、上击锤、导管及密封装置等组成，如图8-12所示。

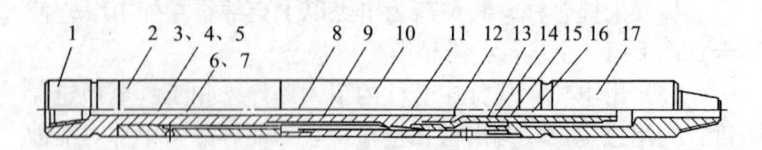

图8-12 润滑式下击器结构示意图

1—接送心轴；2—上缸体；3，8，9，12，14，15—O形密封圈；4，16—挡圈；5，17—保护圈；6—油塞；10—中缸体；11—上击锤；13—导管

润滑式下击器也称油浴式下击器，是闭式下击器的一种。这种下击器是向鱼顶突然施以下砸力为主的解卡工具，并且也可以产生向上的冲击力，实现活动解卡。

它与开式下击器的主要区别在于工具本身的撞击过程是在润滑良好的密闭式油浴中进行的，寿命比开式下击器长。

润滑式下击器作为预防性措施连接在打捞、钻井、试油等工具管柱中，可传递足够的扭矩和承受很大的钻压。另外，连接润滑式下击器的工具管柱利用其下击力可在井口将打捞工具从落鱼中取出，这是润滑式下击器的重要优点之一。

309. 开式下击器由哪几部分组成？

答：开式下击器主要由上接头、外筒、抗挤环、撞击筒、心轴、心轴外套、挡环、O形密封圈以及紧固螺钉等组成，如图8-13所示。

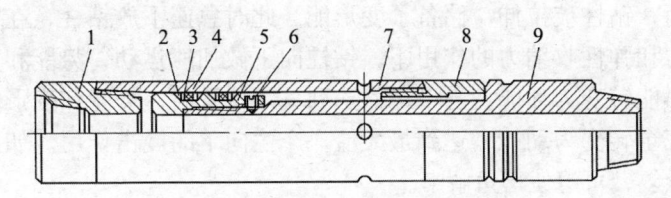

图8-13 开式下击器结构示意图

1—上接头；2—抗挤环；3—O形密封圈；4—挡环；5—撞击筒；6—紧固螺钉；7—外筒；8—心轴；9—心轴外套

上接头上部有钻杆内螺纹，下部有偏梯形外螺纹，外筒两端都有偏梯形内螺纹。内孔是光滑的配合表面，心轴下部是钻杆外螺纹，中间是外六方长杆，上部有连接外螺纹，内有水眼。撞击筒安装在心轴上端的外螺纹上，用螺钉锁紧。心轴外套有六方孔，套在心轴的六方杆上，可上下自由滑动并能传递扭矩。

310. 开式下击器的用途有哪些？

答：开式下击器是一种机械式震击工具，可对遇卡管柱进行反复震击，使卡点松动解卡。当提拉和震击都不能解卡时，还可以转动使可退式打捞工具释放落鱼。开式下击器与机械式内割刀配合使用时，可使内割刀得到一个不变的预定进给钻压，保证切割平稳；与倒扣器配合使用时，可以补偿倒扣后螺纹上升的行程；与钻磨铣管柱配套使用时，可以给出恒定进给钻压，这是开式下击器的最大优点。

311. 开式下击器的工作原理是什么？

答：开式下击器的工作过程是能量转化过程。打捞工具抓住落鱼后，上提钻柱，震击器被拉开一个冲程的高度（一般为600～1500mm），储集了势能；继续上提钻柱至一定负荷，钻柱被拉伸，储备了变形能。此时急速下放钻柱，在重力和弹性收缩力的作用下，钻柱向下做加速运动，势能和变形能转变为动能。当下击器达到关闭位置时，势能和变形能完全转变为动能，达到最大值，产生向下的震击作用。如此反复，可迫使落鱼解卡。

震击力的大小随开式上击器的上部钻柱悬重增加而增大，随上提负荷增大产生的弹性伸长越大而增大；开式下击器的冲程越长，震击力越大。

312. 开式下击器的操作方法及技术要求有哪些？

答：(1) 连接工具入井，下击器下部接安全接头、工具。

(2) 要使下击器靠近落物卡点，以发挥最大震击力。

(3) 抓获落物后，核定打捞、震击深度和管柱悬重。

(4) 上提钻柱，使震击器冲程全部拉开。迅速下放钻柱，当下击器接近关闭位置前100～150mm时刹车，停止下放。钻柱由于弹性收缩，下击器将迅速关闭，心轴外套下端面与心轴台肩发生连续撞击，向下连续震击随即产生。

(5) 上提钻柱再次拉开震击器冲程并使钻柱受拉伸，快速下放钻柱，刹车。如此反复，即可产生一次又一次的下击力，直至解卡。

(6) 下击15～20次后，钻柱应紧扣一次。

(7) 震击器起出后应清洗干净，润滑后待用。

313. 地面下击器的结构如何？有哪些用途？

答：结构：地面下击器主要由上接头、短节、上壳体、

心轴、冲洗管、调节环、摩擦心轴、摩擦卡瓦、支撑套、下壳体以及下接头等组成，如图8-14所示。

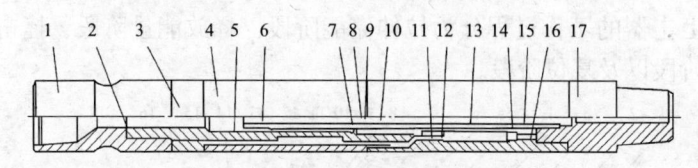

图8-14 地面下击器结构示意图

1—上接头；2，7，8，9—O形密封圈；3—短节；4—上壳体；5—心轴；6—冲洗管；10—密封座；11—螺钉；12—调节环；13—摩擦心轴；14—摩擦卡瓦；15—支撑套；16—下壳体；17—下接头

用途：地面下击器是装在钻台上对遇卡管柱施加瞬间下砸力的一种震击类工具，它主要用于：

(1) 钻柱解卡作业。

(2) 驱动井内遇卡无法工作的震击器。

(3) 解脱可释放式的打捞工具。

314. 液压式上击器的结构如何？有哪些用途？

答：结构：液压式上击器主要由上接头、心轴、撞击锤、上缸体、中缸体、活塞、活塞环、导管、下缸体及密封装置等组成，液压式上击器的上接头上部为钻杆内螺纹，下部为细牙螺纹同心轴相连，如图8-15所示。

用途：液压式上击器主要用于处理深井的砂卡、盐水和矿物结晶卡、胶皮卡、封隔器卡以及小型落物卡等，尤其适用于井架等设备提升负荷较小的井况，液压式上击器与加速器配套使用更加优越。

315. 液压式上击器的工作原理是什么？

答：液压式上击器是利用液体的不可压缩性和缝隙的溢流延时作用，它的花键同上壳体下部的花键孔配合传递扭

矩，拉伸钻具储存变形能，经瞬时释放，在极短的时间内转变成向上的冲击动能，传至落鱼，使遇卡管柱解卡。液压式上击器的工作过程分为拉伸储能阶段、释放能量阶段、撞击阶段以及复位阶段。

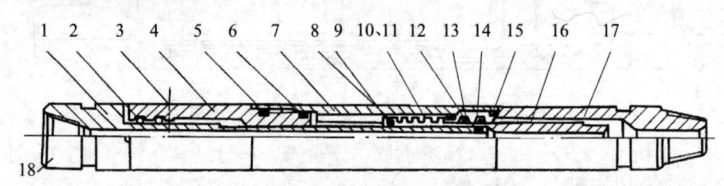

图 8-15 液压式上击器结构示意图
1—心轴；2—O 形密封圈组；3—加油塞；4—上缸体；5、6、9、12、13、14、15—O 形密封装置；7—中缸体；8—撞击锤；10—活塞；11—活塞环；16—导管；17—下缸体；18—上接头

（1）拉伸储能阶段。上提钻具时，因被打捞管柱遇卡，钻具只能带动心轴、活塞和活塞环上移。由于活塞环上的缝隙小，溢流量很少，因此钻具被拉长，储存变形能。

（2）释放能量阶段。虽然活塞环缝隙小，溢流量少，但活塞仍可缓缓上移。经过一段时间后，活塞移至卸荷槽位置，受压缩液体立即卸荷。受拉伸长的钻具快速收缩，使心轴快速上行，弹性变形能变成钻具向上运动的动能。

（3）撞击阶段。急速上行的心轴带动撞击键猛烈撞击上缸体的下端面，与上缸体连在一起的落鱼受到一个上击力。

（4）复位阶段。撞击结束后，下放钻具卸荷，中缸体下腔内的液体沿活塞上的油道毫无阻力地返回上腔内至下击器全部关闭，等待下次震击。

316. 液压式上击器的操作方法及技术要求有哪些？

答：（1）在实验室检验、测定液压式上击器的充油状

况，测出液压式上击器所需拉力和许用最大提拉力。

(2) 选择震击、打捞钻柱结构（自下而上为）：可退式打捞工具+安全接头+液压式上击器+配重钻铤+加速器+钻具。

(3) 将连接好的工具及管柱下入井内，下放速度小于2.5m/s。当工具下至距鱼顶5~10m时，开泵大排量冲洗落鱼，并记录钻柱悬重。

(4) 打捞落鱼并上提至原悬重以上100~150kN。

(5) 按规定的震击提拉负荷上提钻柱，刹车，等候震击发生。震击发生后，下放钻柱关闭液压式上击器行程。然后再次上提钻柱至规定负荷，刹车，等候震击发生。如此反复，直至震击解卡。

(6) 震击无效或作用不明显时，按可退式打捞工具退出程序要求退出震击打捞工具。

(7) 在浅井、斜井上使用液压式上击器时，应与加速器配套使用。

(8) 抓获落鱼后，上提拉力应由小到大逐渐加大至许用值。

(9) 上击器的上、下腔中必须充满润滑油，并不得渗漏。

317. 液压加速器的结构如何？有哪些用途？

答：结构：液压加速器由心轴、短节、外筒、缸体、撞击锤、下接头、活塞及各种密封装置所组成，如图8-16所示。

用途：液压加速器是与液压式上击器配套使用的工具。它利用具有特殊用途的硅机油的可压缩性来储存能量，对处于突然释放状态下的液压式上击器的心轴施以力和加速度，从而增强上击器的撞击效果。

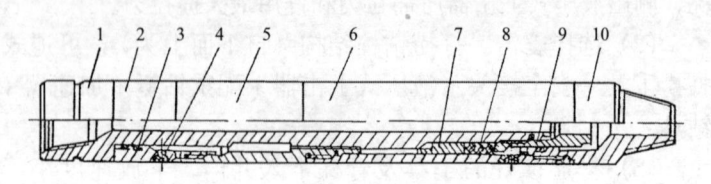

图 8-16 液压加速器结构示意图

1—心轴；2—短节；3—密封装置；4—注油塞；5—外筒；6—缸体；
7—撞击锤；8—活塞；9—导管；10—下接头

318. 液压加速器的工作原理是什么？

答：液压加速器的上、下腔内充满一定压力的硅机油，硅机油有可压缩性，一旦压力消除，可释放出能量。液压加速器安装在液压式上击器的上部，当液压加速器受到提拉力时，心轴带动活塞上行，开始压缩缸体内的硅机油，储存能量；提拉力越大，储存的能量越大。在液压式上击器瞬时释放时，液压加速器内受压的硅机油为上行的液压式上击器心轴加力、加速，使其以更高的速度上行，从而增强了上击效果。

319. 液压加速器的操作方法及注意事项有哪些？

答：(1) 钻柱组成（按下井的先后顺序）：打捞工具+安全接头+液压式上击器+钻铤+液压加速器+钻具。

(2) 液压加速器使用后必须用清水清洗干净，擦干保存。

(3) 定期检修，更换损坏件。

(4) 液压加速器必须经地面拉力实验架测试后，方可下井。

320. 礅击器的结构如何？

答：结构：礅击器主要由震击杆、导向套、外筒、震击套、震击垫、下接头以及密封圈等组成，如图 8-17 所示。震击杆与震击套相连，装在外筒内，导向套与外筒上部内螺纹相连接，起导向和限位作用。在内筒震击套下端装有震击垫，下接头与外筒下部内螺纹相连接。

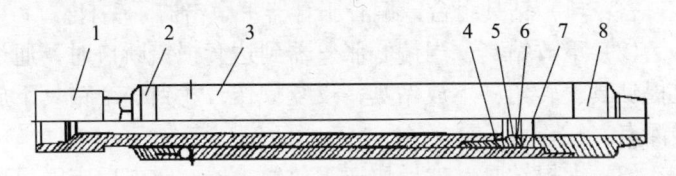

图 8-17 礅击器结构示意图

1—震击杆；2—导向套；3—外筒；4，6—密封圈；5—震击套；
7—震击垫；8—下接头

用途：礅击器是用于修复套损井段扩径、打通道的辅助工具之一。在修复套损井段扩径过程中，礅击器与偏心胀管器配合使用。

321. 礅击器的工作原理是什么？

答：当连接偏心胀管器、礅击器的钻柱下放并插入套损变形井段后，上提钻具，礅击器震击杆在外筒内带着震击垫也随着拉下（此时偏心胀管器已插入套损通道内，相对静止不动）。然后，快速下放钻具，钻具向下的冲击力通过礅击器的震击杆、震击套打击在震击垫上，礅击力通过下接头传递给偏心胀管器，使偏心胀管器像楔子一样楔入套损通道中，达到扩径的目的。

322. 礅击器的使用要求有哪些？

答：（1）使用前应检测礅击器最大外径尺寸是否与套管

尺寸相符。

(2) 震击杆在外筒内上、下滑动自如，无卡阻现象。

(3) 礅击器下井前应将各个螺纹连接部位紧扣。

(4) 礅击器拉开最大行程为3m，使用时应避免超过此行程，以防偏心胀管器从套损通道内拉出，影响礅击效果。

323．礅击器的工艺操作方法是什么？

答：(1) 钻具组合：偏心胀管器+礅击器+钻杆。

(2) 下放钻具，当偏心胀管器到达套损错断口时，通过上提钻具、转角、下放钻具，反复操作，找到一个钻具下放最深点。

(3) 上提钻具，然后快速下放礅击器，礅击后应以尽可能低的速度缓慢上提钻具。

324．礅击器的维护保养方法是什么？

答：(1) 工具每次使用后用清水冲洗干净。

(2) 首先将导向套、外筒从螺纹连接处卸开，把震击杆、震击套从外筒内拉出，把震击套和导向套从震击杆上取下，然后将下接头从外筒螺纹连接处卸下，用清水冲洗干净。

(3) 对震击杆、外筒、下接头应进行探伤检验，不得有影响工作的缺陷。

(4) 检查各零件连接螺纹是否完好无损。

(5) 检查合格后，重新组装，滑动配合部位涂钙基润滑脂，螺纹连接处涂螺纹油，将工具存放在阴凉干燥处，以备下次使用。

第九部分　钻套磨铣类工具

325．尖钻头的结构如何？有哪些用途？

答：结构：尖钻头由接头、钻头体与磨铣材料焊接而成。

用途：尖钻头是修井作业中常用的一种简单工具，用来钻水泥塞、冲钻砂桥与盐桥、刮去套管壁上的脏物和硬蜡及某些矿物结晶。

326．尖钻头分哪几种类型？各有什么特点？

答：尖钻头又分为普通钻头、十字钻头和偏心钻头三种。

(1) 普通钻头：普通钻头可根据不同需要制成不同尺寸，也可以在钻头体加焊 YD 合金焊料，以加大外形尺寸，如图 9-1 所示。

普通钻头由于本身的结构限制，底部承压面积较小，所以不能使用较高的钻压与较快的转速，尤其在某些特殊情况下使用油管作钻具时，更应注意，绝不能以大钻压追求进尺速度。钻水泥塞时，选用的钻压根据经验一般以 0.12～0.2kN 为宜。

(2) 十字钻头：十字钻头是由普通钻头发展而来的，钻头尖体断面呈十字形，目的是增加钻头底部的承压面积，以保证钻头的平稳钻进。这种钻头多用于下衬管后钻水泥塞时钻开喇叭口处的水泥等特殊作业，若另外再加上一套扶正装置，可保证不伤害衬管喇叭口，其结构如图 9-2 所示。

图 9-1　普通钻头结构示意图　　图 9-2　十字钻头结构示意图

（3）偏心钻头：偏心钻头是尖钻头的另一种形式，结构如图 9-3 所示。其特点是钻头体偏靠一边，呈不对称形体。

偏心钻头主要利用其偏心部分放置所起的凸轮作用来扩大侧钻中的井眼，清除套管壁上的水泥块、铣锈及矿物结晶等残留物，因而偏心钻头在施工中应采用低钻压、高转速划眼钻进的工作方式，以达到扩眼与清扫的目的。

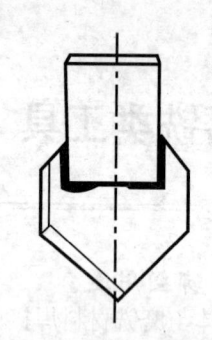

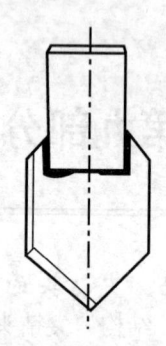

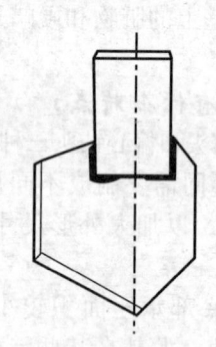

图 9-3　偏心钻头结构示意图

327．刮刀钻头的结构如何？有哪些用途？

答：结构：刮刀钻头可分为鱼尾刮刀钻头、领眼刮刀钻头和三刮刀钻头三种，由接头、钻头体焊接而成。

鱼尾刮刀钻头如图 9-4（a）所示。若在刮刀钻头的头部增加一段尖部领眼，则称为领眼刮刀钻头，如图 9-4（b）所示，尖部领眼的重要作用之一是使钻头沿原孔刮削钻进。三

刮刀钻头如图9-4（c）所示。

用途：刮刀钻头除有尖钻头的作用外，还有刮削井眼，使井壁光洁整齐的作用，可用于衬管内钻进、侧钻时钻进（可以破坏侧钻时形成的键槽）或对射孔炮弹垫子的钻磨等。

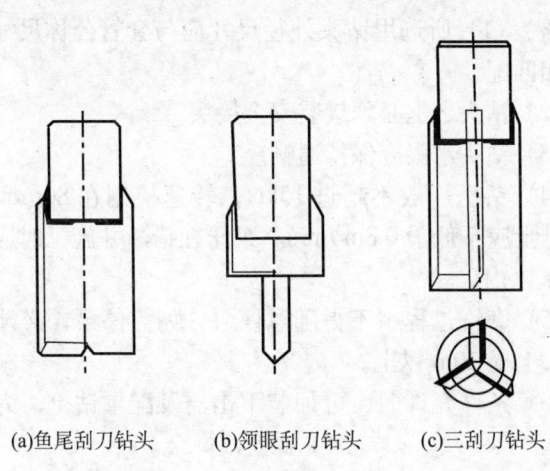

(a)鱼尾刮刀钻头　　(b)领眼刮刀钻头　　(c)三刮刀钻头

图9-4　刮刀钻头结构示意图

328．三牙轮钻头的结构如何？有哪些用途？工作原理是什么？

答：结构：三牙轮钻头由接头、巴掌、牙轮、轴承及密封件等组成，如图9-5所示。

用途：修井作业中，三牙轮钻头是用于钻水泥塞、堵塞井筒的砂桥和各种矿物结晶的工具。

工作原理：新型钻头尖端部的

图9-5　三牙轮钻头

切削部位焊有 YD 型硬质合金或其他耐磨材料，在管柱旋转和钻压作用下，如同钻床的钻头钻孔一样。

329．三牙轮钻头的操作方法及技术要求有哪些？

答：(1) 所选用钻头外径尺寸应与套管公称尺寸及被钻磨物相匹配。

(2) 钻头之上必须接装安全接头。

(3) 钻头水眼应保持通畅。

(4) 钻压一般不超过 15kN，转速控制在 80r/min 以内，冲洗排量应不低于 $0.8m^3/min$。泵压在错断井施工时应控制在 15MPa 以内。

(5) 磨铣过程中不得随意停泵，如需停泵，必须将管柱及钻头上提 20m 以上。

(6) 条件允许时，可加装下击器及配重钻铤，为钻头提供钻压。

330．侧钻类工具的作用是什么？分哪几种类型？

答：当油层部位套管严重损坏或油层坍塌砂埋导致油井无法再进行生产时，为了利用上部套管减少重新钻井的费用，可在油层上部的套管进行开窗侧钻，形成新的井眼采油。

套管内侧钻是对下部套管严重损坏的井进行侧向重钻斜井，以利用上部套管，使该井恢复生产能力的一种手段。

侧钻类工具主要包括三大部分，即造斜工具、开窗工具和固井工具。

331．双卡瓦锚定封隔器型造斜器的结构如何？有哪些用途？有什么特点？

答：结构：双卡瓦锚定封隔器型造斜器由坐卡封隔总

成、导斜对接总成和丢手侧向总成三大部件组成，为定向开窗侧钻工具。坐卡封隔总成主要由液力推动机构和坐封隔锁紧机构组成，如图9-6所示；导斜对接总成由斜口接头、导斜体等组成，如图9-7所示；丢手侧向总成由丢手接头、球座、钢球等零件组成，如图9-8所示。

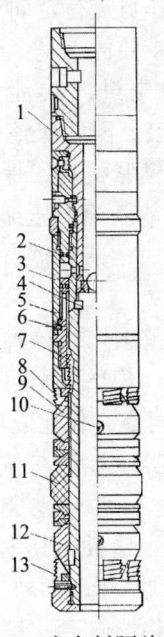

图9-6 坐卡封隔总成结构示意图

1—丢手接头；2—中心管；3—缸筒；
4—定位键；5—活塞；6，10—销钉；
7—锁定套；8—上卡瓦；9—上锥体；
11—胶筒；12—下锥体；13—下卡瓦

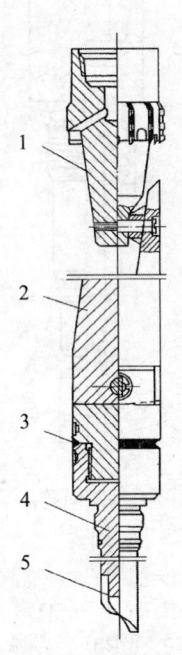

图9-7 导斜对接总成结构示意图

1—领眼铣鞋；2—导斜体；3—焊口；
4—斜口接头；5—键槽

用途：双卡瓦锚定封隔器型造斜器主要用于非水泥封隔

下部油水层定向开窗侧钻。双卡瓦锚定封隔器型造斜器将坐卡机构和封隔器机构结合为一体,实现导斜体自动对接,保证导斜体锚定牢固,封隔器上、下压力液体可靠,同时与其他配套工具联合工作可进行定向开窗侧钻。这种造斜器的主要优点是:

(1) 结构先进、功能齐全。这种造斜器有上、下两套整体式圆卡瓦,有坐卡后锁紧机构,保证坐卡力恒定;有高性能胶筒,压缩性和密封性都很好;同时,造斜器自身带定向短节。

(2) 适用范围广。这种造斜器自身有锚定机构,不受井深的限制。

(3) 性能可靠,作业成功率高。

332. YCDX型液压式侧钻工具的结构如何?有哪些用途?

答:结构:这种工具主要是由送入管总成、斜轨卡子、斜轨、上卡瓦、中心管、上锥体、缸套、销钉、下锥体、球座以及下卡瓦等部件组成,如图9—9所示。

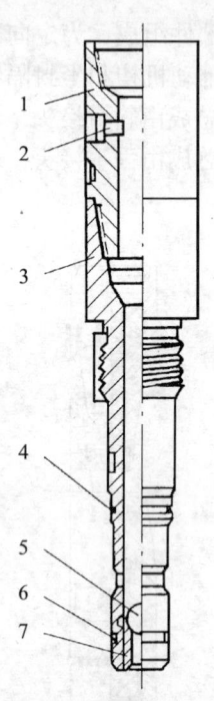

图9-8 丢手侧向总成结构示意图

1—定向接头;2—定向键;3—丢手接头;4,6—O形密封圈;5—钢球;7—球座

送入管总成是由上接头、送入管、球座、钢球、O形密封圈以及定位销钉等组成。

上接头两端为内螺纹,一端与下井管柱相连,另一端连接送入管。送入管为一细长的管类件,上端为内螺纹,可与上接头相啮合,其下部的外表面有较高的粗糙度,外部有1

224

个密封槽和2个销钉孔。斜轨卡子为一个圆形件，但一端被铣去一部分，斜轨是中间为通孔的圆楔形件，倾角较小，而且斜平面具有较高的硬度，其下端的外部有3个凹槽，内孔车有内螺纹。中心管为管式零件，两端有外螺纹，内外表面具有较高的粗糙度，外表面有4个凹坑。上卡瓦的外部是多条尖锐且具有较高硬度的纵向齿牙，上卡瓦被板弹簧紧逼在斜轨的凹槽中。锥体的锥面上钻有2个小通孔，锥面的角度与卡瓦的倾角相一致。缸套为筒类件，其内表面经氮化处理，硬度高。上、下活塞内、外表面粗糙度要求较高，并均有2道密封槽。下卡瓦的外表面铣有多个横向锋利齿牙，硬度高，下卡瓦用销轴与卡瓦座连接在一起。

用途：YCDX型液压式侧钻工具是目前国内较先进的造斜工具之一，这种工具定位性能好，定向准确，泵压大，不需注水泥便可开窗。

333. 截断磨鞋的结构如何？有哪些用途？

答：结构：截断磨鞋主要由上接头、弹簧、弹簧座、密封承托、本体、刀臂总成、活塞杆、下接头、扶正块以及喷嘴等组成，如图9-10所示。

用途：截断磨鞋是用来磨去一段套管的工具，一般遇到下列三种情况可使用：

(1) 需要磨去一段位于生产层的套管。

(2) 需要磨去一段套管，以能够进行侧钻作业。

(3) 需要磨去表层套管的松动接头。

通常一般油田采用的做法是截去7～9m套管，以进行侧钻作业。

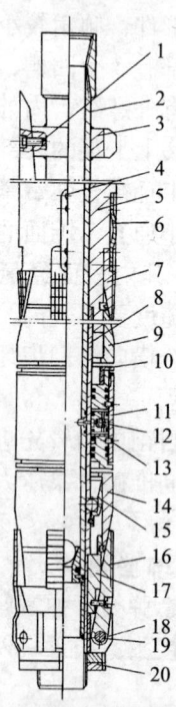

图 9-9 YCDK 型液压式侧钻工具结构示意图

1—螺栓；2—送入管总成；3—斜轨卡子；4，12—螺钉；5—斜轨；6—板弹簧；7—上卡瓦；8—中心管；9—上锥体；10—压帽；11—缸套；13—销钉；14—下锥体；15—球座；16—下卡瓦；17—垫套；18—卡瓦座；19—销轴；20—螺母

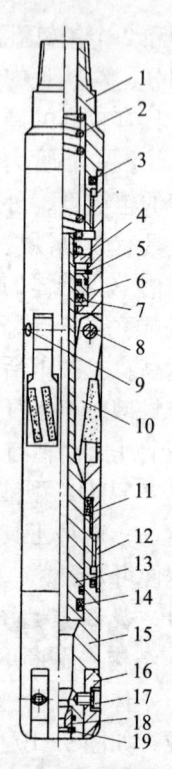

图 9-10 截断磨鞋结构示意图

1—上接头；2—弹簧；3—O 形密封圈；4—弹簧座；5，19—挡圈；6—密封圈；7—密封承托；8—铰链销；9，17—螺钉；10—刀臂总成；11—油封；12—本体；13—活塞杆；14—密封圈；15—下接头；16—扶正块；18—喷嘴

334. 斜向器由哪几部分组成？各部分有什么特点？

答：斜向器是侧钻过程中导斜和造斜的一种工具，斜向器结构特性是用断面形态、斜面硬度、斜面斜度以及尾部结构等表示，各部分的技术要求如下。

(1) 断面形态。根据斜向器断面形状分为平面、凹弧面两种，其结构如图 9-11 所示。

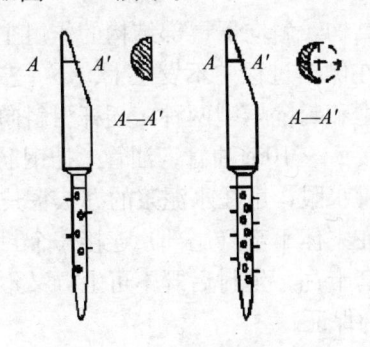

图 9-11 斜向器结构示意图

凹弧面斜向器定向性能好，开窗磨铣工作平稳，开出的窗口也比较规则，但钻具加工制作比较困难；平面斜向器的优、缺点正好与之相反。

(2) 斜面硬度。斜向器的制造材料可分为钢、生铁和铸铁三种。斜面硬度一般应与套管硬度相似，为 260～300HB，开窗时斜向器与套管均匀切削，窗口比较均匀。表面太硬，易提前外滑造成开窗距离短，给完井工作带来困难；表面过软，则窗口长，开窗时间长，有时可能侧钻不出。

(3) 斜面斜度。斜面斜度是由侧钻的目的和要求决定

的。井底位移大的，斜角大一些；井底位移小的，斜角小一些。在角度确定后，斜面长度与顶部厚度互相影响，顶部厚度大，则斜面长度就短。顶部厚度和斜面长度的大小又要根据井眼大小、钻具配合来综合考虑。钻具刚性大，井眼小，斜面要长一些，以利于钻进、固井工作的顺利进行；反之可短一些。目前常用生铁或铸铁水泥固定斜向器，斜向器斜面与套管面夹角为30°～60°较合适。

(4) 尾部结构。斜向器尾部结构的作用主要是稳定斜向器，使斜向器在侧钻过程中不发生上、下、左、右位移，其结构分为插杆型和封隔器型两种。插杆型斜向器是在主体下部（尾部）连接5～10m油管，油管上插钢筋数根，形似狼牙棒，并开少量水眼，用注水泥浆的办法将其固定住；封隔器型斜向器是在主体下部（尾部）连接一个封隔器，这个封隔器有上下两套卡瓦，坐封后既不可上行又不能下行，其牢固性得到很好的保证。

335. 送斜器的结构如何？

答：送斜器（送向器）是一个带有斜度与斜向器斜度相同的斜面圆柱体，其作用是将斜向器送至预定深度，施工时利用钻具顿断斜向器连接的两个销钉，达到分离、提出送斜器的目的，连接方式如图9-12所示。

送斜器分有循环通道和无循环通道两种。有循环通道的送斜器可先下好斜向器，后注水泥浆，顿断销钉，提出送斜器，这样施工安全；无循环通道的则先注水泥浆，在水泥初凝前，再送斜向器到预定位置。

336. 铣锥结构如何？分哪几种类型？

答：铣锥是磨铣套管开窗的工具，本体由优质钢锻制加工而成，主要工作面是侧面的硬质合金刀刃。对铣锥的基本

要求是开窗快,耐磨性好,几何形态利于切削,切削的负荷小,不易卡钻,便于排屑。铣锥的最大直径尽量与裸眼钻头直径相同,以便在开窗后不再需要扩眼。侧钻常用的铣锥有领眼铣锥、开窗铣锥、修窗铣锥以及钻铰式铣锥等。

(1) 领眼铣锥。它是用销钉与导斜器上端相连接,作用是在正式开窗前在窗口上部先开出一道口子,为开窗磨铣做好准备。

(2) 开窗铣锥。它由四段不同锥度的锥体组成,如图9-13所示。最下面的一段是锥体头部,锥度20°~30°,具有底部切削刃,作用是引导铣锥前进,防止铣锥提前滑出套管;第二段是锥体上部,锥度6°~10°,刀刃长度最长,作用是磨铣套管;第三段是锥体下部,锥体斜度与斜向器基本相同,作用是稳定铣锥,扩大窗口;最后一段是锥体尾部,锥体斜度为0°,作用是修整窗口。

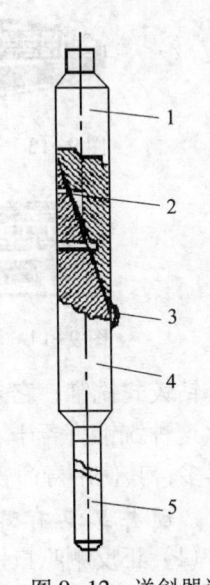

图9-12 送斜器连接结构示意图

1—送斜器;2—销钉;3—钻锲;4—定向器;5—尾管

(3) 修窗铣锥(平底铣锥)。它的作用是对已开出的窗口进行调整式的修复,使窗口更大一些,窗口边缘更圆滑和规则一些,其结构如图9-14所示。

图9-13 开窗铣锥结构示意图

图9-14 修窗铣锥结构示意图

(4) 钻铰式铣锥。它是把开窗和修窗两项工作一次完成的铣锥，这种铣锥将若干个不同锥体组合在一起，比普通铣锥要长得多，其使用寿命较长，可进行多口井的开窗。

337. 固井工具有哪些？各有什么作用？

答：(1) 正反喇叭口接头：正反喇叭口接头是侧钻后下尾管入井的工具，其作用是使尾管与上部钻具顺利分开；使尾管与套管连接处有高强度的斜坡口，以利于钻具顺利进入尾管。

根据正反喇叭口接头的作用，其外径应根据井眼情况及技术要求而定，一般其外径比套管内径小4～8mm，内径与尾管内径一致，内部无死台阶。

(2) 单流阀：单流阀是固尾管时防止尾管外水泥倒流的工具，其封闭性好坏对固井质量有一定影响。目前常使用的有三种，即单流式、活塞式和球式。在使用活塞式单流阀时，对井底的要求比较严格，若井底有砂或者尾管下不到井底，则不起作用。

(3) 尾管固井胶塞：尾管固井胶塞的作用是保证将尾管内水泥浆替净，使尾管内壁光滑，尾管外灰浆数量足够。

338. 平底磨鞋的结构、用途和工作原理分别是什么？

答：结构：平底磨鞋由磨鞋本体及所堆焊的 YD 合金或其他耐磨材料组成。磨鞋本体由两段圆柱体组成：小圆柱上部是钻杆螺纹，同钻柱相连；大圆柱体底面和侧面有过水槽，在底面过水槽间焊满 YD 合金或其他耐磨材料。磨鞋体从上至下有水眼，水眼可做成直通式和旁通式两种，如图 9-15 所示。

(a) 旁通式水眼型平底磨鞋　　(b) 直通式水眼型平底磨鞋

图 9-15　平底磨鞋结构示意图

用途：平底磨鞋是用底面所堆焊的 YD 合金或耐磨材料去磨研井下落物的工具。

工作原理：平底磨鞋以其底面上 YD 合金和耐磨材料在钻压的作用下吃入并磨碎落物，随循环洗井液带出地面。

339. 柱形磨鞋的结构和用途分别是什么？

答：结构：柱形磨鞋实质上是将梨形铣鞋（为套铣类工具）的圆柱体部分加长的磨鞋，其柱体部分可以加长到 0.5~2.5m，如图 9-16 所示。

图 9-16　柱形磨鞋结构示意图

用途：柱形磨鞋用于修整略有弯曲或轻度变形的套管；修整下衬管时遇阻的井段以及用以修整错位不大的套管断脱井段；当上、下套管断口错位不大于 40mm 时，可用于将断口修直，便于下一步工作的顺利进行。

340. 活动磨鞋的结构和用途分别是什么？

答：结构：活动磨鞋主要由心轴、铣锥以及导引杆等组成。心轴是外六方杆空心轴，内孔是水眼，外六方和磨鞋内六方配合传递扭矩，且能上下灵活运动，下部外螺纹与导引杆相连接。磨鞋下部焊硬质合金与 YD 焊条，外锥面和保径部分相间镶焊硬质合金柱与 YD 焊条，是套损井段扩径、打通道的主要切削工具。活动磨鞋的结构如图 9-17 所示。

用途：活动磨鞋用于套损通径为 70～150mm 变形、错断井段扩径、打通道，通常与其他工具配合（活动肘节、钻压控制器）使用。

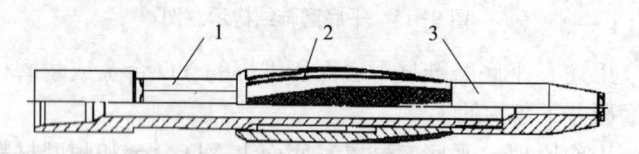

图 9-17 活动磨鞋结构示意图
1—心轴；2—铣锥；3—导引杆

341. 活动磨鞋的工作原理是什么？

答：将连接活动磨鞋的钻柱下放到变形、错断口，如果活动磨鞋导引杆插入套损通道内，磨鞋遇阻，相对心轴向上滑动，进入六方杆部位，旋转钻柱，心轴六方带动磨鞋进行正常磨铣；如果磨铣无进尺，说明活动磨鞋导引杆没有插入错断口，磨鞋体未达到六方杆部位，钻柱空转，没有起到磨

铣作用。

342. 活动磨鞋的使用要求有哪些？

答：(1) 使用前应检测活动磨鞋外径尺寸是否与套管尺寸相符。

(2) 磨鞋在六方杆上滑动自如，且在导引杆端部空转自如，无卡阻现象。

(3) 下井前应将螺纹连接部位紧扣。

343. 活动磨鞋的工艺操作方法是什么？

答：(1) 钻具组合：活动磨鞋+短钻杆+活动肘节+钻杆+钻压控制器+钻杆。

(2) 下放钻具，当钻具距套损井点 0.5m 以上时，开泵循环钻井液，循环正常后再将钻具完全下放到底。

(3) 在方钻杆上做好记号，上提钻具（上提高度为钻具自身伸长量加 0.1m），开始磨铣。确认无蹩钻、跳钻现象以后，再适当加大转速，并保证连续循环钻井液。

(4) 磨铣一定时间以后或指重表负荷增大时，钻具停止旋转，下放钻具测量进尺。如果进尺达到 0.3~0.5m，结束磨铣起出钻具；否则继续磨铣，直至进尺达到要求。

(5) 打铅印落实套损通径变化情况。

(6) 如果套损通径已经达到预计以上，则进入扩径工序；否则根据通径情况继续实施找通道工艺。

344. 活动磨鞋的维护保养方法是什么？

答：(1) 每次使用工具后，用清水冲洗干净。

(2) 将导引杆卸掉，将磨鞋从心轴上拆卸下来。

(3) 检查磨鞋端部、外径的硬质合金及 YD 焊条焊接部位切削刃磨损情况，确定是否影响工作。

(4) 探伤检验磨鞋心轴是否有伤以及连接螺纹是否

完好。

（5）检查合格后重新组装，滑动配合部位涂钙基润滑脂，螺纹连接处涂螺纹油，将工具存放在阴凉干燥处，以备下次使用。

345. 铣鞋分哪几类？用途是什么？

答：铣鞋可分梨形铣鞋（图9-18）、锥形铣鞋（图9-19）和内铣鞋、外齿铣鞋、裙边铣鞋以及套铣鞋等。

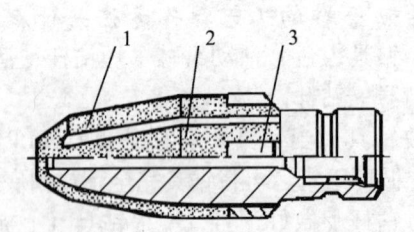

图9-18 梨形铣鞋结构示意图
1—碳化钨材料；2—本体；3—扶正块

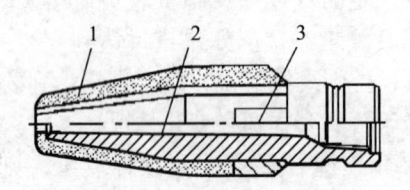

图9-19 锥形铣鞋结构示意图
1—碳化钨材料；2—本体；3—扶正块

用途：铣鞋主要用来修理被破坏的鱼顶，如被顿坏、损坏的油管、钻杆本体等。

346. 内齿铣鞋的结构如何？有什么特点？

答：内齿铣鞋由接头与铣鞋体构成，按其内部结构又

分为内齿铣鞋和 YD 合金焊接式内铣鞋两种。内齿铣鞋的铣鞋体与腔呈喇叭口形，加工有细密的长条形切削铣齿，如图 9-20 所示，其铣齿经渗碳淬火处理，硬度较高，能对鱼顶进行修整，并作为洗井液的过流通道。YD 合金焊接式内铣鞋如图 9-21 所示。

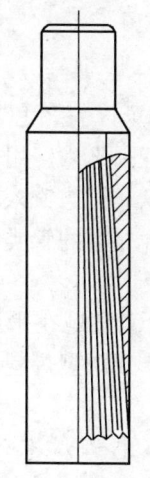

图 9-20　内齿铣鞋结构示意图

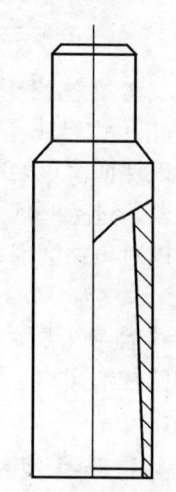

图 9-21　YD 合金焊接式内铣鞋结构示意图

347. 外齿铣鞋的结构如何？有什么特点？

答：外齿铣鞋是用于刮铣套管壁、修理鱼顶内腔以及修整水泥环的一种工具，还可以用来刮削套壁上残留的水泥环、锈斑、矿物结晶以及小量的飞边等。在下衬管固井钻水泥塞之后，需要下外齿铣鞋将衬管顶部水泥塞处修整成平整光滑的喇叭口，其他的工具均难以完成。

外齿铣鞋由接头与铣鞋体构成，在铣鞋体外壁加工有多条长形锥面铣齿，如图 9-22 所示。外齿铣鞋与内铣鞋齿形相同，只不过分布在外表面。

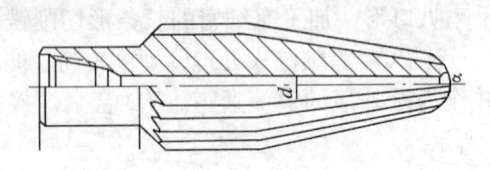

图9-22 外齿铣鞋结构示意图

348．裙边铣鞋的结构如何？有什么特点？

答：裙边铣鞋由于有裙边存在，它可以将落鱼罩入裙边之内，以保证落鱼始终置于磨鞋磨铣范围之内，用底部切削材料对落鱼进行磨削。这种铣鞋既可以靠裙边铣入环形空间，又可以对鱼顶磨削，还可以磨削各种摇晃的管类和杆类落物。

裙边铣鞋与平底磨鞋结构基本相同，只是在平底磨鞋体上增加圆柱形裙边，并在裙边底部加焊YD型焊料，如图9-23所示。

349．套铣鞋的结构如何？分哪几类？有什么特点？

答：套铣鞋又称空心磨鞋或铣头，是用以清除井下管柱与套管之间各种脏物的工具，还可以用来套铣环形空间的水泥、坚硬的沉砂、石膏及碳酸钙结晶等。

套铣鞋按其与套铣筒（有的称套铣管）的连接形式可分为：

图9-23 裙边铣鞋结构示意图
1—磨鞋；2—裙边

（1）整体型。如图9-24（a）所示，即将套铣鞋与套铣筒焊接为一体，或直接在套铣筒底部加工套铣鞋。这种形式的套铣鞋强度大，不

易产生脱落，一般多用于深井。

(2) 分离型。如图9-24 (b) 所示，即将套铣鞋与套铣筒用螺纹连接。这种加工更换方便，但其强度较低，不能承受较大的扭矩，因而只适用于浅井。

按套铣鞋本身的结构又可分为：

(1) 底部单向磨铣型。铣鞋本身只在其底部镶焊切削的合金材料（如YD焊料、YGB合金等），对其底部进行磨削，如图9-24 (c) 所示。

(2) 底部及内孔双向磨铣型。除在底部之外，还在内腔加焊切削合金焊料，因而不但有底出刃，还有内出刃，除了对底部切削之外，还可以向内磨削，如图9-24 (d) 所示。

(3) 三向磨铣型。除底部和内孔焊有合金焊料之外，还在套铣鞋母体外圆加焊一定厚度的合金焊料。这种磨铣鞋的底部、内部与外部三向出刃，能在三个方向切削，如图9-24 (e) 所示。

350. 套铣筒的结构如何？有哪些用途？

答：结构：套铣筒是由上接头、筒体以及套铣鞋等组成，其结构如图9-25所示。

用途：套铣筒是与套铣鞋联合使用的套铣工具，其功能除旋转钻进套铣之外，还可用来进行冲砂、冲盐、热洗解堵等。

351. 套铣筒的操作方法是什么？

答：(1) 套铣筒下井前要测量外径、内径和长度尺寸，并绘制草图。

(2) 套铣筒连接时，螺纹一定要清洁，并涂螺纹密封脂。

(3) 根据地层的软硬及被磨铣物体的材料、形状选用套铣筒。

(a)整体型　　(b)分离型

(c)底部单向磨铣型　(d)底部及内孔双向磨铣型　(e)三向磨铣型

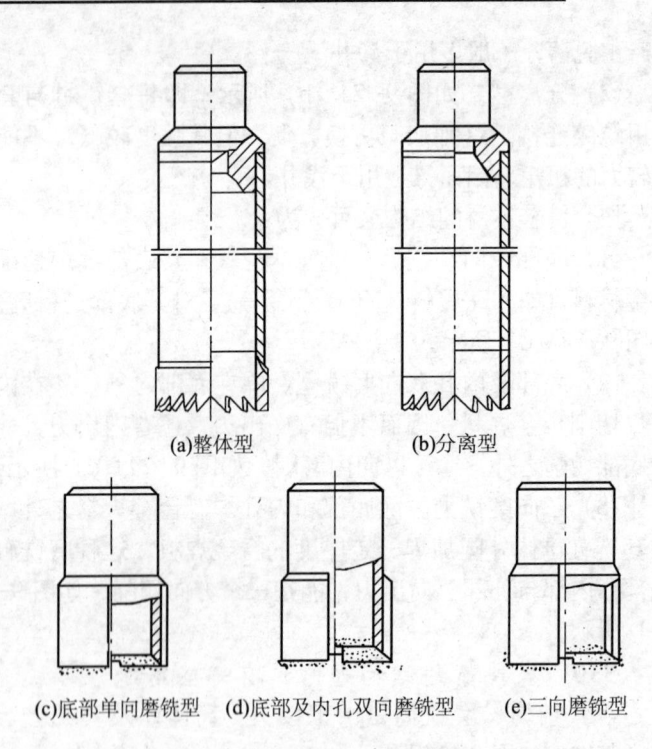

图9-24　套铣鞋结构示意图

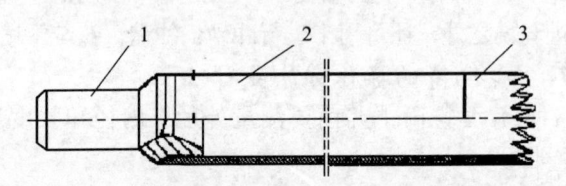

图9-25　套铣筒结构示意图
1—上接头；2—筒体；3—套铣鞋

(4) 下套铣筒时必须保证井眼畅通。在定向井、复杂井

套铣时，套铣筒不要太长。

（5）套铣筒下钻遇阻时，不能用套铣筒划眼。

（6）当井较深时，下套铣筒要分段循环修井液，不能一次下到鱼顶位置，以免开泵困难、憋漏地层和卡套铣筒。

（7）下套铣筒要控制下钻速度，由专人观察环空修井液上返情况。

（8）套铣作业中，若套不进落鱼，则应起钻详细观察铣鞋的磨损情况，认真分析，并采取相应的措施。不能采取硬铣的方法，避免造成鱼顶、铣鞋、套管的损坏。

（9）应以蹩跳小、钻速快、井下安全为原则选择套铣参数。

（10）套铣筒入井后要连续作业，当不能进行套铣作业时，要将套铣筒上提至鱼顶50m以上。

（11）每套铣3～5m，上提套铣筒活动一次，但不要提出鱼顶。

（12）套铣时，在修井液出口槽放置一块磁铁，以便观察出口返出的铁屑情况。

（13）套铣过程中，若出现严重蹩钻、跳钻、无进尺或泵压上升或下降时，应立即起钻分析原因，待找出原因、泵压恢复正常后再进行套铣。

（14）套铣至设计深度后，要充分循环洗井，待井内碎屑物全部洗出后起钻。

（15）套铣结束，应立即起钻，在套铣鞋没有离开套铣位置时不能停泵。

352. 套铣或磨铣的操作步骤是什么？

答：（1）接正洗井管线，开泵循环，待排量及压力稳定后，缓慢下放钻杆，旋转钻具，套铣或磨铣时所加钻压不得

超过40kN，排量大于500L/min，转速为40～60r/min，中途不得停泵。

（2）套铣或磨铣至设计深度后，要大排量循环洗井两周以上。

（3）起出井内管柱，检查磨铣工具，分析磨铣效果，确定下一步方案。

353. 套铣或磨铣操作的技术要求有哪些？

答：（1）套铣或磨铣时加压不得超过40kN，指重表要灵活好用。

（2）在套铣或磨铣深度以上若有严重出砂层位，必须处理后再套铣或磨铣。

（3）在套铣或磨铣施工过程中，每套铣或磨铣完一根钻杆要充分洗井，时间不少于20min。

（4）在套铣或磨铣施工过程中，若出现无进尺或蹩钻等现象，不得盲目增加钻压，待确定原因后再采取措施，防止出现重大事故。

354. 复式套铣筒的结构和用途分别是什么？

答：结构：复式套铣筒主要由套铣鞋和凹底磨鞋组成，其结构如图9-26所示。

用途：复式套铣筒用于小通径、套损较严重的井段扩径、打通道，通过与其他工具（滚动扶正器、钻压控制器）组合使用，能保证在扩径磨铣

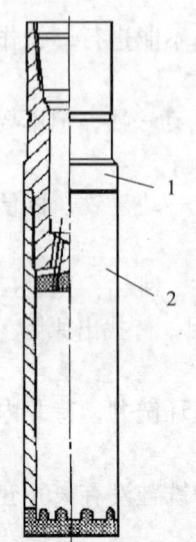

图9-26 复式套铣筒结构示意图
1—凹底磨鞋；2—套铣鞋

过程中工具不偏离套损的井段。

355. 复式套铣筒的工作原理是什么？使用时有什么要求？

答：该套铣鞋由铣鞋体和 YD 焊条组成，在套损井段扩径、打通道过程中形成多余套损管片，起到使磨铣筒不偏离套损通道的作用。

使用要求如下：

（1）使用前应检测套铣鞋外径尺寸是否与井眼尺寸相符。

（2）下井前应将螺纹连接部位紧扣。

356. 复式套铣筒的操作步骤是什么？

答：（1）钻具组合：复式套铣筒 + 钻铤 + 滚动扶正器 + 钻压控制器 + 钻杆。

（2）下放钻具，当钻具距套损井点 0.5m 以上时开泵循环钻井液，循环正常后再将钻具完全下放到底。

（3）在方钻杆上做好记号，上提钻具（上提高度为钻具自重伸长量加 0.1m），开始磨铣。确认无蹩钻、跳钻现象以后，再适当加大转速，并保证连续循环钻井液。

（4）磨铣一定时间以后或指重表负荷增大时，钻具停止旋转，下放钻具测量进尺。如果进尺达到 0.3～0.5m，结束磨铣起出钻具；否则继续磨铣，直到进尺达到要求。

（5）打铅印落实套损通径变化情况。

（6）如果套损通径已经达到预计值以上，则进入扩径工序；否则根据通径情况继续实施找通道工艺。

357. 复式套铣筒如何进行维护保养？

答：（1）每次使用工具后，用清水冲洗干净。

（2）将套铣鞋与凹底磨鞋拆卸下来，检查套铣鞋本体有

无探伤以及有无影响强度的缺陷。

（3）检查套铣鞋及凹底磨鞋 YD 焊条焊接部位切削刃是否影响工作。

（4）检查套铣鞋及凹底磨鞋连接螺纹是否完好。

（5）检查合格后重新组装，螺纹连接处涂螺纹油，将工具存放在阴凉干燥处，以备下次使用。

358. 探针铣锥的结构如何？有哪些用途？

答：结构：探针铣锥主要由锥形体、保径体和导引杆组成，其结构如图 9-27 所示。

用途：探针铣锥主要用于套损通径相对较小的变形、错断井段扩径、打通道，也可用于修复变形鱼顶作业；通过与其他工具（可弯肘节、钻压控制器）组合使用，在磨铣过程中探针铣锥下部导引杆能始终引导铣锥处于套损通道中，不至于磨出套管外。

359. 探针铣锥的工作原理是什么？

答：由图 9-27 可以看出，探针铣锥由导引杆、锥形体和保径体三部分组成，导引杆主要用来引入铣锥至变形、错断通道并始终保持处于套损通道内；锥形体和保径体上焊有 6 条相间 YD 焊条切削带，用来磨铣变形、错断套管并保持通道完好。

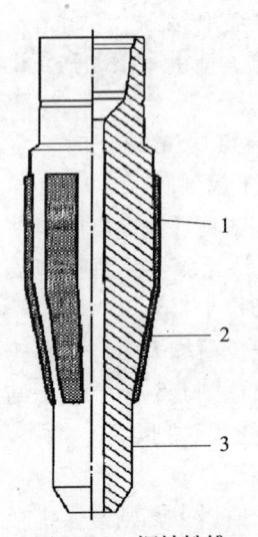

图 9-27 探针铣锥结构示意图

1—保径体；2—锥形体；3—导引杆

360. 探针铣锥的使用规程与操作步骤是什么？

答：使用规程：使用前应检测铣锥外径尺寸应与套管尺寸相符。

操作步骤如下：

(1) 钻具组合：探针铣锥+短钻杆+可弯肘节+钻杆+钻压控制器+钻杆。

(2) 下放钻具，当探针铣锥到达变形、错断断口位置时，通过上提钻具、转角度、下放钻具反复操作，找到一个钻具下放最深的点。

(3) 在方钻杆上做好记号，上提钻具（上提高度为钻具自身伸长量加 0.1m），开始磨铣。确认无蹩钻、跳钻现象以后，再适当加大转速，并保证连续循环钻井液。

(4) 磨铣一定时间以后或指重表负荷增大时，钻具停止旋转，完全下放钻具测量进尺。如果没有产生进尺，则起出钻具，查清原因；否则继续磨铣，直至磨铣到设计深度。

(5) 下入常规修井工具处理套损井段。

361. 探针铣锥的维护保养方法是什么？

答：(1) 每次使用工具后，用清水冲洗干净。

(2) 检查铣锥 YD 焊条焊接部位直径及切削刃是否影响工作。

(3) 检查铣锥连接螺纹是否完好。

(4) 检查合格后，螺纹连接处涂螺纹油，将工具存放在阴凉干燥处，以备下次使用。

第十部分　套管修理类工具

362. 梨形胀管器的结构是什么？有什么用途？

答：结构：梨形胀管器为一整体结构，按水槽结构可分为直槽式与螺旋槽式两种，如图10-1所示。

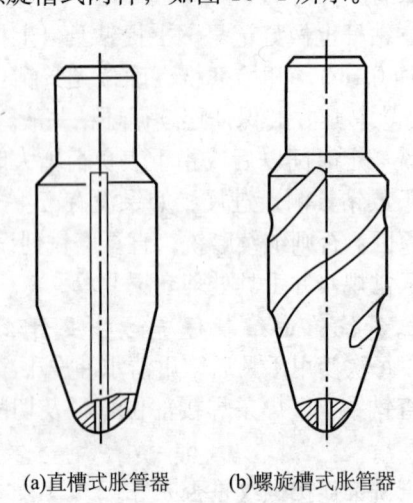

(a)直槽式胀管器　(b)螺旋槽式胀管器

图10-1　梨形胀管器结构示意图

用途：梨形胀管器简称胀管器，是用于修复井下套管较小变形的整形工具之一。它依靠地面施加的冲击力迫使工具的锥形头部楔入变形套管部位，进行挤胀，达到修复其内通径尺寸的目的。

363. 梨形胀管器的工作原理是什么？

答：梨形胀管器的工作部分为锥体大端。当钻具施加压力时，锥体大端与套管变形部位接触的瞬间所产生的侧向分力挤胀套管变形。梨形胀管器的锥角应大于30°。

364. 试说明梨形胀管器的操作方法及注意事项。

答：(1) 通井或打铅印，落实套管变形的尺寸、深度及方入等数据。

(2) 选用比最大通径大2mm的胀管器，接在钻具底部下入井内。当井较深、钻具重量足够大时，可不接下击器；若钻具重量不够大，应在钻具上部接下击器。

(3) 下钻至套管变形井段以上10m，开泵洗井，然后下探遇阻深度。

(4) 上提钻具2~3m，快速下放。当记号离转盘面0.3~0.4m时，突然刹车，钻具的惯性伸长使工具冲胀变形套管。如此数次仍不能通过时，应将钻具刹车高度下降0.1m再重复操作。

(5) 使用下击器且钻具重量不够时，应根据钻具重量、井斜和井内具体情况确定好钻具上提高度和下放速度，以达到冲击胀大变形套管的目的。

(6) 经过以上操作仍不能通过时，表明胀管器尺寸过大，应起钻更换小一级的胀管器。

(7) 第一级胀管器通过后，第二级胀管器的外径只能比第一级大1.5~2mm，以后逐级按1.5~2mm增量进行挤胀。

(8) 当选用的胀管器外径尺寸超过套管变形部位内通径2mm以上时，切忌高速下放冲胀，防止将胀管器卡死。

365. 偏心辊子整形器的结构是什么？有什么用途？

答：结构：偏心辊子整形器由偏心轴、上辊、中辊、下辊、偏球及丝堵等组成，如图10-2所示。

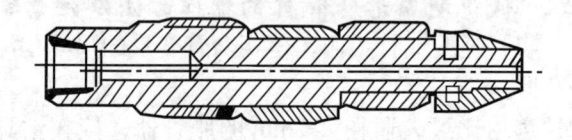

图10-2 偏心辊子整形器结构示意图

偏心轴：下端为4个不同尺寸、不同轴线的台阶。其中，上接头、上辊、下辊3轴为同一轴线；中辊与锥辊为另一个轴线，两条轴线的偏心距为6～9mm。

辊子：共分上、中、下和锥辊4件，其中上、中、下3辊为挤胀零件，锥辊除起引鞋作用外，在辊子内孔的半球面形槽与芯槽配合下，装入滚球，旋转时起上、中、下3辊的限位作用，同时锥辊也参与初始整形。

用途：偏心辊子整形器用于对油、气、水井套管轻度变形段进行整形修复，最大可恢复到原套管内径的98%。

366. 偏心辊子整形器的工作原理是什么？

答：当钻柱沿自身轴线旋转时，上、下辊也绕自身轴线旋转运动。由于中辊轴线与上、下辊轴线有一个偏心距，绕钻具中心线做圆周运动时就形成一组曲轴凸轮运动，产生以上、下辊为支点，以中辊旋转挤压的形式对变形部位套管进行整形。

367. 试说明偏心辊子整形器的操作方法及注意事项。

答：(1) 用卡钳检查各辊子尺寸是否符合设计要求。各

辊子孔径与轴的间隙不得大于 0.5mm。

（2）安装后用手转动各辊子是否灵活，上下滑动辊子，其窜动量不得大于 1mm。

（3）检查钢球口丝堵是否灵活，上紧后锥辊应灵活转动，不能有任何卡阻现象。

（4）将工具接上钻具，下井。

（5）下至变形位置以上 1～2m 处，开泵循环，洗井后启动转盘空转。

（6）慢放钻柱，使辊子逐渐进入变形井段，转盘扭矩增大后，缓慢下放，直至通过变形井段。

（7）上提钻具，用较高的转速转动，反复数次，直至能顺利通过，结束套管整形施工。

368. 长锥面胀管器的结构是什么？有什么用途？

答：结构：长锥面胀管器为一整体结构，内有水眼，外有 3 条反向螺旋槽可进行循环，其结构如图 10-3 所示。

用途：长锥面胀管器是用于修复井下套管较小变形的整形工具之一。

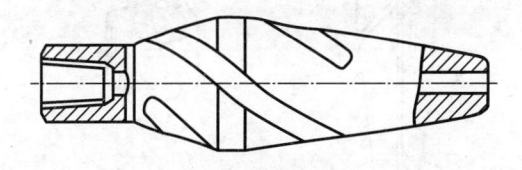

图 10-3 长锥面胀管器结构示意图

369. 三锥辊整形器的结构是什么？有什么用途？

答：结构：三锥辊整形器由心轴、锥辊、销轴、销定轴、垫圈以及引鞋等组成，如图 10-4 所示。

用途：三锥辊整形器用于对油、气、水井套管轻度变形段进行整形修复，最大可恢复到原套管内径的98%。

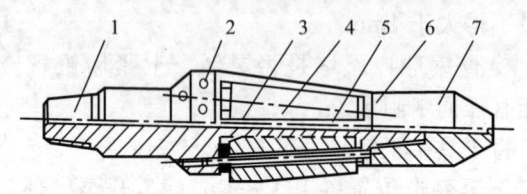

图10-4 三锥辊整形器结构示意图

1—心轴；2—销定轴；3，6—垫圈；4—锥辊；5—销轴；7—引鞋

370. 旋转震击式套管整形器的结构是什么？有什么用途？

答：结构：旋转震击式套管整形器简称旋展式整形器，由锤体、整形头、钢球等组成，如图10-5所示。

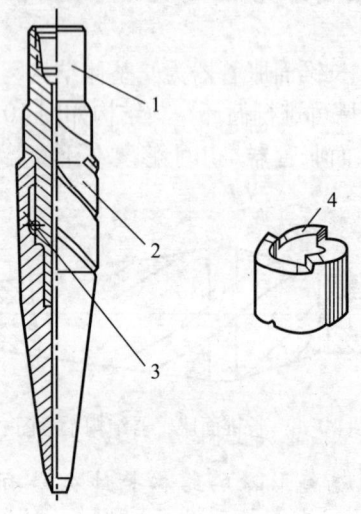

图10-5 旋转震击式套管整形器结构示意图

1—锤体；2—整形头；3—钢球；4—整形螺旋形曲面

用途：旋转震击式套管整形器是用于修复井下套管较小变形的整形工具之一。

371. 鱼顶修整器的结构是什么？有什么用途？

答：结构：鱼顶修整器由上接头、心轴、喇叭口以及引鞋等组成，如图10-6所示。

用途：鱼顶修整器用于对油、气、水井套管轻度变形段进行整形修复，最大可恢复到原套管内径的98%。

372. 滚动扶正器的结构是什么？有什么用途？

答：结构：滚动扶正器主要由上接头、中心管、滚柱座、滚柱、中间接头、螺钉、螺母、密封圈以及下接头等组成，如图10-7所示。上接头与中心管相连，装有滚柱的滚柱座套在中心管上且与中间接头相连，中心管下部与螺母相连，防止滚柱座、中间接头与中心管脱离，下接头与中间接头相连接。

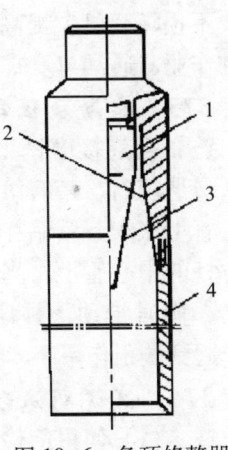

图10-6 鱼顶修整器结构示意图

1—上接头；2—喇叭口；3—心轴；4—引鞋

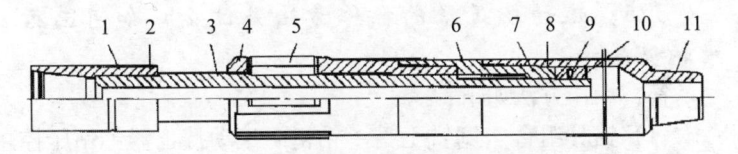

图10-7 滚动扶正器结构示意图

1—上接头；2，7，8—密封圈；3—中心管；4—滚柱座；5—滚柱；6—中间接头；9—螺钉；10—螺母；11—下接头

用途：滚动扶正器是用于修复小通径套损井段扩径、打通道的辅助工具之一，是在扩孔过程中工具不偏离套损通道、不损坏套管、提高修复效率的理想工具，也可用于其他修井作业，通常与复式套铣筒组合使用。

373. 滚动扶正器的工作原理是什么？

答：当连接磨铣工具，滚动扶正器的钻柱下放到变形、错断口遇阻时，带有滚柱的滚柱座相对中心管上行，滚柱在中心管上胀大，紧粘在套管壁上，同时滚柱座也已进入带有六方杆的中心管上。当钻具旋转时，中心管也随着钻具一起旋转，同时带动滚柱座旋转，滚柱则相对中心管公转和自转，起到扶正作用。

374. 试说明滚动扶正器的使用规程。

答：（1）使用前检测滚动扶正器胀开最大外径尺寸是否与套管尺寸相符。

（2）滚柱座在中心管上、下滑动自如，无卡阻现象。

（3）滚动扶正器在拉开状态下，滚柱座应在中心管上空转自如，无卡阻现象。

（4）滚动扶正器在闭合状态下，滚柱在滚柱座内滚转自如，无卡阻现象。

（5）滚动扶正器下井前应将螺纹连接部位紧扣。

375. 滚动扶正器的操作方法是什么？如何进行维护保养？

答：操作方法如下：

（1）钻具组合：磨铣工具+钻铤+滚动扶正器+钻压控制器+钻杆。

（2）滚动扶正器不适合在裸眼井内使用，因此应特别注意磨铣进尺深度。

维护保养方法如下：

(1) 每次使用工具后，用清水冲洗干净。

(2) 将滚动扶正器下接头螺纹卸开，然后将中心管上螺母上紧，将螺钉卸掉，依次拆卸螺母、中间接头、滚柱座、滚柱、密封圈，并用清水冲洗干净。

(3) 检查各零部件是否有损伤，以致影响工具性能。

(4) 探伤检验中心管是否有伤以及连接螺纹是否完好。

(5) 检查合格后重新组装，对配合部位涂钙基润滑脂，螺纹连接处涂螺纹油，将工具存放在阴凉干燥处，以备下次使用。

376. 偏心胀管器的结构是什么？有什么用途？

答：结构：偏心胀管器主要由上接头、球座、钢球、偏心胀套等组成，如图10-8所示。上滚头心轴上套有球座，球座滚道上布满钢球。锥形偏心胀套与上接头心轴螺纹相连，同时也紧紧地顶住球座。锥形偏心胀套有利于修复套损通道扩径。由于偏心胀管器保径部采用滚球式结构，减小了摩擦阻力，扩径更容易，不容易卡钻。

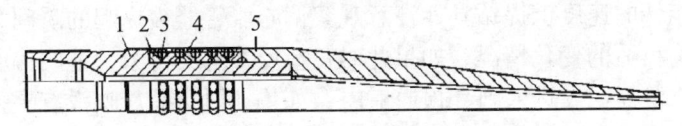

图10-8 偏心胀管器结构示意图

1—上接头；2—球座；3—钢球；4—中间球座；5—偏心胀套

用途：偏心胀管器是用于修复套损变形井段扩径、打通道工具之一。

377. 偏心胀管器的工作原理是什么？

答：当连接偏心胀管器、礅击器的钻柱下放并插入套损

变形井段后，上提钻具，礅击器震击杆在外筒内带着震击垫也随着拉开（此时偏心胀管器已插入套管通道内，相对静止不动），然后快速下放钻具，钻具向下的冲击力通过礅击器的震击杆、震击套打击在震击垫上，礅击力通过下接头传递给偏心胀管器，使偏心胀管器像楔子一样楔入套损通道中，达到扩径的目的。

378．偏心胀管器的使用规程有哪些？

答：(1) 使用前检侧偏心胀管器最大外径尺寸是否与套管尺寸相符。

(2) 钢球在球座滚道内滚动自如，无卡阻现象。

(3) 偏心胀管器下井前应将螺纹连接部位紧扣。

379．偏心胀管器的操作方法是什么？

答：(1) 钻具组合：偏心胀管器＋礅击器＋钻杆。

(2) 下放钻具，当偏心胀管器到达套损错断口深度时，通过上提钻、转角度、下放钻具反复操作，直到一个钻具下放最深点。

(3) 上提钻具，然后快速下放震击器，震击后应以尽可能低的速度上提钻具，注意观察偏心胀管器被提起的瞬间大钩负荷的变化情况。如果此时负荷反映有夹持力，证明偏心胀管器已经进入到套损通道内；如果此时负荷反映没有夹持力，应将偏心胀管器转动一个角度，再次震击胀管器，直到负荷反映有夹持力为止。

(4) 上提钻具时，应特别注意上提高度不得超过震击器有效行程。

(5) 当偏心胀管器进尺达到 0.3m 以上时，可以起出钻具。如果整形进尺正常，也可继续胀管，直到通过套损段。

(6) 打铅印落实套损通径变化情况。

(7) 如果套损通径已经达到原直径的 70% 以上，则转入扩径工序；否则重复进行上述工序。

380. 偏心胀管器的维护保养方法是什么？

答：(1) 每次使用工具后，用静水冲洗干净。

(2) 首先将偏心胀套与上接头螺纹连接处卸开，把球座、滚珠从上接头心轴上取下，用清水冲洗干净。

(3) 对上接头心轴、偏心胀套应进行探伤检验，不得有影响工作的缺陷。

(4) 检查各零件连接螺纹是否完好无损。

(5) 检查合格后重新组装，球座滚道配合部位涂钙基润滑脂，螺纹连接处涂螺纹油，工具存放在阴凉干燥处，以备下次使用。

381. 锥形珠式胀管器的结构是什么？有什么用途？

答：结构：锥形珠式胀管器主要由心轴、球座、钢球以及引锥等零件组成，如图 10-9 所示。

用途：锥形珠式胀管器用于修复已变形的套管，使其恢复通径尺寸。

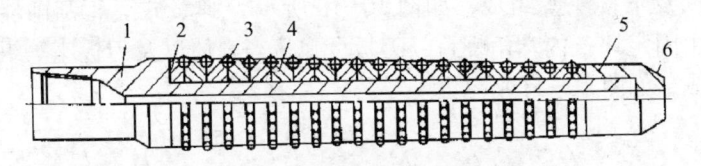

图 10-9 锥形珠式胀管器结构示意图

1—心轴；2、4—球座；3—钢球；5—心轴；6—引锥

382. 锥形珠式胀管器的工作原理是什么？

答：心轴上安装有若干个球座，在其滚道上布满了钢

珠,钢珠既可绕心轴轴线转动,又可在滚道内自转;下部有引锥,便于工具进入套管中。当钻压施加在钢珠上时,钢珠挤胀套管变形部位使其恢复。

383. 锥形珠式胀管器的维护保养方法是什么?

答:(1)使用时应注意根据套管变形情况选择合适尺寸的锥形珠式胀管器。

(2)下井前应检查钢球是否活动灵活。

(3)工具应上、下整形数次,以防止套管弹性恢复。

(4)工具使用完毕,应拆卸、清洗各零件。

(5)检查钢球及滚道变形磨损情况,及时修理、更换。检查连接螺纹是否完好。

(6)重新组装后,螺纹连接处涂螺纹油,将工具存放在阴凉干燥处,以备下次使用。

384. 套管刮削器分哪几类?各类的结构是什么?有什么用途?

答:根据结构特征,套管刮削器可分为胶筒式(代号为J)和弹簧式(代号为T)两类。

胶筒式套管刮削器由上接头、壳体、胶筒、冲管、刀片以及下接头等组成,如图10-10所示;弹簧式套管刮削器由固定块、内六角螺钉、刀板、弹簧、壳体以及刀板座等组成,如图10-11所示。

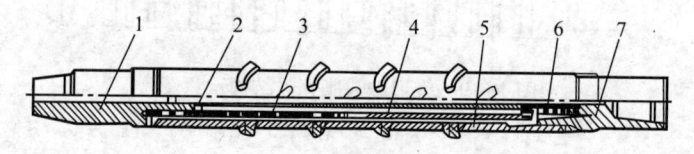

图10-10 胶筒式套管刮削器结构示意图

1—上接头;2—冲管;3—胶筒;4—刀片;5—壳体;6—O形密封圈;7—下接头

图 10-11 弹簧式套管刮削器结构示意图

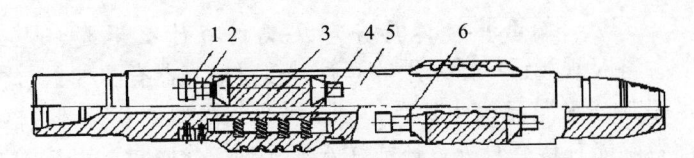

1—固定块；2—内六角螺钉；3—刀板；4—弹簧；5—壳体；6—刀板座

385. 套管刮削器有什么用途？

答：套管刮削器可用于清除残留在套管内壁上的水泥块、水泥环、硬蜡、各种盐类结晶和沉积物、射孔毛刺以及套管锈蚀后所产生的氧化铁等，以便可以畅通无阻地下入各种下井工具，尤其在下井工具与套管内壁环形空间较小时，更应充分刮削。使用刮削器已成为必不可少的工序，其目的在于提高工具下入和作业的成功率（例如封隔器的坐封成功率等）。

386. 防脱式套管刮削器的结构和用途分别是什么？

答：结构：防脱式套管刮削器主要由主体、弹簧、左刀片、右刀片、挡环以及螺钉等组成，结构如图 10-12 所示。

用途：防脱式套管刮削器用于清除井下套管和其他管类内壁上的水泥块、硬化钻井液、石蜡、射孔毛刺、套管锈蚀后所产生的氧化物及下钻头或打捞工具过程中造成的毛刺、刻痕等。

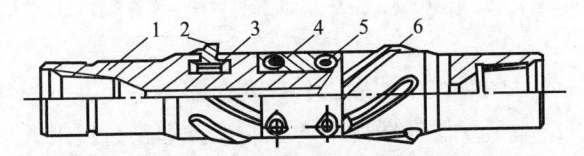

图 10-12 防脱式套管刮削器结构示意图

1—主体；2—右刀片；3—弹簧；4—挡环；5—螺钉；6—左刀片

387. 套管补接工具分哪几类？有什么用途？

答：现场已广泛采用的套管补接（贴）器有两种：一种是铅封注水泥套管补接器；另一种是封隔器型套管补接器。前者除能补接套管外，还能注水泥实现二次密封。用补接工具修复的套管，内径不缩小，不影响井下工具的下入。

当井内水泥面以上某部位的套管破裂、严重腐蚀或存在其他损坏无法正常生产时，可将损坏的套管及其以上的套管取出，再下入与原来井内相同尺寸的套管，其间则用套管补接器进行连接。

388. 铅封注水泥套管补接器的结构和用途分别是什么？

答：结构：该补接器由上接头、外筒、引鞋、卡瓦座以及弹簧卡瓦等组成，如图 10-13 所示。

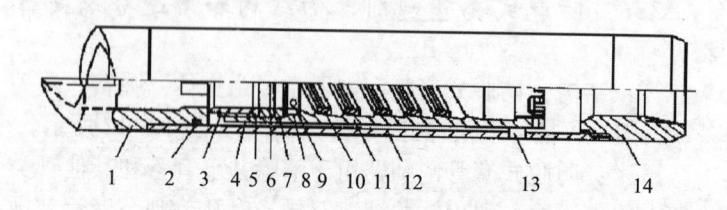

图 10-13 铅封注水泥套管补接器结构示意图

1—引鞋；2—O 形密封圈；3—内套；4—限位套；5—铅环；6—中心封环；7—末端封环；8—控制器总成；9—紧固螺钉；10—弹簧卡瓦；11—卡瓦座；12—外筒；13—丝堵；14—上接头

用途：铅封注水泥套管补接器是用于更换井下损坏套管时连接新旧套管使之保持内通径不变并起密封作用的一种补接工具。该工具除利用铅环压缩变形的一次密封外，还可以注水泥固井，用水泥进行二次密封。

389. 铅封注水泥套管补接器的技术要求有哪些?

答:(1)外筒和卡瓦必须经整体探伤,要求无夹渣、裂纹等缺陷。

(2)卡瓦螺纹齿部热处理硬度为 55~60HRC。

(3)铅环用工业纯铅制作,经退火处理后,其机械性能应符合表 10-1 的规定。

表 10-1 铅环机械性能

抗拉强度 MPa	屈服强度 MPa	疲劳强度 MPa	延长率 %	硬度 HB
10~30	5	4.2	40~50	4~6

(4)卡瓦抗拉载荷不小于整体抗拉载荷。

(5)加工件、外协件和外购件需经检查部门检查合格后才能装配。

(6)产品装配后接头螺纹应加护丝,外部喷涂防锈漆。

390. 封隔器型套管补接器的结构是什么?有什么用途?

答:结构:封隔器型套管补接器由两大部分组成:抓捞机构和封隔器机构,如图 10-14。抓捞机构实质上是一个篮式卡瓦打捞筒,主要由上接头、筒体、篮式卡瓦、铣控环、引鞋等零件组成;封隔器机构由橡胶密封圈与保护套等组成。

用途:封隔器型套管补接器是取出井下损坏套管后再下入新套管时的新旧套管连接器。

391. 波纹管水力机械式套管补贴器的结构是什么?有什么用途?

答:结构:波纹管水力机械式套管补贴器的基本结构如

图 10-15 所示。

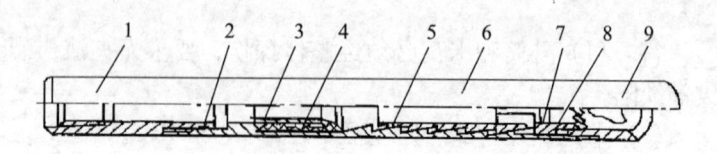

图 10-14 封隔器型套管补接器结构示意图
1—上接头；2—铅封；3—保护套；4,7—密封圈；5—篮式卡瓦；
6—筒体；8—铣控环；9—引鞋

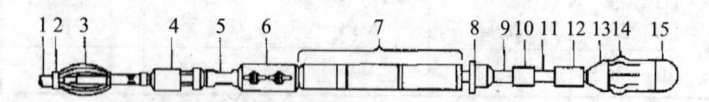

图 10-15 波纹管水力机械式套管补贴器结构示意图
1—下入管柱；2—顶部短节；3—滑阀；4—震击器；5—冲管保护器；
6—水力锚；7—双缸总成；8—衬管制动器；9—下部光杆；10—光杆接箍；
11—加长杆（适应补贴长度）；12—安全接头；13—刚性胀头；
14—膨胀器（弹性胀头）；15—丝堵

用途：波纹管水力机械式套管补贴器适用于油水井套管的各种腐蚀孔洞、裂缝、破裂、螺纹失效漏失等类型的套管内壁补贴修复；对于误射孔的补救、射孔层位（开发层系）的调整以及补贴射孔孔眼尤为适用。

392. 波纹管水力机械式套管补贴器的工作原理是什么？

答：补贴工具与波纹管一同入井至预计深度，在液压作用下，双液缸将液体的压力变成机械上提力，带动液缸下部的活塞拉杆上行，而活塞拉杆下部连接的刚性、弹性胀头一同上行。刚性胀头上部呈锥状，将波纹管初步胀开，为弹性

胀头进入波纹管创造一定条件；弹性胀头呈圆球状，进一步将波纹管胀圆胀大，紧紧地贴在套管内壁上。活塞拉杆外部波纹管由液缸下部的止动环限位，液缸又在水力锚作用下相对不动，所以在刚性、弹性胀头作用下，波纹管相对位置不动，但已被初步胀开 1.5m 长。之后上提管柱再次拉开拉杆，此时虽然水力锚已不再对波纹管起定位作用，但已被胀开 1.5m 长的波纹管与套管补贴严密，已有足够的摩擦阻力和张紧力阻止波纹管上窜，故补贴可在液压或上提管柱作用下继续进行，直至全部完成设计的补贴长度。

应用波纹管水力机械式套管补贴器进行补贴套管施工时，活塞行走一个行程，波纹管将被胀开 1.5m。

393. 波纹管水力机械式套管补贴器的施工步骤及技术要求有哪些？

答：(1) 通过套管破损检测手段找出套管破损部位的井深及上、下界面。

(2) 用符合设计要求的通井规（刮管器）通井刮削至套管破损井段以下 5m，然后用 80℃以上的热水洗净井筒，以确保补贴质量。

(3) 组装连接补贴管柱，工具顺序（自下而上）为：导向头+弹性胀头+刚性胀头+波纹管（内部穿有安全接头、加长杆、活塞拉杆）+动力液缸+水力锚+震击器+滑阀+提升短节+油管（或钻杆）。

(4) 波纹管涂抹固化剂后下井。

(5) 波纹管下至补贴井段后，核对深度，误差不超过±20cm。上提管柱 1.5m，关闭滑阀，记录管柱悬重。

(6) 管柱内灌满工作液，憋压补贴，升压程序为先升压 4~6MPa 使水力锚工作，然后升压 15MPa–20MPa–

25MPa–30MPa，最高不得超过32MPa，每个压力点稳压5min。

（7）放掉管柱内压力，上提管柱不超过1.5m行程，此时管柱悬重稍有增加。

（8）按上述升压稳压程序补贴，直至完成全部补贴。

（9）起出补贴管柱，候凝固化48h以上。

（10）下试压管柱，对补贴井段参照波纹管补贴后的抗压性能进行试压，稳压30min，压降小于0.5MPa为合格。

（11）工程测井，核对补贴后的波纹管的准确深度。

（12）要在压井状态下进行补贴施工。

（13）入井管柱及工具螺纹应清洁无损，涂密封脂，旋紧扭矩不低于3200N·m。

第十一部分　油气田通用封隔器

394. 什么是封隔器？它由几部分组成？

答：封隔器是用密封元件封隔油层的重要井下工具。封隔器自身结构一般分为四部分，即密封组件、动力机构、固定机构以及连接机构。

395. 封隔器按用途分为哪些类型？

答：油井用封隔器：此类封隔器又可细分为分层采油封隔器（如分层找堵水、找窜、验窜、试油封隔器）、酸化压裂用封隔器、稠油井用热采分层封隔器以及高凝油井用热循环封隔器等。

注水井用封隔器：此类封隔器又可细分为分层注水封隔器、分层气驱（包括蒸汽驱）封隔器以及聚合物驱封隔器等。

396. 封隔器按固定方式分为哪些类型？

答：单卡瓦封隔器：只承受单方向压差的卡瓦封隔器。

双卡瓦封隔器：为承受上、下双向压差而设置。

整体卡瓦封隔器：可同时承受上、下压差。

397. 封隔器按尺寸规格分为哪些类型？

答：钢体最大外径与套管内径有关，如：

套管内径为 5in 井封隔器：钢体最大外径为 99～102mm；

套管内径为 $5\frac{1}{2}$in 井封隔器：钢体最大外径为 113～116mm；

套管内径为 $6^5/_8$in 井封隔器：钢体最大外径为 136～140mm；

套管内径为 7in 井封隔器：钢体最大外径为 148～152mm；

套管内径为 $9^5/_8$in 井封隔器：钢体最大外径为 190～208mm；

裸眼井封隔器：钢体最大外径为 140mm。

398．封隔器按工作温度分为哪些类型？

答：常规封隔器：工作温度为 120℃；热采封隔器：工作温度为 350℃。

399．封隔器按密封件工作原理分为哪些类型？

答：根据《石油钻采机械产品型号编制方法》（SY/T 6327—2005）的规定进行分类，此标准是封隔器分类的基础，此类分类方法是按封隔器密封件实现密封的方式进行分类的。

自封式：靠密封封隔件（如橡胶胶筒）外径（皮碗外径）与套管内径的过盈和工作压差实现密封的封隔器。

压缩式：靠轴向力压缩密封封隔件（如胶筒）的外径变大（贴合套管内壁）而实现密封的封隔器。

扩张式：靠径向力作用于封隔件内腔，使密封封隔件外径扩大而实现密封的封隔器，通常也称为压差式封隔器。

组合式：由自封式、压缩式、扩张式任意组合实现密封的封隔器。

400．封隔器编制方法是什么？

答：按封隔器分类代号、固定方式代号、坐封方式代号、解封方式代号及封隔器钢体最大外径、工作温度/工作压差 6 个参数依次排列进行型号编制，其形式如图 11-1 所示。

```
┌─┐ ┌─┐ ┌─┐ ┌─┐ ┌─┐ ┌╱┐
│ │ │ │ │ │ │ │ │ │ │╱│──── 工作温度/工作压差
│ │ │ │ │ │ │ │ │ └─────── 钢体最大外径
│ │ │ │ │ │ │ └─────────── 解封方式代号
│ │ │ │ │ └─────────────── 坐封方式代号
│ │ │ └─────────────────── 固定方式代号
│ └─────────────────────── 分类代号
```

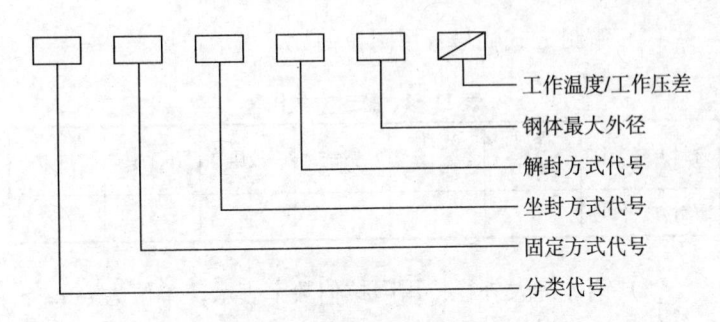

图 11-1 封隔器产品代号表示

(1) 分类代号：用分类名称第一个汉字的汉语拼音大写首字母表示，组合式用各类组合代号表示，见表 11-1。

表 11-1 分类代号

分类名称	自封式	压缩式	扩张式	组合式
分类代号	Z	Y	K	各类代号组合表示

(2) 固定方式代号：用阿拉伯数字表示，见表 11-2。

表 11-2 固定方式代号

固定方式名称	尾管支撑	单向卡瓦	悬挂	双向卡瓦	锚瓦
固定方式代号	1	2	3	4	5

(3) 坐封方式代号：用阿拉伯数字表示，见表 11-3。

表 11-3 坐封方式代号

坐封方式名称	提放管柱	转动管柱	自封	液压	下工具	热力
坐封方式代号	1	2	3	4	5	6

(4) 解封方式代号：用阿拉伯数字表示，见表 11-4。

表 11-4 解封方式代号

解封方式名称	提放管柱	转动管柱	钻铣	液压	下工具	热力
解封方式代号	1	2	3	4	5	6

(5) 钢体最大外径：用阿拉伯数字表示，单位为 mm。
(6) 工作温度：用阿拉伯数字表示，单位为 ℃。
(7) 工作压差：用阿拉伯数字表示，单位为 MPa。

401. 选择封隔器的基本原则有哪些？

答：针对油井特点及施工目的要求，选择最合适的封隔器是管柱设计的基本原则。选择封隔器的基本原则主要有如下四点：

(1) 施工简单，易操作。
(2) 密封可靠，验封方便。
(3) 与同井管柱其他配套工具如配水器、配产器、开关器、油管锚等协同性要好。
(4) 解封方便、安全。

402. 油井封隔器的选择方法是什么？

答：(1) 应用于常规油井的封隔器使用最多的还是最通用的 Y111 系列与 Y211 系列及二者搭配加丢手组成的分采（或找堵水）管柱。

(2) 在油井中进行酸化、解堵、挤油、找验窜通常选用 Y341 系列或 K341 系列封隔器。

(3) 在油井丢手管柱中所选择的封隔器除 Y111 系列、Y211 系列组合外，还有 Y541 系列封隔器加 Y341 油井封隔器组合（在 Y541 系列上加装丢手）。

403. 稠油井封隔器的选择方法是什么？

答：(1) 蒸汽吞吐井用封隔器：如Y221、K361高温封隔器，采用高温密封件或金属密封头（耐温达350℃）。

(2) 蒸汽分层驱井用封隔器：如Y421、K361高温封隔器，采用高温密封件或金属密封头（耐温达350℃）。

404. 注水井用封隔器的选择方法是什么？

答：与油井相比，注水井不但要求层间密封可靠，而且要求定期以洗井（反洗井）方式清除井筒中杂质，防止污染或堵塞地层，所以注水井封隔器必须设有洗井通道。如Y341-114S，在套管打压后，通过绕过密封组件的通道经底部球座由油管返回地面；K341-114S为扩张式注水井用封隔器，套管打压后封隔器解封，经底部球座返回地面。

405. Y111型普通封隔器的结构特点和工作原理分别是什么？

答：结构特点：该封隔器为支撑式结构，主要由密封部分和导向滑动部分组成，结构如图11-2所示。

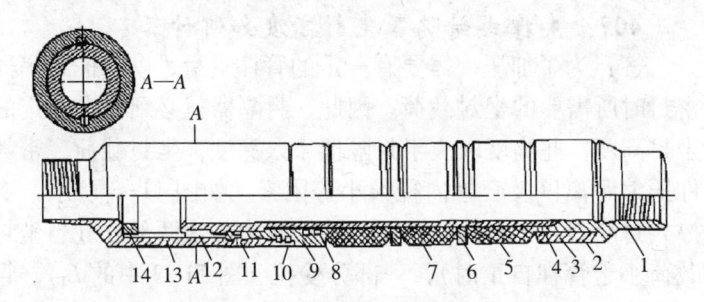

图11-2 Y111型普通封隔器结构示意图
1—上接头；2—销钉；3—调节环；4，8，10—O形胶圈；5—胶筒；6—隔环；
7—中心管；9—承压接头；11—坐封销钉；12—键；13—下接头；
14—压缩矩形垫环

工作原理：封隔器下入井筒预定位置，以卡瓦封隔器或井底为支撑点，下放管柱，靠管柱重量压缩封隔件，使胶筒径向胀开，密封油套环形空间。解封时，上提管柱，释放封隔件，即可起出封隔器。

406. Y111型普通封隔器的技术要求有哪些？有什么用途？

答：(1) 必须借助卡瓦式封隔器或井底为支撑点。如用尾管作支撑点时，尾管长度需小于50m。

(2) 上提坐封高度（油管挂距顶丝法兰的高度）取决于下入深度、坐封载荷及封隔件压缩距离等因素。

(3) 根据封隔器规格，坐封负荷一般为80～120kN。

(4) 封隔器坐封位置应避开套管接箍位置。

Y111型普通封隔器可以与卡瓦式封隔器及配套工具组成分层采油、测试、找水、堵水、酸化等工艺管柱。这种封隔器一般与卡瓦式封隔器配套使用，为保证密封性，最多使用一级。

407. 支撑式封隔器坐封高度如何计算？

答：为了加压，需要有一定的管柱重量，以保证封隔器密封时所需要的坐封载荷。因此，封隔器就必须要有一定的坐封高度，此高度取决于封隔器下入深度、坐封载荷、密封件压缩距离以及套管内径大小等因素。如图11-3所示，支撑式封隔器在坐封的情况下，管柱受力分为两部分（当坐封载荷小于管柱自重时），一部分受拉（图11-3中的L_1），管柱处于自重伸长状态；另一部分受压（图11-3中的L_2），管柱处于自重压缩状态。在管柱受拉与受压之间，处于既不受拉也不受压的一点O即为中性点，所以坐封高度的近似计算公式为：

$$H=\Delta L-\Delta L_1+\Delta L_2+S \tag{11-1}$$

式中 H——封隔器坐封高度，mm；

ΔL——坐封前封隔器以上油管柱为 L 时的自重伸长，mm；

ΔL_1——中性点以上油管自重伸长长度，mm；

ΔL_2——中性点以下油管自重压缩长度，mm；

S——密封件压缩距离，mm。

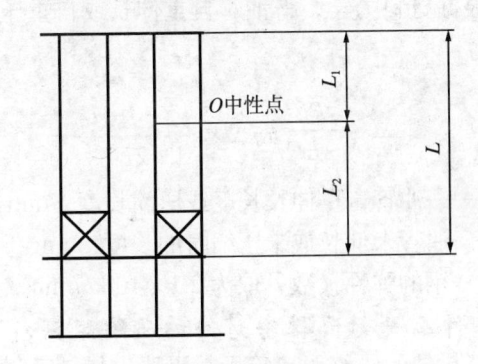

图 11-3 封隔器坐封高度计算示意图

408. 管柱中性点位置如何计算？

答：封隔器坐封时加的管柱重量就是封隔器的坐封载荷，由此得封隔器坐封载荷的近似计算公式为：

$$P=L_2F(\gamma-\gamma_o) \text{ 或 } P=L_2q \tag{11-2}$$

则中性点深度的近似计算公式为：

$$L_2=\frac{P}{(\gamma-\gamma_o)F} \text{ 或 } L_2=\frac{P}{q} \tag{11-3}$$

式中 P——封隔器的坐封质量，kg；
q——每米油管井内液体的质量，kg/m；
F——油管环形截面积，mm^2；
L_2——中性点深度，m；
γ——钢的密度，kg/mm^3；
γ_o——井内液体密度，kg/mm^3。

409. 油管自重伸长或自重压缩如何计算？

答：根据材料力学，得油管自重伸长或自重压缩长度的计算公式为：

$$\Delta L = \frac{PL}{2EF} \text{ 或 } \Delta L = \frac{(\gamma - \gamma_o)L^2}{2E} \qquad (11-4)$$

式中 ΔL——油管自重伸长长度或压缩长度，mm；
L——油管未伸长或未压缩时的长度，mm；
E——钢的弹性模数，取为 $2.1 \times 10^4 kg/mm^2$。

410. 什么是封隔器密封件的压缩距离？

答：密封件的压缩距离等于封隔器坐封前密封件的自由长度与封隔器坐封后密封件受压时的长度之差。

411. Y111BD型低坐封力可重复封隔器的结构特点有哪些？工作原理是什么？适用范围是什么？

答：结构特点：这种封隔器采用软楔式胶筒，坐封载荷小，减小了油管弯曲，如图11-4所示。

工作原理：这种封隔器的工作原理与Y111型普通封隔器相同。

适用范围：这种封隔器一般与卡瓦式封隔器配套使用，可组成分层采油、测试、找水、堵水、酸化等工艺管柱，最多使用一级。

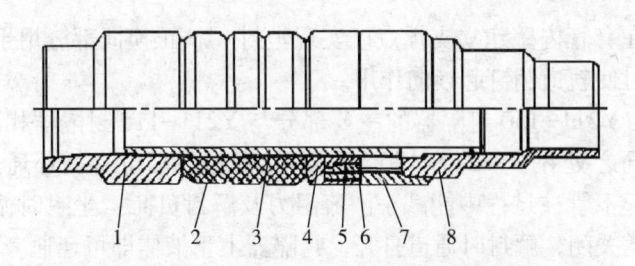

图 11-4　Y111BD 型低坐封力可重复封隔器结构示意图

1—上接头；2—胶筒；3—中心管；4—连接帽；5—键；6—定位环；
7—固定套；8—下接头

412. Y211 型封隔器有什么结构特点？

答：Y211 型封隔器主要由密封、锚定、扶正换向等部分组成，如图 11-5 所示，各部分作用简述如下。

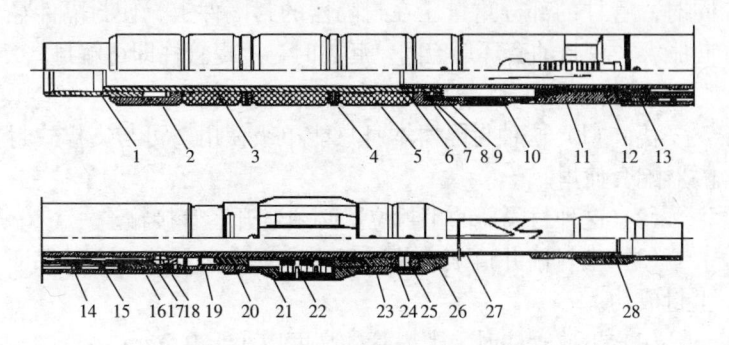

图 11-5　Y211 型封隔器结构示意图

1—上接头；2—调节环；3—上中心管；4—隔环；5—胶筒；6—O 形密封圈；
7—锥体帽；8—防松销钉；9，26—挡环；10—锥体；11—卡瓦；12—锥体连接
套；13—卡瓦托；14—钢球套；15—弹簧；16—护套；17—挡球套；18—钢球；
19—顶套；20—扶正体；21—摩擦块；22—小弹簧；23—压环；24—转环；
25—轨道销钉；27—下中心管；28—下接头

密封部分是用封隔件密封油套环形空间；锚定部分是用

于在套管内壁建立支撑点以实现坐封；扶正换向部分用于坐封时使轨道销钉起换向作用。

Y211-150 封隔器的主要部分与 Y211-115 封隔器相同，不同之处在于 Y211-150 封隔器的密封件部位有循环通道，在起下管柱过程中能减小液流阻力及解封负荷；坐封时循环通道关闭，解封时通道打开，封隔器上下液体即可连通。

413．Y211 型封隔器的工作原理是什么？

答：封隔器下井时，轨道销钉处于短轨道上死点，卡瓦被锁球锁在中心管上，以保证顺利下井。当下至设计位置时，上提油管一定高度，轨道销钉滑至轨道下死点，再下放管柱，轨道销钉滑入长轨道，顶套推动挡球套上移，锁球脱离中心管而使卡瓦与锥体产生相对运动，在套管内壁上张开卡瓦。同时，管柱的部分重量压在封隔器的封隔件上，使封隔件径向胀大，密封油套环形空间。起封时，上提管柱即可解封。

414．Y211 型封隔器有哪些技术要求？

答：(1) 这种封隔器本身只能单级使用，可与支撑式封隔器配套使用。

(2) 这种封隔器的坐封位置必须避开套管接箍。

(3) 坐封前井口须安装指示表，观察坐封情况，以保证坐封成功。

(4) 下放管柱时，上提管柱高度应小于 0.5mm。

415．Y221 型普通封隔器的结构特点有哪些？有什么用途？

答：结构特点：Y221 型普通封隔器主要由密封部分、锚定支撑部分和扶正换向机构三部分组成，如图 11-6 所示。

用途：Y221 型普通封隔器用于分层试油、采油、测试、找水、堵水、酸化等工艺，可单独使用，也可与 Y111 型封

隔器配套使用。

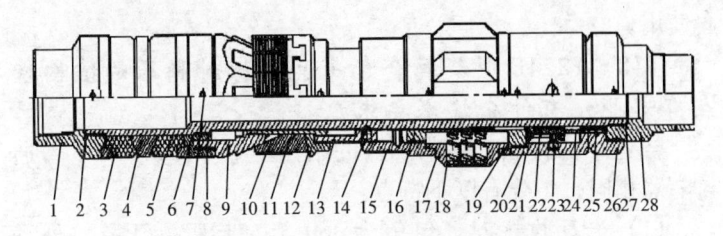

图 11-6 Y221 型普通封隔器结构示意图

1—上接头；2，27—O 形密封圈；3—胶筒；4—隔环；5—中心管；
6—锥体帽；7—防松销钉；8—定位环；9—锥体；10—卡瓦；11—锥体连接套；
12—卡瓦托；13—锁球套；14—钢球；15—挡球套；16—扶正体；17—摩擦块；
18，25—弹簧；19—挡套；20—开合螺母套；21—拉簧；22—开合螺母；
23—螺钉；24—垫环；26—调节环；28—下接头

416. Y221 型普通封隔器的工作原理是什么？

答：封隔器下井时，轨道销钉位于 J 形轨道的短轨道上。当封隔器下至预定位置后，上提坐封高度，边正转油管边下放油管，轨道销钉借助摩擦块总成与套管的摩擦力进入长轨道，整个轨道总成部分上移，推动卡瓦牙上移。在锥体作用下，卡瓦扩张，卡于套管内壁形成支撑点，使管柱重量压胀封隔件，密封油套环空。解封时，只需上提油管，卡瓦在锥体燕尾槽作用下缩回，同时轨道销钉进入短轨道，封隔件靠自身弹性收缩即可起出。

417. Y221 型普通封隔器的技术要求有哪些？

答：(1) 封隔器下井过程中，要求操作平稳，不得正转油管，以免中途坐封，如发现中途坐封，应将油管上提 2~3m，即可解封。

(2) 该封隔器坐封位置要避开套管接箍。

(3) 该封隔器本身只能单级使用,可与支撑式封隔器配套使用。

418. Y221B型旋转全包卡瓦支撑封隔器的结构特点有哪些?有什么技术要求?

答:结构特点:该封隔器的结构基本与Y221-115普通封隔器相同,主要有以下特点:

(1) 卡瓦收拢时,包角为360°;卡瓦撑开最大外径为136mm时,包角为330°。卡瓦与套管接触点多,接触面大,以保护套管,延长油井寿命。

(2) 采用软楔式封隔件,坐封载荷小,减小了坐封后管柱的弯曲。

(3) 旋转时锁紧结构自动上升,克服现有旋转封隔器边转边放、卡点不准的缺点,确保卡封位置准确。

技术要求:Y221型旋转全包卡瓦支撑封隔器一般与Y111BD型支撑封隔器配套使用。

419. Y221BD型低坐封卡瓦支撑封隔器有什么结构特点?

答:该封隔器的结构基本与Y221型普通封隔器相同,不同之处在于采用软楔式胶筒,坐封载荷小,减小了坐封后的管柱弯曲。

420. Y341-115型油井封隔器的结构特点有哪些?适用范围是什么?

答:结构特点:该封隔器采用液压平衡方式,提高了封隔器的双向承压能力;采用液压坐封、下放管柱解封方式,结构如图11-7所示。

适用范围:这种封隔器一般与Y441型封隔器配套使用,也可单独使用,主要用于堵水、酸化等。

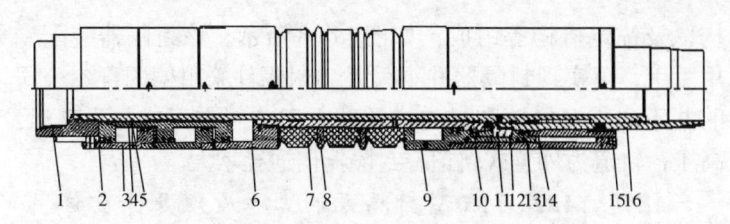

图 11-7　Y341-115 型油井封隔器结构示意图

1—上接头；2—活塞；3—上缸套；4—浮动活塞；5—中心管；6—下缸套；
7—胶筒；8—隔环；9—上活塞；10—锁块；11—剪钉；12—下活塞；
13—缸套；14—锁环座；15—锁环套；16—下接头

421．Y341-115 型油井封隔器的工作原理是什么？

答：(1) 坐封：封隔器下至设计位置后，从油管加液压，液压力推动活塞压缩封隔件，密封油套环空。泄压后锁紧机构锁紧，防止封隔件回弹。

(2) 解封：下放管柱，内中心管随管柱一起下行，剪断剪钉，封隔件下弹，封隔器解封。

422．Y341-115 型油井封隔器的技术要求有哪些？

答：(1) 下管柱时要求操作平稳。

(2) 要求先刮管、通井，再下封隔器。

(3) 坐封时，油管打压，压差依次为 5MPa、8MPa、12MPa、15MPa、18MPa 和 20MPa，各稳压 3min，坐封过程完成。

(4) 解封时，下放管柱 3～4m，即可解封。

(5) 该封隔器坐封位置应避开套管接箍。

423．Y422-115 型封隔器有什么结构特点？

答：该封隔器主要由反向锁紧机构、密封机构、换向机

构以及锚定机构等组成，如图11-8所示。该封隔器装配专用丢手，可实现封隔器井下丢手；封隔件采用德国拜尔公司的井下耐高温橡胶和最先进的配方工艺制作而成，耐高温、高压；轨道为外置式轨道，封隔器内通径增大。

424．Y422-115型封隔器的工作原理是什么？

答：(1) 坐封：双卡瓦封隔器连接于管柱的下部，下井时内轴下部的控制接箍上的换向销钉处于J形轨道的顶部位置。封隔器下至坐封位置，上提坐封高度，正旋同时缓慢下放管柱、控体，锚定机构在井壁摩擦阻力作用下静止不动。换向销钉沿长轨道下移，压缩密封机构的下锥体，胀开下部卡瓦在井壁建立支撑点，继而内轴上部的卡瓦开始压缩上锥体及封隔件。同时，内轴在部件中心轴内下移，复合密封件开始工作，换向销钉下行至锁定位置被双向锁定，封隔器进入工作锁定状态，完成坐封。

(2) 解封：使封隔器处于管柱的中和点，正转管柱，销钉在45°方向上移动，上提封隔器，换向销钉沿长轨道上移。与此同时，反向锁紧机构释放卡瓦，上部卡瓦被拉动脱离上锥体，反向锁定消失，封隔件在弹力的作用下恢复，完成封隔器解封。

(3) 丢手与打捞：该封隔器加配专用丢手，可实现封隔器丢手。丢手时，使丢手位于管柱的中和点，双位销钉位于内轨道的上死点，反向旋转管柱45°，同时上提管柱，双位销钉沿内轨道脱出，实现丢手。打捞丢手时，打捞筒下至丢手接头，打捞筒的内轨道与丢手接头上的双位销钉自动挂接，完成丢手打捞。

425．Y422-115型封隔器的技术要求有哪些？

答：(1) 封隔器下井前要求刮管、通井、洗井。

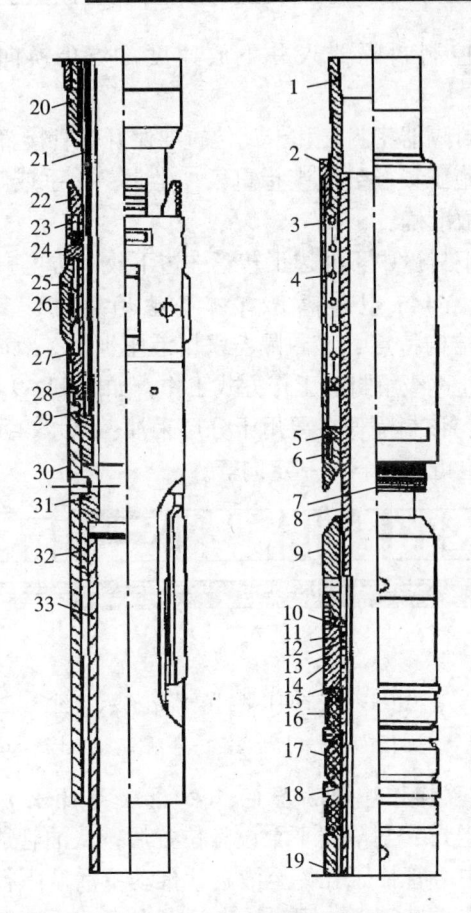

图 11-8　Y422-115 型封隔器结构示意图

1—上接头；2—弹簧帽；3—弹簧套；4—弹簧；5—上卡瓦；6—上弹簧片；7—释放卡瓦；8—内轴；9—上锥体；10—止推环；11，14，30—密封圈；12—复合密封环；13—中心接箍；15—钢圈；16—端胶筒；17—中胶筒；18—隔环；19—承托器；20—下锥体；21—中心轴；22—下卡瓦；23—下弹簧片；24—控体；25—摩擦块；26—摩擦块弹簧片；27—固定环；28—螺钉；29—轴帽；31—控制接箍；32—J 形槽体；33—底部短节

(2) 控制封隔器入井下放速度,防止换向销钉撞击受伤。

(3) 封隔器密封件和卡瓦位置要避开套管接箍。

(4) 施工设备要安装指重表。坐封、丢手或解封时,指重表要灵敏准确。

(5) 下封途中不准边正转管柱边下放,防止中途坐封。

426. Y441型封隔器有哪些结构特点?

答:结构特点:该封隔器采用液压坐封、双向锚定、上提下放管柱逐级解封的工作方式工作,如图11-9所示。

用途:该封隔器主要用于分层采油、堵水,可单级或多级使用,也可用于斜井、定向等。

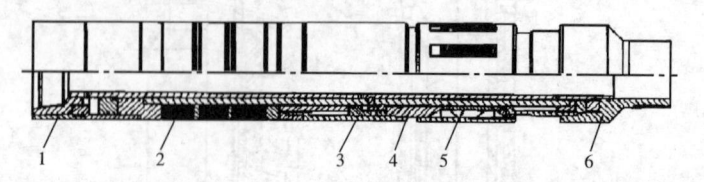

图11-9 Y441型封隔器结构示意图

1—上接头;2—封隔件;3—上活塞;4—下活塞;5—卡瓦;6—下接头

427. Y441型封隔器的工作原理是什么?

答:坐封:封隔器下至设计位置后,从油管加液压,液压力通过中心管传压孔传至液缸,推动下活塞下行,将卡瓦撑开并锚定在套管上。同时,上活塞上行,压缩封隔件密封油套环空。

解封:上提管柱,中心管随管柱一起上行,剪断解封销钉,封隔件释放;再上行,卡瓦脱离套管,封隔器完全解封。

428. Y441型封隔器有哪些技术要求?

答:(1) 封隔器坐封位置应避开套管接箍。

(2) 下管柱时，要求操作平稳。

(3) 下封隔器前先刮管、通井。

(4) 坐封时，油管打压，压差依次为 5MPa、8MPa、12MPa、15MPa、18MPa 与 20MPa，各稳压 3min，坐封过程完成。

(5) 解封时，上提管柱 8～10t，即可解封。如果不能解封，可连续上提、下放管柱，使下锥体脱卡，可解封封隔器。

429. FXY445-112 型自验封封隔器有哪些结构特点？

答：该封隔器主要由密封、锚定、自验封、解封以及锁紧机构等部分组成，如图 11-10 所示。它采用双向卡瓦和步进锁紧机构，坐封牢固可靠，能承受较高上、下压差，具有自验封功能。该封隔器主要和 FXY341-112 型自验封封隔器（图 11-11）配套使用。

430. FXY445-112 型自验封封隔器的工作原理是什么？

答：坐封与自验封：封隔器下到预定位置后，从油管投入 ϕ30mm 钢球，然后从油管打压，压力达到 16MPa，实现坐封。当压力达到 18MPa 时，稳压 5min，若压力不降，说明自验封已完成，然后继续加压至 22MPa，打掉球座。

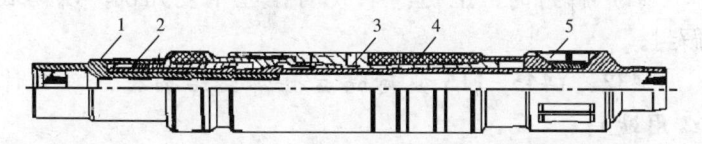

图 11-10 FXY445-112 型自验封封隔器结构示意图

1—丢手；2—打捞头；3—验封孔；4—封隔段；5—卡瓦

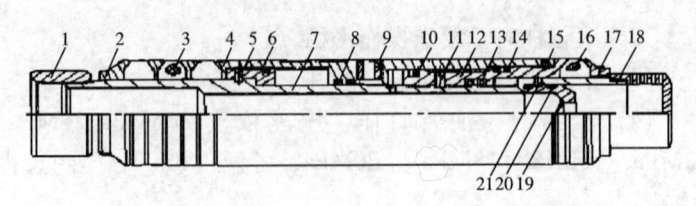

图 11-11 FXY341-112 型自验封封隔器结构示意图

1—接箍；2，4—压环；3，16—胶筒；5，11，15，21—剪钉；6，8，10，13，14，20—O 形密封圈；7—中心管；9—验封钉；12—坐封活塞；17—下压环；18—筛管；19—球座

丢手：坐封后，上提管柱即可实现丢手（丢手力为 50tf±10kN）。

回探：丢手后，上提管柱 3～5m，再缓慢下放管柱，加压 1～2t，探丢手鱼顶，位置不变说明工具锚定，坐封可靠，最后提出管柱。

解封与打捞：用 ϕ73mm 油管连接专用打捞工具，下到丢手位置，加压 3～4t，打捞爪楔入提解套沟槽内，上提即可解封。

431. FXY445-112 型自验封封隔器的技术要求有哪些？

答：(1) 封隔器在下井过程中遇卡时，承受上提力要小于 200kN，如提不动，可进行坐封、丢手、打捞操作。

(2) 解封时，上提、下放动作应重复几次，以彻底解封。

432. Y445-115 型封隔器有哪些结构特点？有什么用途？

答：结构特点：Y445-115 型封隔器采用液压坐封、双向卡瓦锚定，坐封后与下部管柱一起丢手，并备有二次插入

密封插头，有A、B、C三种系列。它主要由丢手接头、插入密封接头、坐封机构、双锚定机构、锁紧机构、密封机构和解封机构组成，如图11-12所示。

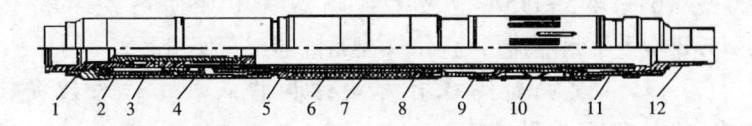

图11-12　Y445-115型封隔器结构示意图

1—上接头；2—活塞；3—缸套；4—丢手活塞；5—上挡环；6—封隔件；
7—中心管；8—下挡环；9—上锥体；10—卡瓦；11—下锥体；12—下接头

用途：这种封隔器主要用于分层采油、堵水，适用于井斜在60°以内的直井及大斜度定向井。

433．Y445-115型封隔器的工作原理是什么？

答：液压经油管传递到封隔器的液缸中，推动活塞下行压缩封隔件，密封油套环空，同时活塞下行推动锥体使卡瓦锚定在套管上。油管内液压力继续升高，当作用在球座上的液压力大于丢手剪钉的承剪力时，工具实现丢手。需要解封时，下入打捞工具，捞住中心管或上部接头螺纹，上提管柱120kN，便可实现解封。

434．Y445-115型封隔器的技术要求有哪些？

答：(1) 下井过程中操作要平稳。

(2) 坐封时，油管上提45cm，从油管投入ϕ50mm钢球1个，等待20min。待球到达球座后，油管正打压，分3个台阶，依次为7MPa、12MPa和15MPa，各稳压5min，实现坐封。

(3) 丢手时，最后油管打压增至20MPa，实现丢手。

(4) 若打压至20MPa未实现丢手，应将管柱下放22cm，

重新增压至 20MPa 实现丢手。

（5）若现有液压无法实现丢手，上提管柱，注意悬重不应超过管柱全部重量，正转油管丢手。

（6）Y445-115A 型丢手封隔器宜单独使用；Y445-115B 型丢手封隔器可与 Y341 型封隔器配套使用。

435. 皮碗封隔器有哪些结构特点？工作原理是什么？有哪些用途？

答：结构特点：皮碗封隔器结构如图 11-13 所示，主要有以下特点：

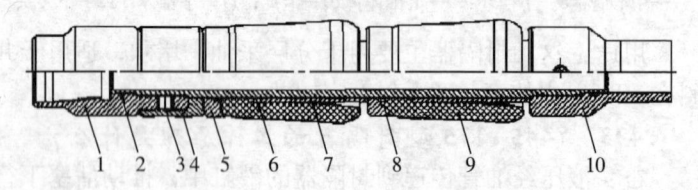

图 11-13 皮碗封隔器结构示意图

1—上接头；2，8—密封圈；3—销钉；4—调节环；5—挡碗；6—中心管；
7—衬管；9—皮碗；10—下接头

（1）随管柱下入就可封隔油套环空，不需转动管柱或打压坐封。

（2）皮碗可对装（保持来自两个方向的压力），也可同向（向上或向下）。

工作原理：皮碗封隔器采用自封形式密封。

用途：该封隔器主要用于酸化、找漏和验窜等特殊工艺。

436. Y341 型水井封隔器有哪些结构特点？有哪些用途？

答：结构特点：Y341 型水井封隔器是一种靠油管憋压

坐封、提放管柱解封的水力压缩式封隔器。Y341型封隔器主要由坐封机构、密封机构与锁紧机构三部分组成，有Y341-115（图11-14）、Y341-150，Y341-115G，Y341-150G四种规格，可一次打压坐封多级封隔器。

用途：该封隔器可单级或多级使用于井深为3500m以内的井，还可用于井温低于120℃（或150℃）的不同井径的水井分层注水。

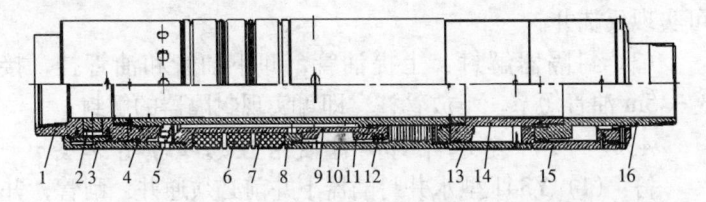

图11-14 Y341-115水井封隔器结构示意图
1—上接头；2—锁爪；3—缸套；4—洗井活塞；5—中心管；6—封隔件；7—外中心管；8—下挡环；9—锁爪体；10—锁套；11—卡簧座；12—卡簧；13—上坐封缸套；14—坐封活塞；15—下坐封缸套；16—下接头

437．Y341型水井封隔器的工作原理是什么？

答：封隔器坐封时，高压液体一边推动洗井活塞下行，密封内、外中心管的洗井通道；一边推动坐封活塞上行，并由活塞带动锁套和胶筒座上行压缩封隔件径向变形。与此同时，卡环进入锁套的锯齿扣内，锁紧径向变形的封隔件，使封隔器始终密封油套环空。

反洗井时，井口高压液体通过进水孔作用于洗井活塞上，推动洗井活塞上行，打开洗井通道，高压液体由内、外中心管间的通道进入密封封隔件以下的油套环形空间，经底部球座阀从油管返出地面。

Y341型水井封隔器采用下放管柱进行解封，安全可靠。

多级使用时,封隔器之间的受力能起到平衡作用,便于封隔器密封。

438. Y341型水井封隔器的使用方法是什么?

答:(1)封隔器坐封:将封隔器按设计要求下至预定深度,从油管打压16~20MPa,稳压5~10min,即可实现封隔器的坐封。

(2)反洗井:打开油管阀门,从油套环空注入洗井液即可实现反洗井。

(3)封隔器解封:上提油管,卸下油管和油管挂,接3~5m油管短节,下放管柱,即可实现封隔器的解封。

439. Y341型水井封隔器使用注意事项有哪些?

答:(1)Y341型水井封隔器下井前必须通井、刮管,并应根据实际情况验审,否则不得下井。

(2)Y341型水井封隔器和ZJK空心配水器组配管柱时,配水器可直接携带所需水嘴下井;但和现场常规配水器(无通道)组配管柱时,配水器必须装死芯子方可下井。

(3)Y341型水井封隔器下井前应仔细检查底球或打压滑套的密封性,合格后方能下井。

(4)油管内外应干净,并且用ϕ58mm的通管规通管。

(5)封隔器下井应操作平稳,严禁猛提、猛放。

(6)封隔器坐封位置必须避开套管接箍。

440. Y342型水井封隔器有哪些结构特点?工作原理是什么?

答:结构特点:该封隔器主要由洗井部分、密封部分、锁紧部分以及解封部分等组成,其结构如图11-15所示。

工作原理:该封隔器的工作原理与Y341型水井封隔器基本相同,只是解封方式不同,该封隔器采用旋转解封方式。

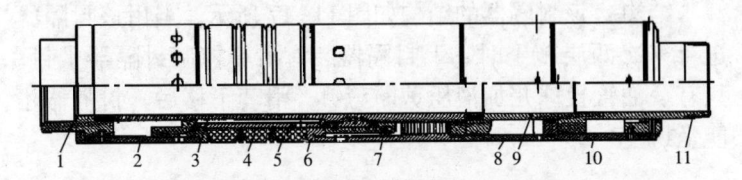

图 11-15　Y342 型水井封隔器结构示意图

1—上接头；2—缸套；3—中心管；4—封隔件；5—外中心管；6—下挡环；7—卡簧；8—上坐封缸套；9—坐封活塞；10—下坐封缸套；11—下接头

441．K344-114 型封隔器的用途、工作原理和结构如何？

答：用途：该封隔器用于注水、酸化、挤堵、找窜和封窜。

结构：K344-114 封隔器结构如图 11-16 所示。

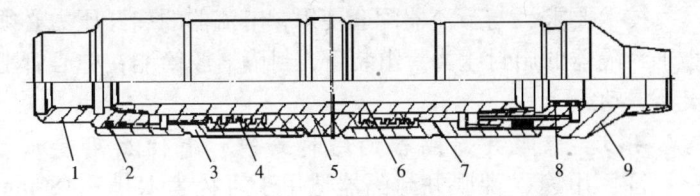

图 11-16　K344-114 型封隔器结构示意图

1—上接头；2—O 形密封圈；3，7—胶筒座；4—硫化芯子；5—胶筒；
6—中心管；8—滤网罩；9—下接头

工作原理：从油管内加液压，液压经滤网罩、下接头的孔眼和中心管的水槽作用在胶筒的内腔，使胶筒胀大，封隔油套环形空间；放掉油管压力，胶筒即回收，封隔器解封。

442．玉门 YK344-114 型封隔器的用途、结构和技术要求是什么？

答：用途：该封隔器可用于中深井各层、任意一层或分

层的压裂和酸化等。

结构：该封隔器的结构如图11-17所示。当用该封隔器进行一次两层施工时，上封隔器装有滑套控制封隔器坐封，只有从油管投球并加液压剪断剪钉，滑套下移后，封隔器才能坐封。

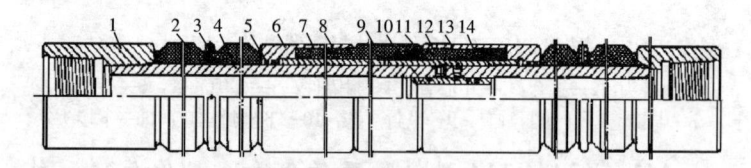

图11-17　玉门YK344-114型封隔器结构示意图

1—接头；2，9—胶筒；3—隔环；4—中心管；5，7，10—O形胶圈；6—胶筒座；8—硫化芯管；11—滤网；12—滤网帽；13—剪钉；14—滑套

技术要求：与节流器配套使用，节流器的启开压力必须小于封隔器的启封压力。组装后，封隔器胶筒能在中心管上灵活滑动。

443．裸眼井封隔器的结构如何？有什么用途？

答：用途：裸眼井封隔器适用于直径为150~180mm的裸眼井分层作业工艺及堵水、采油。

结构：裸眼井封隔器结构如图11-18所示。

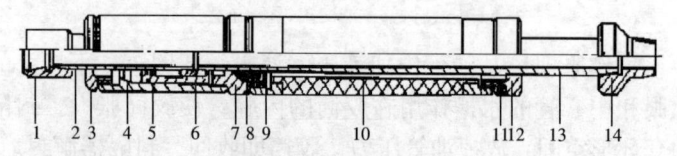

图11-18　裸眼井封隔器结构示意图

1—上接头；2—上中心管；3—钢盖；4—滑套；5—活塞；6—特殊接箍；7—密封阀座；8—密封阀；9—弹簧；10—胶筒；11—泄压丝堵；12—浮动接头；13—中心管；14—下接头

444. 套管外封用器的结构如何？有什么用途？

答：用途：套管外封隔器适用于油、气、水井固井作业。

结构：套管外封隔器结构如图 11-19 所示。

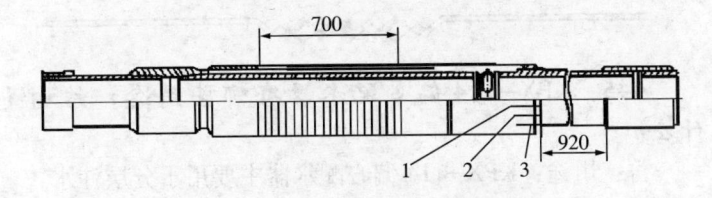

图 11-19 套管外封隔器结构示意图

1—限压阀；2—锁紧阀；3—施工阀

第十二部分　井下管柱配套工具

445．KPX-114偏心配水器有哪些用途？结构是什么？

答：用途：KPX-114偏心配水器主要用于分层注水。

结构：KPX-114偏心配水器的结构如图12-1所示，由工作筒和堵塞器组成。

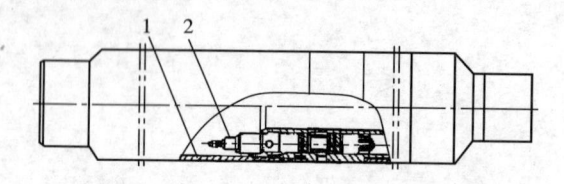

图12-1　KPX-114偏心配水器结构示意图

1—工作筒；2—堵塞器

446．KPX-114偏心配水器的工作原理是什么？

答：正常注水时，封隔器处于工作状态，把油层分成若干注水层段，各注水层段中的堵塞器（图12-2）靠其工作筒（图12-3）上连接头的 ϕ22mm 台阶坐于工作筒主体的偏孔上，凸轮卡于偏孔上部的扩孔处（因凸轮在打捞杆的下端，在扭簧的作用下，可向上来回转动，故堵塞器能进入工作筒，被主体的偏孔卡住而飞不出），堵塞器主体上、下两组各两根U形密封圈封住偏孔的出液槽，注入水即从堵塞滤罩、水嘴、堵塞器主体的出液槽以及工作筒主体的偏孔进入油套环形空

间后注入目的层。分层注水量由水嘴直径大小来控制,如经测试发现水嘴大小不合适,可通过投捞堵塞器来更换。

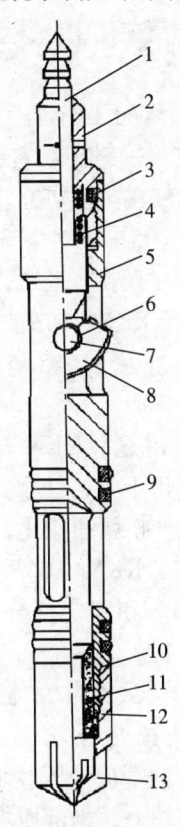

图 12-2 堵塞器结构示意图

1—打捞杆;2—压盖;3,9,10,12—O形密封圈;4—弹簧;5—主体;6—扭簧;7—轴;8—凸轮;11—水嘴;13—滤罩

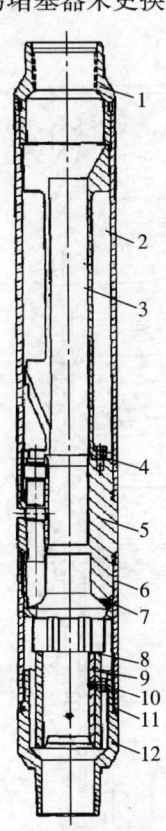

图 12-3 偏心配水器工作筒结构示意图

1—上接头;2—上连接头;3—扶正体;4,7,10—螺钉;5—主体;6—下连接套;8—支架;9—导向体;11—O形密封圈;12—下接头

447. KPX-114偏心配水器的技术要求有哪些？

答：(1) 工作筒扶正体的开槽中心线、ϕ22mm孔中心线与工作筒主体中心线应在同一平面。

(2) 凸轮工作状态外伸2mm，收回控制在最大外径以内，凸轮转动灵活可靠。

(3) 工作筒以下300mm以内的管柱直径应畅通。

448. KKX-106配水器有哪些用途？结构是什么？

答：用途：KKX-106配水器主要用于分层注水，还可用于找水、挤堵和酸化。

结构：KKX-106配水器由活动部分和固定部分组成，如图12-4所示。

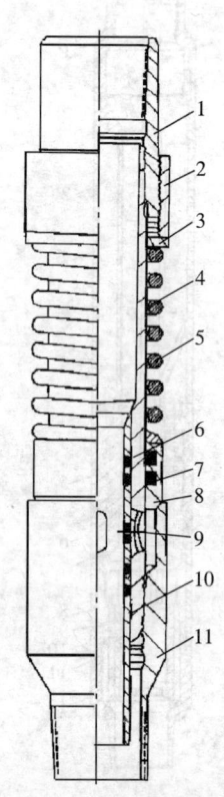

图12-4 KKX-106配水器结构示意图

1—上接头；2—调节环；3—垫圈；4—弹簧；5—工作筒；6，7—O形密封圈；8—启开阀；9—水嘴；10—芯子；11—下接头

449. KKX-106配水器的工作原理是什么？

答：油管加液压经水嘴作用在启开阀上，当液压力大于压簧的弹力时，启开阀压缩弹簧，阀打开，水流经过油套环形空间注入地层。调节环用来调节压簧的松紧，以控制启开阀的启开压力。捞出芯子，就

450. KKX-106配水器有哪些特点?

答：(1) 不能任意投捞一级，捞应从上而下，投应从下而上逐级进行。

(2) 这种配水器一般只能用3级，最高不超过4级。

451. KZT-双层自调配水器有哪些用途? 结构是什么?

答：用途：KZT-双层自调配水器用于分层注水。

结构：如图12-5所示，KZT-双层自调配水器由配水器芯子总成和工作筒两部分组成，工作筒与管柱相连。

452. KZT-双层自调配水器的工作原理是什么?

答：注水：正常注水时，双层自调配水器处于图12-5中所示的工作位置。注入水经接头、皮碗支撑接头进入第一级水嘴，由上活塞流经上活塞套后进入工作筒主体的桥式孔注入地层。同

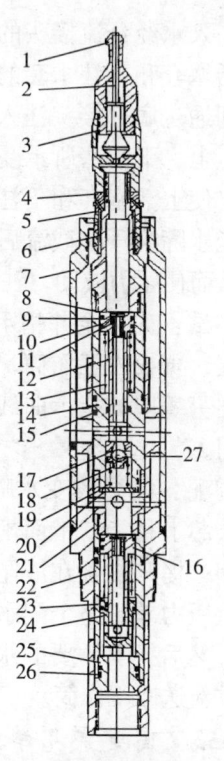

图12-5 KZT-双层自调配水器结构示意图

1—打捞头；2—提升阀芯；3—接头；4—拼帽；5—提升皮碗；6—皮碗支撑接头；7—工作筒主体；8—挡环；9—水嘴；10, 11, 23, 26—O形密封圈；12—上活塞；13, 19—弹簧；14—上活塞套；15—Y形密封圈；16—下活塞；17—球座；18—球帽；20—垫圈；21—分流接头；22—下活塞套；24—下注水套；25—底部接头；27—钢球

时，注入水经分流接头的侧孔进入第二级水嘴，由下活塞流经下活塞套和下注水套的侧孔，从下注水套与下活塞套的环形空间通过底部接头注入地层。若压力发生波动，当压力升高时，上、下活塞所承受的作用力变大，活塞压缩弹簧向下移动，使上活塞套和下注水套的侧孔流面积减小，相当于注入水经水嘴第一次截流后又进行一次截流；压力降低时则相反，从而使压力波动，注水量不变。

测试：先测全井指示曲线，然后把配水器芯子冲出，任堵一层，再投入工作筒，再测单层指示曲线。用加减法就可以做出另一层的指示曲线。其测试原理与空心的投球测试基本相同。

调配：需要改变水嘴大小时，地面变换成反洗井流程，提升阀芯上移，其锥面坐在打捞头的内锥面上，使内出水通道封闭，提升皮碗在液压作用下向外扩张，从而使油管形成下、上压力差，整个配水器芯子在这个压力差的作用下冲出地面。然后换上需要的水嘴，再转换成正洗流程，就可以把芯子重新送回工作筒。

453. 固定式气举阀有哪些用途？结构是什么？

答：用途：固定式气举阀用于气举采油。

结构：如图12-6所示，固定式气举阀由两大部分组成：一是气举阀部分；二是固定工作筒部分。气举阀最重要的部件是波纹管与上阀体组成的一个气压室，通过击针按设计要求充入高压氮气，以控制气举阀的启开压力。单向阀用于坐封液压封隔器时防止液体倒流。气举阀按以下步骤安装在气举短节上：把接头旋入下耳朵的螺纹内，然后用顶丝把底堵压紧。

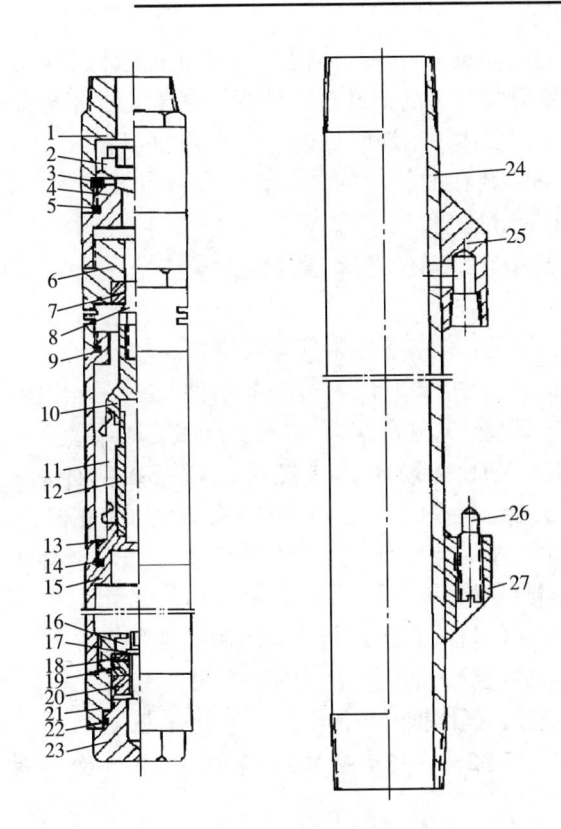

图 12-6　固定式气举阀结构示意图

1—接头；2—单向阀；3、5、9、14、22—O 形密封圈；4、7—阀座；6—下阀体；8—阀头；10—封头；11—波纹管；12—导体；13—中阀体；15—上阀体；16—弹簧；17—击针；18—底垫；19—压环；20—压帽；21—尾部；23—底堵；24—抽管短节；25—下耳朵；26—顶丝；27—上耳朵

454．固定式气举阀的工作原理是什么？

答：高压气体从油套环形空间经下阀体的侧孔进入气举阀，当气体压力大于波纹管内氮气作用在其有效面积上的所

需压力时，阀头下行，气体便从阀座和下阀体的内孔推开单流阀经油管短节上的侧孔进入油管。高压气体进入油管后便能按要求把液体举出地面，达到气举采油的目的。

气举阀装在油管柱的外侧，气举阀的工作参数需调整时，必须起出油管。

455. KTL活动气举装置有哪些用途？结构是什么？

答：用途：该装置用于气举采油。

结构：如图12-7所示，KTL活动气举装置由两大部分组成：一是投捞式气举阀；二是偏心气举工作筒。

456. KTL活动气举装置的工作原理是什么？

答：正常气举时，气举阀靠接头的台阶坐在偏心工作筒的偏孔内，滑套卡于偏孔上部的锁肩处，气举阀体上的上、下密封圈封住偏孔的进气槽。压缩气体从油套环形空间进入偏心工作筒的进气孔，经阀体上的侧孔进入气举阀，当气体压力高于波纹管内的氮气压力时，波纹管组件上移，阀头离开封闭位置，气体推开单流阀经底堵侧孔进入油管。

457. FD235-114防顶卡瓦有哪些用途？结构是什么？

答：用途：在井下作业中，FD235-114防顶卡瓦一般作为丢手卡堵管柱的上支撑点，防止管柱向上窜动。

结构：FD235-114防顶卡瓦的结构如图12-8所示。

458. FD235-114防顶卡瓦的工作原理是什么？有哪些使用要求？

答：坐卡：该防顶卡瓦接在卡瓦式封隔器上面，用油管连接下入井中设计深度，先坐好封隔器后，投球坐于座丢杆锥面上，憋压剪断剪钉，座丢杆下移。此时上锁块内移，在

液压作用下,上连接套、上环、卡瓦托下移,卡瓦沿楔体张开,卡紧套管内壁,达到防顶的目的。

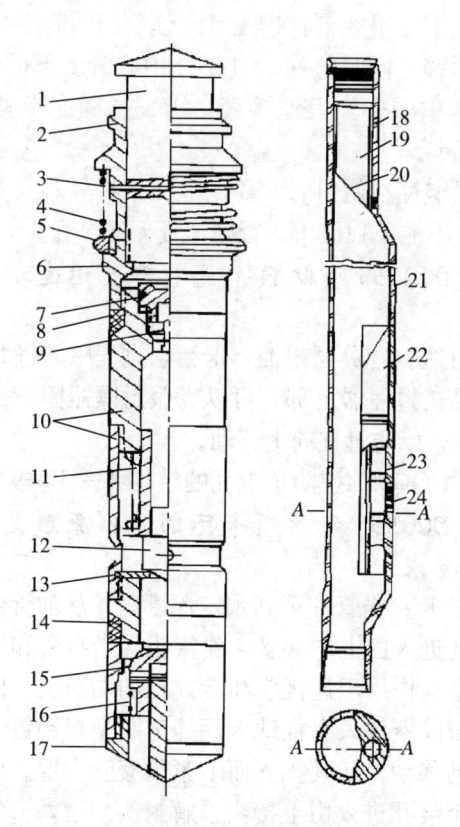

图 12-7 KTL 活动气举装置结构示意图

1—投放头;2—打捞头;3—销钉;4,16—弹簧;5—滑套;6—接头;7—丝堵;8—上密封圈;9—气门芯;10—阀体;11—波纹管组件;12—阀头;13—阀座;14—下密封圈;15—单流阀;17—底堵;18—导向槽;19—导向体;20—螺旋面;21—主体;22—扶正体;23—偏心块;24—进气孔

丢手：上提管柱，上接头、座丢杆等随之上提，脱开防顶卡瓦。

解卡：下专用解卡打捞工具，使解封活塞下移，下锁块失去支撑内移，同时打捞Ⅰ具捞住中心管上部的打捞螺纹，上提管柱，中心管、上连接套、卡瓦托随之上移，卡瓦收缩，从而解卡。

该防顶卡瓦在使用时，要以卡瓦式封隔器或支撑卡瓦作为下支点，不能单独使用，否则卡瓦无法撑开。

459. DQQ553型防顶卡瓦有哪些用途？结构是什么？

答：用途：在分层采油、卡堵水过程中，将DQQ553型防顶卡瓦接在封隔器上部，可以克服封隔器因下部压力所产生的上顶力，以防管柱向上移动。

结构：DQQ553型防顶卡瓦的结构如图12-9所示。

460. DQQ553型防顶卡瓦的工作原理是什么？有什么使用要求？

答：坐卡：当管柱下到预定深度后，从油管内憋压，液体从进液孔进入由上中心管、连接头、坐封套和卡瓦挂所组成的传压室，作用于连接头和卡瓦挂的端面上。因连接头固定不动，所以液体只有推动卡瓦挂剪断坐封销钉，卡瓦沿锥体轨道向前移动，使其扩张而卡紧于套管内壁。同时，液体通过另一个液孔进入由上接头、解封头、活塞、活塞套组成的液压室，当液压达到16～18MPa时，剪断丢手销钉，推动活塞、传力套、小卡簧向前移动，压缩防砂胶筒，使其扩张，封住套管壁。去掉压力小卡簧，阻止防砂胶筒恢复原状，保持工作状态，达到防砂目的。上接投送管柱即可丢手；如打压打不掉，可正转油管实现丢手。

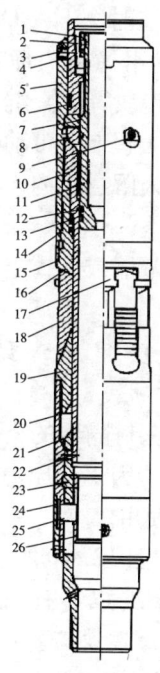

图 12-8　FD235-114 防顶卡瓦结构示意图

1—挡环；2，3，22—剪钉；4—防转环；5—上连接套；6，12，13，14—O 形密封圈；7—上锁块；8—上接头；9—剪钉；10—中心管；11—座丢杆；15—上环；16—卡瓦托；17—螳螂头；18—卡瓦；19—楔体；20—下连接套；21—下接头；23—下锁块；24—下环；25—解封块；26—解封活塞

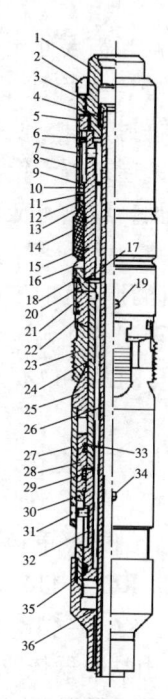

图 12-9　DQQ553 型防顶卡瓦结构示意图

1—上接头；2—备帽；3，9，10，20，29，33，35—密封圈；4—捅杆挂；5—丢手接头；6—防转销钉；7—活塞套；8—活塞；11—丢手销钉；12—小卡簧；13—传力套；14—防砂胶筒；15—解封头；16—挡环；17—连接头；18—上提销钉；19—坐封销钉；21—坐封套；22—卡瓦挂；23—卡瓦；24—上中心管；25—锥体；26—通杆；27—解卡套；28—下中心管；30—卡块；31，34—解封销钉；32—撞击块；36—下接头

解卡：当需要起出井内丢手分采管柱时。下入DQQ553型打捞管柱。当管柱下到预定位置后，用撞击头撞击撞击块，剪断解封销钉，使撞击块下滑，将卡块释放。继续下放撞击头时，通过解卡销钉传力于解卡套，解卡套带动锥体下移退出卡瓦。继续下放管柱，打捞爪进入解封头内，上提即可打捞出井内丢手管柱。

使用防顶卡瓦时，必须用卡瓦式封隔器或支撑卡瓦作为下支点，否则卡瓦无法撑开。

461. KGA-114支撑卡瓦有哪些用途？结构如何？

答：用途：KGA-114支撑卡瓦接在封隔器的下部作管柱的下支点，用于坐封隔器和克服封隔器因上部压力所产生的下推力。结蜡严重和死油多的井不宜使用。

结构：KGA-114支撑卡瓦的结构如图12-10所示。

462. KGA-114支撑卡瓦的工作原理是什么？

答：由扶正器依靠弹簧的弹力造成摩擦块与套管的摩擦力。扶正器通过滑环销钉，就能沿中心管的轨道槽运动。

坐卡：按所需坐卡高度上提管柱后下放，滑环销钉就从中心管的轨道槽的短槽上死点运动到长槽上死点，卡瓦就被锥体摊开而卡牢套管。

解卡：上提管柱，滑环销钉就从中心管的长槽上死点回到下死点，则卡瓦就在箍簧的作用下收回。

463. KSL-114水力防掉卡瓦有哪些用途？结构如何？

答：用途：与支撑卡瓦一样，将KSL-114水力防掉卡瓦接在封隔器的下部作为管柱的下支点，克服封隔器因上压而产生的下推力。

结构：KSL-114水力防掉卡瓦的结构如图12-11所示。

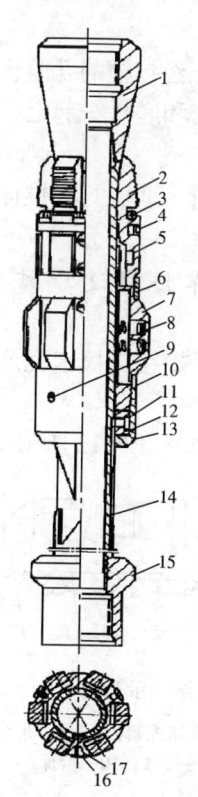

图12-10 KGA-114支撑卡瓦结构示意图

1—锥体；2—卡瓦；3—箍簧；4—上限位环；5—内压簧；6—下限位环；7—摩擦块；8—外压簧；9—松螺钉；10—扶正座；12—滑环销钉；12—滑环；13—托环；14—中心管；15—下接头；16—固定螺钉；17—垫圈

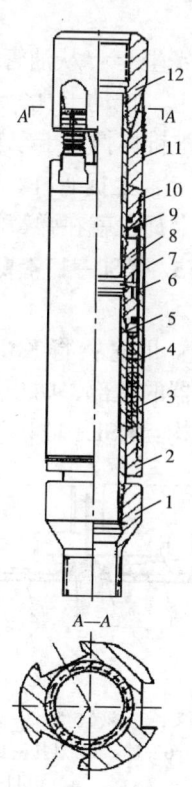

图12-11 KSL-114水力防掉卡瓦结构示意图

1—锥体；2—卡瓦；3—卡瓦座；4—上中心管；5—接箍；6—滤网；7—铁丝；8—下中心管；9—弹簧；10—连接套；11—底托；12-下接头

464. KSL-114水力防掉卡瓦的工作原理是什么?

答：坐卡：从油管内加液压，液压经接箍的孔眼作用在卡瓦座上，推动卡瓦、卡瓦座、连接套和底托一起上行，结果卡瓦被锥体撑开卡牢在套管内壁。

解卡：上提管柱，锥体就和中心管一起上行，锥体退出卡瓦，卡瓦也就在弹簧的作用下收回。

465. KSL-114防顶卡瓦有哪些用途？结构如何？

答：用途：将KSL-114防顶卡瓦接在支撑卡瓦或卡瓦式封隔器的上部，防止管柱向上移动。

结构：KSL-114防顶卡瓦的结构如图12-12所示。

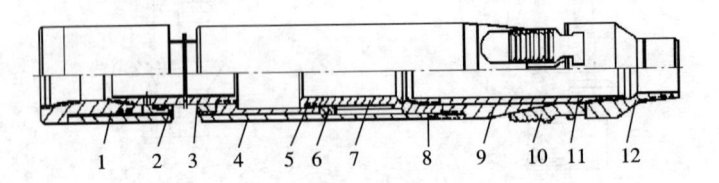

图12-12　KSL-114防顶卡瓦结构示意图

1—上接头；2—液缸套；3—液缸短节键套；4—锥体控制套；5—O形密封圈；
6—键；7—悬挂密封接头；8—剪钉；9—锥体；10—卡瓦；
11—中心管；12—卡瓦座

466. KSL-114防顶卡瓦的工作原理是什么?

答：坐卡：当封隔器坐好后，从油管内加液压，液压通过液缸短节键套的两个小孔进入上接头和液缸套组成的液缸内，液压作用于液缸套，使之向下运动推动锥体控制套剪断剪钉，再向下移动，锥体就将卡瓦张开卡于套管壁上，从而达到了防止油管上顶弯曲的目的。

解卡：上提油管，由于液缸短节上部接头台阶拉动锥体控制套和锥体，锥体就拔出了卡瓦（因为固定卡瓦的卡瓦座、中心管、悬挂密封接头不动，悬挂密封接头上部仅在液缸短节键套内向下滑动），再上提油管，锥体上部挂带悬挂密封接头，即可起出全部油管柱。

467. KZL-114油管锚有哪些用途？结构如何？

答：用途：KZL-114油管锚用于防止油管弯曲，减少抽油泵冲程损失。

结构：如图12-13所示，对于KZL-114油管锚，由扶正体、箍环、摩擦片、弹簧片、扶正环等组成扶正器，扶正器通过剪切销钉与下锥体相连，依靠弹簧片的弹力与套管摩擦，通过螺纹与中心管配合。

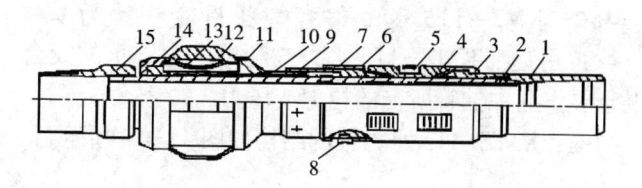

图12-13　KZL-114油管锚结构示意图

1—上接头；2—中心管；3—上锥体；4—卡瓦；5—弹簧；6—外套；7—下锥体；8—滑动销钉；9—剪切销钉；10—扶正体；11—箍环；12—摩擦片；13—弹簧片；14—扶正环；15—下接头

468. KZL-114油管锚的工作原理是什么？

答：下管柱时，扶正器与中心管没有相对运动，油管锚处于收拢状态。

坐卡时，在保持管柱自身悬重的情况下，右旋油管5~7圈，扶正器推动下锥体向上运动，迫使卡瓦锁入套管内壁。为进一步确定油管锚卡瓦是否已卡紧，可下放油管，

当拉力计归零，油管下放遇阻，证明油管锚已卡住。如未卡住，可保持右旋扭矩，反复上提下放，直到油管锚卡住套管。确认已坐卡后，上提一定张力（上提负荷为管柱悬重加30～50kN），并测量油管柱伸长量（为坐油管头做准备），去掉张力，左旋油管5～7圈，使油管锚解卡，下放管柱到已量好的位置，重复坐卡动作，在达到所需要张力的情况下坐好油管头。

解卡时，上提管柱，卸开油管头。然后下放管柱，去掉张力，在保持管柱自身悬重的情况下，左旋油管5～7圈，扶正器带动下锥体向下运动，卡瓦在弹簧的作用下收拢而解卡。若左旋油管不能解卡，则上提管柱，使油管锚剪切销钉剪断解卡（上提解卡负荷为管柱自身悬重加80～100kN）。

469．KMZ-115水力锚有哪些用途？结构如何？

答：用途：KMZ-115水力锚利用水力锚爪的咬合力来克服分层作业中油管所受的拉力或压力。

结构：KMZ-115水力锚的结构如图12-14所示。

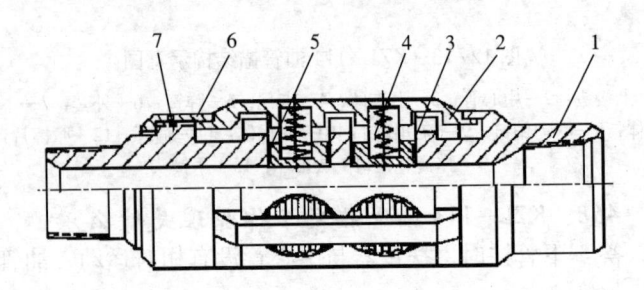

图12-14 KMZ-115水力锚结构示意图

1—本体；2—扶正块；3—O形密封圈；4—弹簧；5—锚爪；
6—扶正块套；7—固定螺钉

470. KMZ-115水力锚的工作原理是什么？

答：当油管压力大于套管压力时，油管、套管之间的压差作用在锚爪上，就产生一个液压作用力。当这个作用力大于弹簧的弹力时，锚爪就压缩弹簧向外凸出并咬合在套管内壁上，以防止管柱上、下窜动。油管、套管压差越大，锚爪的咬合力越大。当油管压力不大于套管压力时，锚爪就在弹簧的作用下恢复原位。

471. KMZ-115水力锚使用技术要求有哪些？

答：(1) 应根据管柱的受力大小选用合适的水力锚，不渗不漏者才能用。

(2) 水力锚下井位置应处于水泥环返高范围之内，这样可防止因压力过高而造成套管变形卡死水力锚。

(3) 水力锚若有防砂装置，可下入管柱底部；如无防砂装置，下入位置应在最上一级封隔器的上部，以防砂卡。

472. KZJ-90泄油器有哪些用途？结构如何？

答：用途：KZJ-90泄油器用于抽油管柱的泄油。

结构：KZJ-90泄油器的结构如图12-15所示。

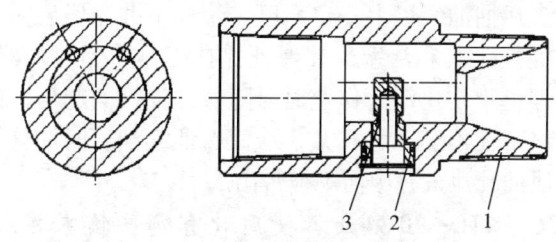

图12-15 KZJ-90泄油器结构示意图
1—壳体；2—密封圈；3—空心箱子

473. KZJ-90泄油器的工作原理是什么？

答：该泄油器接在深井泵的固定阀总成与抽油泵泵筒之

间。检泵作业时，在活塞起出油管后从井口向油管内投一个撞击杆将空心销子打断，使油管中的原油泄入井内，达到泄油的目的。

474．KTG-90 泄油器有哪些用途？结构如何？

答：用途：KTG-90 泄油器用于抽油管柱的泄油，检泵作业时用来连通油管、套管通道。

结构：KTG-90 泄油器的结构如图 12-16 所示。

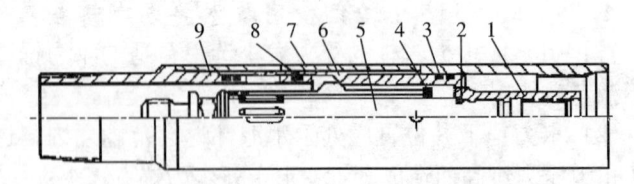

图 12-16　KTG-90 泄油器结构示意图

1—抽油杆接箍；2，3—O 形胶圈；4—锁扣指；5—锁扣指芯；6—封泄滑套；7—封泄接头；8—卡簧；9—下接头

475．KTG-90 泄油器的工作原理是什么？

答：下井前，先将提挂工具拉出，用 $\phi 2\,7/8$ in 油管将泄油器连接在抽油泵以上一定高度。管柱下井完毕后，用抽油杆连接提挂工具和活塞，并保证提挂工具下到泄油器以下，完井后即可正常生产。作业时，随着抽油杆的起出，提挂工具即可将封泄滑套上移打开，从而保证起油管时油管中的原油通过泄油孔泄入井中而不被带出。

476．KTG-90 泄油器使用时有哪些技术要求？

答：(1) 组装完毕后，用提挂工具来回拉动封泄滑套，应开关灵活，无卡阻现象。

(2) 关闭时，试压 24MPa，稳压 5min，不渗不漏为合格。

477. KSQ 锁球脱接器有哪些用途？结构如何？

答：用途：在抽油泵直径大于泵上油管内径的油井中，用 KSQ 锁球脱接器可以实现抽油泵柱塞与抽油杆之间的对接与脱开。

结构：KSQ 锁球脱接器的结构如图 12-17 所示，图中所示为脱接器工作状态。

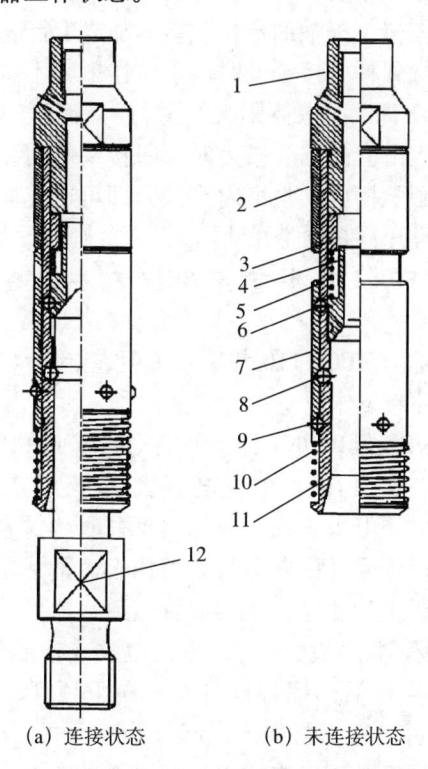

(a) 连接状态　　(b) 未连接状态

图 12-17　KSQ 锁球脱接器结构示意图

1—上接头；2—固定套；3—止推套；4—内卡套；5—内弹簧；6,9—小钢球；
7—滑套；8—大钢球；10—外弹簧；11—主体；12—脱接头

478. KSQ 锁球脱接器的工作原理是什么？

答：对接：脱接头随泵先下入井内，当接在抽油杆下部的内头部分接近脱接头时，放慢下放速度，继续下放内头；脱接头的尖部进入主体内，并推动内卡套上行，当小钢球进入内卡套的圆弧槽内时，滑套在外弹簧的作用下解锁上行，使大钢球进入脱接头的圆弧槽内，从而锁住脱接头，完成对接。

脱开：缓慢上提抽油杆，脱接器随之上行；当突出的滑套的钢球上行到释放接头处时遇阻，慢滑套不能上行，此时滑套压缩外弹簧，而主体则继续上行与滑套产生相对运动；当大钢球进入滑套的圆弧槽内时，脱接头解锁，同时小钢球进入主体的圆弧槽内，整个内头部分即可通过释放接头使脱接器内、外脱开，完成脱开动作。

479. KFQ-110 井下开关有哪些用途？结构如何？

答：用途：KFQ-110 井下开关用在卡堵水丢手管柱上，可实现不压井起下作业。

结构：KFQ-110 井下开关的结构如图 12-18 所示。

480. KFQ-110 井下开关的工作原理是什么？

答：该井下开关在丢手封隔器下井时与封隔器下部接头相连接，浮球因受井内向上的压力作用，紧贴在球座上，此时该开关处于关闭状态，密封油管通道，即可进行不压井起下作业。封隔器下井丢手后，下入电泵或抽油泵生产管柱，管柱下部接浮球活门捅杆，将浮球向下顶开，使其离开球座，此时即可进行正常生产。起管柱时，将生产管柱上提，使浮球活门捅杆从球座中拔出，此时浮球在上、下压差作用下，坐回球座，密封油管通道。

该开关也可以直接与抽油泵底部的可接式固定下接头连

接，进行不压井起下作业。需打开浮球开关生产时，投入可捞式固定阀即可将浮球向下顶开；起管柱时，捞出可捞式固定阀，浮球开关关闭，即可不压井起出抽油泵生产管柱。

481. KFQ-110井下开关捅杆有哪些用途？结构如何？

答：用途：KFQ-110井下开关捅杆用于顶开井下开关，使之上、下连通。

结构：KFQ-110井下开关捅杆的结构如图12-19所示。

482. KFQ-110井下开关捅杆的工作原理是什么？

答：将捅杆接在扶正器下方，然后接在抽油泵或电泵生产管柱下部，下至活门深度。捅杆通过丢手封隔器中心管将浮球向下顶开，使油流进入泵内，即可进行正常生产。

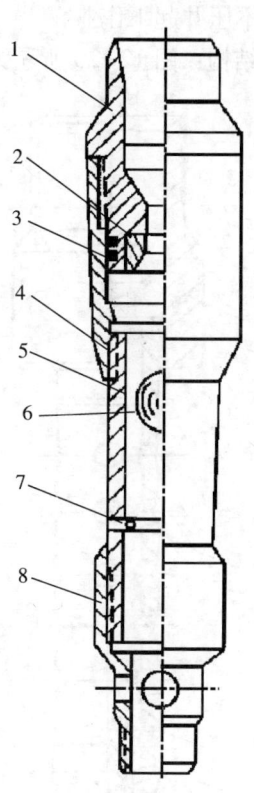

图12-18 KFQ-110井下开关结构示意图

1—上接头；2—球座；3—O形密封圈；4—工作筒；5—加长短节；6—浮球；7—挡球钢筋；8—下接头

483. KDH-110活门有哪些用途？结构如何？

答：用途：KDH-110活门用在卡堵水丢手管柱上，可

实现不压井起下作业。

结构：图 12-20 所示为 KDH-110 活门的关闭状态。

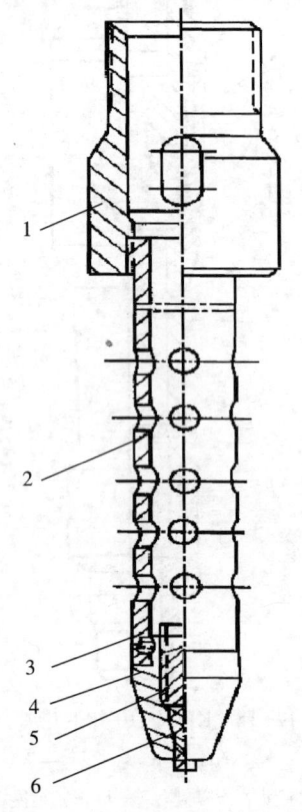

图 12-19 KFQ-110 井下开关捅杆结构示意图

1—接头；2—浮球捅杆；3—沉头螺钉；4—捅杆头；5—压紧螺帽；6—尼龙承压头

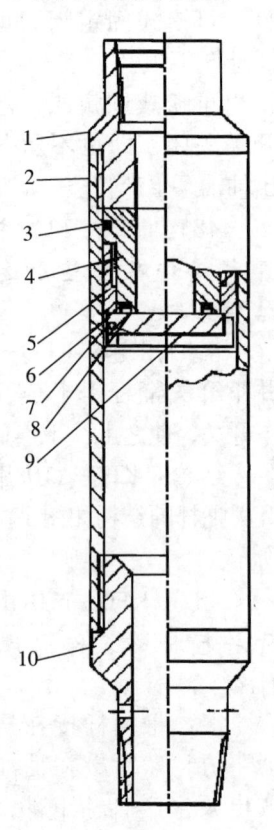

图 12-20 KDH-110 活门结构示意图

1—上接头；2—外套；3，6—密封圈；4—密封套；5—活门座；7—扭簧；8—活门轴；9—活门；10—下接头

484. KDH-110 活门的工作原理是什么？

答：在丢手封隔器下井时，该活门直接与封隔器下接头相连接。当封隔器丢手后，起出投送管柱时，活门在扭簧自身扭力的作用下处于关闭状态，将油管内通道堵死，即可进行不压井不放喷起下作业。要打开活门时，在下井管柱尾部接上捅杆，将活门捅开即可进行正常生产。

485. HBC1351 安全接头有哪些用途？结构如何？

答：用途：HBC1351 安全接头接在井下易卡工具上部，以便遇卡时可从安全接头处倒扣，从而起出接头以上管柱。

结构：HBC1351 安全接头的结构如图 12-21 所示，锁套的上部有打捞用的内螺纹。

486. HBC1351 安全接头的工作原理是什么？

答：当井下工具遇卡而起不动管柱时，先从油管内投球坐于滑套芯子的密封锥面上时，向油管内加液压 5～7MPa 剪断剪钉，滑套芯子下行，上接头下部锁爪失去内支撑，于是上提管柱锁爪便会内收，上接头被拔出锁套，上接头以上管柱就可以起出。

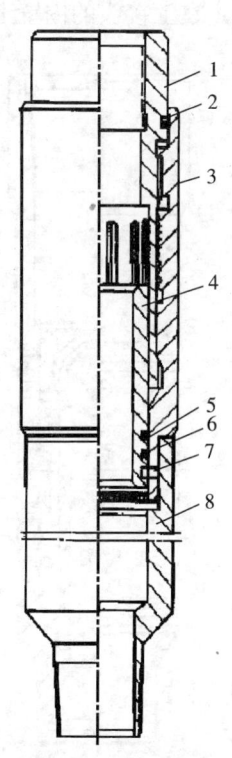

图 12-21　HBC1351 安全接头结构示意图

1—上接头；2，5，6—O 形密封圈；3—锁套；4—滑套芯子；7—剪钉；8—下接头

487. YMO351丢手接头有哪些用途？结构如何？

答：用途：YMO351丢手接头用于丢手管柱。

结构：如图12-22所示，4个装于衬套中的锁球以滑套芯子作为内支撑，将上接头和下接头锁住；滑套芯子则用剪钉固定在上接头的内壁上；下接头的内壁上端有打捞螺纹。

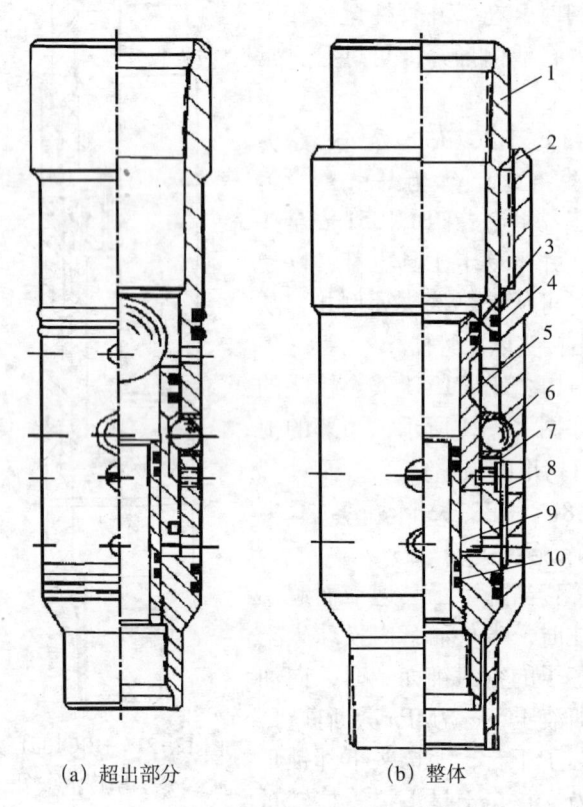

图12-22 YMO351丢手接头结构示意图

1—上接头；2—下接头；3, 4, 10—O形密封圈；5—滑套芯子；6—锁球；
7—衬套；8—剪钉；9—密封套

488. YM0351丢手接头的工作原理是什么？

答：当要将丢手接头下部所接的工艺管柱丢于井下设计位置时，可投入 ϕ50mm、ϕ80mm 的钢球坐于滑套芯子的密封锥面，再加液压 10MPa 剪断剪钉，滑套芯子下行坐于上接头的下部台阶，正好滑套芯子的外槽对着锁球，使锁球失去内支撑（此时，油管、套管连通，套溢变大，压力突降）。然后上提油管柱，因与下接头相接的下部管柱已固定，所以锁球被挤入滑套芯子的外槽，上接头被拔出下接头（如图12-22所示起出部分），从而就将下接头所接的工艺管柱丢于井内，其余部分则被起出。打捞时，下入底部接有油管内捞矛或对扣接头的打捞管柱即可捞出。

489. KHC-114管柱缓冲器有哪些用途？结构如何？

答：用途：KHC-114管柱缓冲器与水力压缩式封隔器配套使用，可以减小因注水压力波动而造成管柱伸缩对封隔器的影响。

结构：KHC-114管柱缓冲器的结构如图12-23所示。

490. KHC-114管柱缓冲器的工作原理是什么？

答：关闭：组装试压后，缓冲器处于关闭状态（图12-23）。下井时，因内、外伸缩管由锁块和活塞固定，所以，内、外伸缩管不能产生相对运动。

开启：从油管内正憋压，液压从内伸缩管的小孔作用在活塞上，当压力达到一定的数值（封隔器坐封）后，就会剪断销钉，活塞上行，锁块退出锁槽，从而内、外伸缩管产生相对运动。

工作：封隔器坐封后与套管内壁相对固定，当油管压力下降时，整个管柱将伸缩，由于内、外伸缩管可产生相对运

动，所以整个管柱的收缩力不再作用在封隔器上。

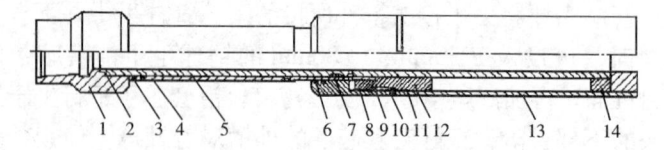

图 12-23 KHC-114 管柱缓冲器结构示意图
1—上接头；2，3，6，8，11—O 形密封圈；4—外伸缩管；5—内伸缩管；
7—锁块；9—活塞；10—销钉；12—连接头；13—外连接套；14—拉环

491．KHC-114 管柱缓冲器的使用要求有哪些？

答：(1) 该工具接在最上级配水器或封隔器以上 10～20m。

(2) 与上部油管连接时，应卡住上接头；与下部油管连接时，管钳卡住下接头。

(3) 该缓冲器不能传递扭矩。

492．KHT-90 滑套有哪些用途？结构如何？

答：用途：KHT-90 滑套用于油套通道开关。

结构：KHT-90 滑套的结构如图 12-24 所示，此时出液孔由剪钉固定的芯子封闭，滑套处于关闭状态。

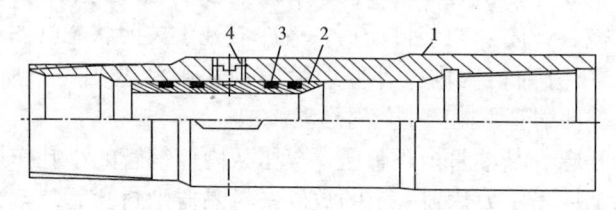

图 12-24 KHT-90 滑套结构示意图
1—主体；2—芯子；3—O 形密封圈；4—剪钉

493．KHT-90 滑套的工作原理是什么？

答：需要沟通油管、套管时，从油管内投入钢球或球杆

坐于芯子上，再加液压剪断剪钉；芯子下行，主体上的侧孔露出，油套沟通。

494. KGA-90型泵下开关有哪些用途？结构如何？

答：用途：泵下开关主要用于 $\phi 6mm$ 及以下管式泵抽油井的不压井作业。

结构：如图12-25所示，KGA-90型泵下开关主要由上接头、泄压阀、主体、阀球、阀座、中心管、外管、弹簧以及下接头等部件组成。

495. KGA-90型泵下开关的工作原理是什么？

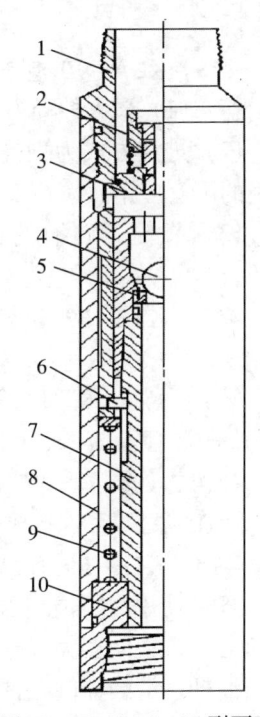

答：下泵前，卸下泵上原来的固定阀，将泵下开关安装于泵筒下面。下泵作业时，开关处于关闭状态，销钉在中心管轨道长槽的上端位置，主体在弹簧和钻井液推力的作用下压在上接头的锥形密封面上，关闭了油流通道，从而实现了不压井下油管和抽油杆。下完抽油杆碰泵调防冲距时，柱塞下压泄压阀，打开泄压孔，放掉阀球与主体之间腔内的压力，然后压缩弹簧使主体下行，销钉沿轨道下行至长槽下死点。上提柱塞时，主体在弹簧

图12-25 KGA-90型泵下开关结构示意图

1—上接头；2—泄压阀；3—主体；
4—阀球；5—阀座；6—销钉；
7—中心管；8—外管；
9—弹簧；10—下接头

推力的作用下上行，销钉通过换向进入轨道短槽上行至上死点，开关被打开。与此同时，泄压孔关闭，开关内的阀作为泵的固定阀工作。检泵作业时，先下放杆柱使柱塞碰泵，然后起抽油杆，这时销钉由轨道的短槽通过换向后进入轨道长槽上端，又一次关闭油流通道，从而实现不压井起抽油杆和油管。

496．KGA-90型泵下开关有哪些特点？

答：（1）最大外径为90mm，不影响环空测试。

（2）进液方式为直接进液，不影响气、砂锚和防蜡器等措施的配套应用。

（3）靠提、放抽油杆柱来实现开关动作，操作简单方便。

497．KTH-59自动清蜡器的用途有哪些？结构如何？

答：用途：KTH-59自动清蜡器适用于使用内径为62mm的油管和ϕ22mm以下抽油杆生产的抽油井。

结构：如图12-26所示，该清蜡器主要由步进簧、换向齿以及连体刀等部件构成。

498．KTH-59自动清蜡器的工作原理是什么？

答：使用时将清蜡器安装在抽油杆上，配合安装在油管上的上、下换向器完成往返清蜡工作。步进簧通过步进齿抱紧抽油杆，清蜡器随抽油杆一同向下运行，克服单向停止齿进入上换向器，换向齿在换向口呈上倾状态时进入油管。当抽油杆上行时，由于换向齿支撑管壁，清蜡器停止运行，抽油杆在步进齿上滑行并刮下抽油杆上的蜡。抽油杆再次下行时，带动清蜡器前进，同时刀口清除管壁上的蜡，直至下换向器时，停止环阻止清蜡器下行，换向齿在换向器扩径腔内

直立。抽油杆上行时带动清蜡器上行，换向齿在换向口处换向，呈下斜状态上行进入油管中，做上行步进清蜡，到上换向器被单向器停止齿阻止上行，而后重复下行，周而复始。

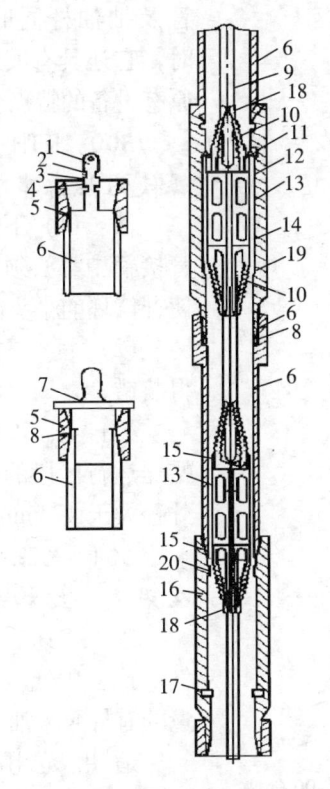

图12-26　KTH-59自动清蜡器结构示意图

1，2，3，4—侧尺；5—接箍；6—油管；7—装环工具；8—补偿环；9—抽油杆；10—步进簧；11—停止齿；12—上换向器；13—换向齿；14—连体刀；15—刀口；16—下换向器；17—停止环；18—步进齿；19，20—换向口

499. KTH—59自动清蜡器有什么特点？

答：该清蜡器结构简单、重量轻，不受温度及泵挂深度的影响，每口井只需安装一只清蜡器，随着抽油杆运动自动往返于上、下换向器之间，对油管及抽油杆同时进行清蜡。同时，它还具有安装方便、不改动原有设备的特点。

500. KTH—59自动清蜡器使用注意事项有哪些？

答：（1）下换向器以上的油管接箍中都必须加装补偿环，并使补偿环的小头向内。

（2）上、下换向器的位置不得装错。

（3）上、下换向器之间的清蜡器运行区段的抽油杆上不得有外径大于47.5mm的结构存在。

501. KZH—90气锚有什么用途？结构如何？

答：用途：该气锚适用于高气液比、中低含水、中等以上产量的有杆泵采油井中。

适用范围：气液比为100～450m³/t；最佳工作区产量大于20t/d；含水量为中、低的含水井。

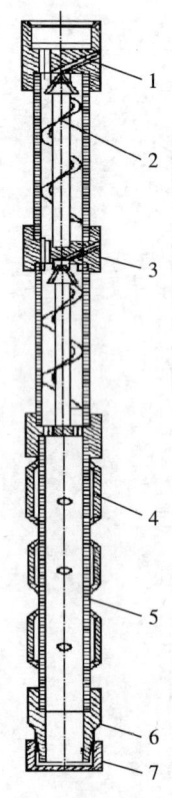

结构：如图12—27所示，气

图12—27 KZH—90气锚结构示意图

1—上接头；2—螺旋叶片；3—中间放气接箍；4—分离杯；5—集油管；6—下接头；7—堵头

锚由多级杯形及螺旋形分离装置组合而成。杯形分离装置由分离杯、集油管组成；螺旋分离装置由螺旋叶片、螺旋集气中心管、外管以及中间放气接箍等组成。

502. KZH-90气锚的工作原理是什么？

答：来自油层的含气流体沿套管上升，当到达多级杯形分离装置时，流体流向折转180°进入杯腔。由于受重力作用，液体下沉进入集油管；气体形成气泡上浮排入油管、套管环形空间。经多级杯形分离装置初步分离后的流体沿集油管上升进入第二级螺旋分离装置，液体沿螺旋叶片旋转流动，利用不同密度的流体离心力的不同，使被聚集的大气泡沿螺旋叶片内侧流动，液体沿螺旋叶片外侧流动。被聚集的气体经气罩收集，通过放气孔排到油管、套管空间。

503. S31-3气锚有什么用途？结构如何？

答：用途：S31-3气锚用在高气油比的抽油井中，以减小气体对泵效的影响。

结构：如图12-28所示，该气锚由三部分组成：一是

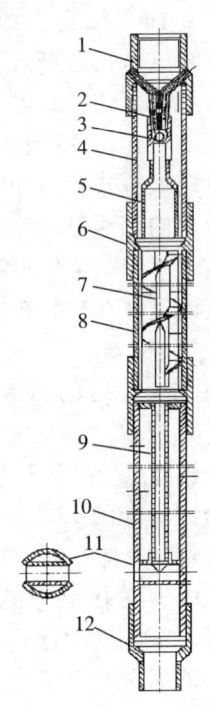

图12-28　S31-3气锚结构示意图

1—上接头；2—排气管；3—单流阀；
4—上外管；5—集气罩；6—中接头；
7—螺旋总成；8—中外管；9—中心
管；10—下外管；11—桥式管；
12—下接头

由上接头、排气管、单流阀、上外管、集气罩组成的上排气部分；二是以螺旋总成为主体的螺旋分离部分；三是由中心管、下外管、桥式管、下接头组成的重力分离部分。

504．S31-3气锚的工作原理是什么？

答：油气混合物经封隔器下部（图12-29）进入下接头，再经过桥式管进入中心管与下外管的环形空间，然后经过下外管上部的孔眼进入封隔器上部油套环形空间。由于气流密度的差异，气流和大气泡上溢，油流和未分离完的小气泡下行进入桥式管后经中心管上升到螺旋总成部位，在螺旋总成流道内加速呈紊流。在离心力的作用下，液流沿螺旋外侧经过上外管和集气罩的环形空间被泵排出地面；气流聚集在螺旋内侧并在集气罩中形成"气帽"顶开单流阀经排气管排出。

505．深抽助力器有哪些用途？结构如何？

答：用途：深抽助力器在深抽井中可实现加深泵挂，减少抽油机悬点及抽油杆载荷，改善抽油杆受力状况。

结构：如图12-30所示，该装置主要是由上接头、上泵筒、外管、上柱塞、下柱塞、下泵筒以及拉杆接头等组成。

506．深抽助力器的工作原理是什么？

答：深抽助力器是一种辅助采油工具，它利用油管内液柱与动液面之间的压力差作用在下柱塞上，从而产生一个辅助的举升力，由抽油杆连接在井口与抽油泵之间。该工具与抽油泵之间的距离根据需要可相隔数百米甚至上千米，工具内上、下柱塞及下部普通抽油泵柱塞可随抽油杆同步运动。普通抽油泵抽汲的液体通过该工具排出井口。深抽助力器管柱的结构如图12-31所示。

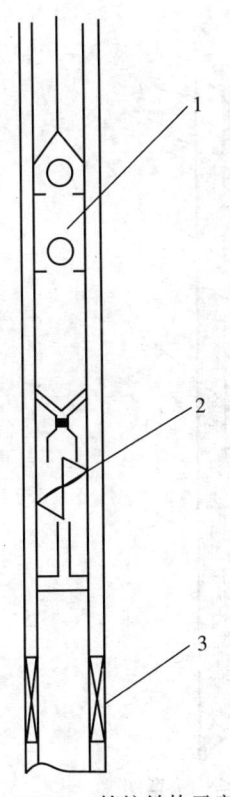

图12-29 管柱结构示意图

1—抽油泵；2—气锚；3—封隔器

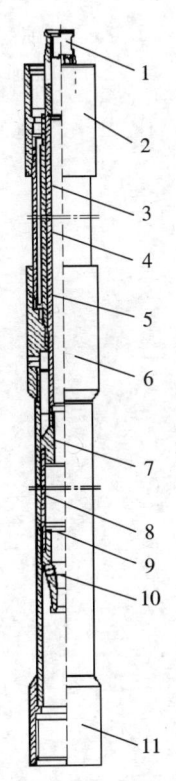

图12-30 深抽助力器结构示意图

1—柱塞接头；2—上接头；3—上泵筒；
4—外管；5—上柱塞；6—反馈短节；
7—中接头；9—下柱塞；9—下泵筒；
10—拉杆接头；11—下接头

507．KZX-90洗井阀有哪些用途？结构上有什么特点？

答：KZX-90洗井阀是用于洗井时封隔油层、保护油层

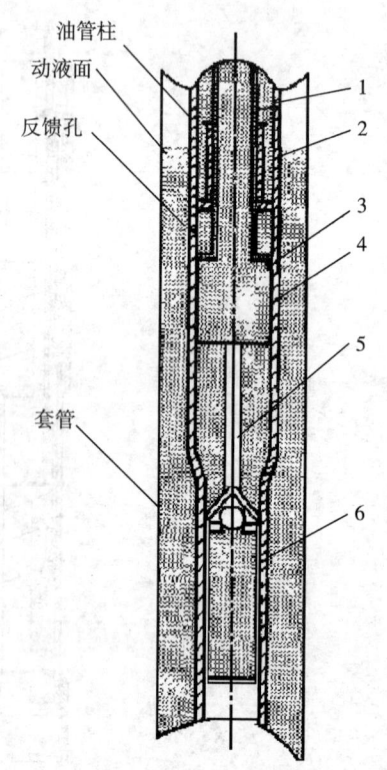

图 12-31 深抽助力器管柱结构示意图

1—上柱塞；2—上泵筒；3—下泵筒；4—下柱塞；5—拉杆；6—抽油泵

的井下工具。它可用于所有结蜡、结垢、结盐的有杆泵生产井，特别是对场地比较敏感、吸水性较强的有杆泵生产井。

该工具可以阻止洗井液倒灌压迫油层。使用该工具定期清蜡、除垢，可以清除泵筒及油套管壁的蜡、垢、盐，增大油流渗透力，提高泵效，延长油井的生产周期，简化施工工艺，减少环境污染。

如图 12-32 所示，洗井阀主要由上接头、中心管、皮碗、挡环、下接头以及单流阀总成等组成。

508．KZX-90 洗井阀的工作原理是什么？

答：现场使用时，将洗井阀接在抽油泵下方，随泵抽管柱下至射孔井段之上的设计位置。皮碗为自封式胶筒，施工时不需专用设备，即可形成自封，如图 12-33 所示。

(1) 正常生产时，油层液体通过单流阀进入管柱上部，被抽油泵抽出地面。

(2) 洗井时，洗井液从油套环空进入，单流阀关闭，皮碗密封油管、套管环形空间。洗井液通过上筛管进入泵的吸入口返到地面，从而防止洗井液倒灌油层。

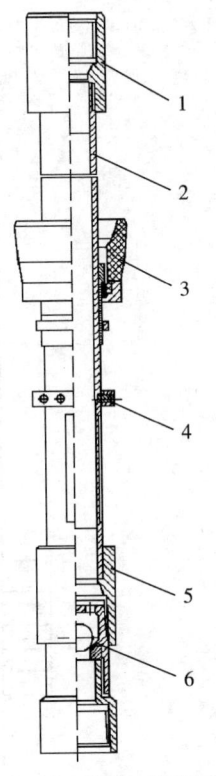

图 12-32　KZX-90 洗井阀结构示意图

1—上接头；2—中心管；3—皮碗；4—挡环；5—下接头；6—单流阀总成

(3) 检泵起管柱时，由于皮碗与套管的摩擦力而使其在中心管上下滑动，剪断挡环上的销钉；当继续下滑至下接头限位，同时处于中心管的凹槽处时，上、下连通，平衡皮碗上、下压差，保证管柱能够顺利起出。

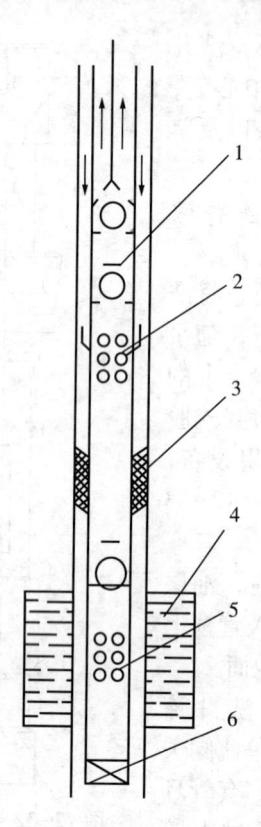

图 12-33 安装管柱结构示意图

1—抽油泵；2—上筛管；3—洗井阀；4—油层；5—下筛管；6—丝堵

参 考 文 献

[1] 中国石油天然气总公司劳动局组织编写．修井机械．北京：石油工业出版社，1997．

[2] 邓光明主编．修井机械．北京：石油工业出版社，1989．

[3] 孙松尧主编．钻井机械．北京：石油工业出版社，2006．

[4] 华东石油学院矿机教研室编．石油钻采机械．北京：石油工业出版社，1986．

[5] 华东石油学院矿机教研室编．石油钻采工艺基础及机械．东营：中国石油大学出版社，1980．

[6] 符明理主编．钻井机械．北京：石油工业出版社，1987．

[7] 中国石油天然气集团公司人事服务中心编．井下作业工．北京：石油工业出版社，2004．

[8] 万仁溥，周英俊主编．采油技术手册．北京：石油工业出版社，1996．

[9] 吴奇主编．井下作业监督．2版．北京：石油工业出版社，2003．

[10] 胡明君，程诗团编．修井工程．北京：机械工业出版社，1992．

[11] 聂海光，王新河主编．油气田井下作业修井工程．北京：石油工业出版社，2002．

[12] 国建军，赵玉华主编．特种抽油泵及常用井下工具手册．北京：石油工业出版社，2002．

[13] 赵磊主编.简明井下工具使用手册.北京:石油工业出版社,2004.

[14] 吴奇主编.井下作业工程师手册.北京:石油工业出版社,2002.